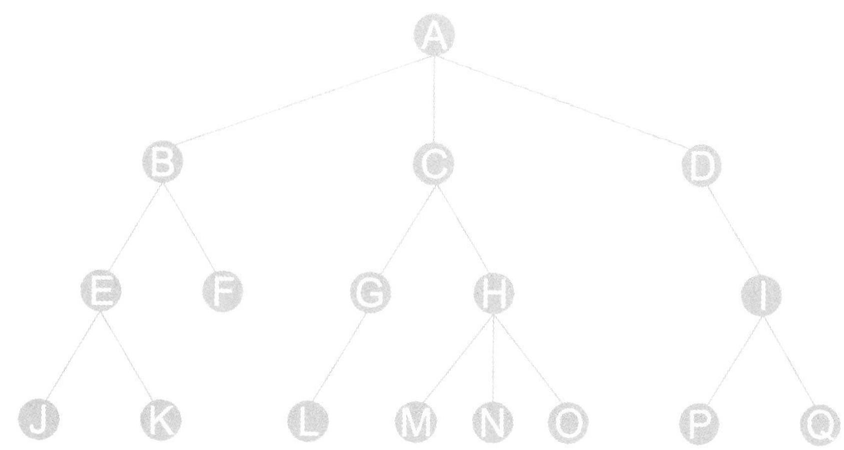

Operations Research

运筹学基础及应用

李敏　编著

WUHAN UNIVERSITY PRESS
武汉大学出版社

图书在版编目(CIP)数据

运筹学基础及应用/李敏编著.—武汉：武汉大学出版社，2014.5(2016.1重印)

ISBN 978-7-307-13138-5

Ⅰ.运…　Ⅱ.李…　Ⅲ.运筹学　Ⅳ.O22

中国版本图书馆 CIP 数据核字(2014)第 072185 号

责任编辑:谢文涛　　责任校对:鄢春梅　　版式设计:马　佳

出版发行：**武汉大学出版社**　(430072　武昌　珞珈山)

(电子邮件：cbs22@whu.edu.cn　网址：www.wdp.com.cn)

印刷：武汉宏达盛印务有限公司

开本：787×1092　1/16　印张:18.25　字数:428 千字　插页:1

版次：2014 年 5 月第 1 版　　2016 年 1 月第 2 次印刷

ISBN 978-7-307-13138-5　　定价:36.00 元

前　言

运筹学是20世纪40年代开始形成的一门新的学科。它用定性与定量分析的方法研究各种系统的优化途径和方案，为管理者提供各种决策方案的科学依据，因此运筹学是现代化管理必不可少的工具。

本书着重介绍了运筹学的几个分支：线性规划及其灵敏度分析、运输问题、整数规划、目标规划、图与网络分析和决策论。讨论了这几个分支所解决的问题及解决问题的思路和常用算法。

本书有以下特色：在理论叙述与论证方面尽量简洁清晰，避免冗长的证明；理论和算法注重了实用性，大部分章节都给出了一定量的应用举例；在内容的深度上尽量使只具有高等数学、线性代数和概率论基础知识的读者能顺利地理解；注重了数学模型的建立分析；注重了计算机软件求解方法的介绍和结果分析；注重了学生“学以致用”能力的培养，在每章都给出了一定量的讨论、思考题和案例习题。因此，本书能培养学生的“优化”意识、思考能力和决策能力，特别是建模能力和用计算机软件求解实际问题的能力。

本书可作为高等学校理工科本科或大专院校的教材，也可作为从事实际工作的管理人员，工程技术人员等的学习参考书。

本书是由多人合作完成的，其中绪论、第1-3章及每章的软件操作由李敏执笔，第4、5、7章由赵秀菊执笔，第6章由周伟刚执笔。

在本书的编写过程中，参考了大量的国内外有关文献，但由于编者的能力有限，书中的不妥与错误之处，欢迎广大读者和专家学者批评指正并提出宝贝意见。

编　者

2014年3月

目　　录

绪　论

1. 运筹学简述

运筹学是用数学方法研究各种系统优化问题的学科，它是现代管理科学系统工程的基础理论之一。运筹学在英国称为 Operational Research ，在美国叫做 Operations Research ，中国学者参照《史记·汉高祖本纪》中的词句“运筹帷幄之中，决胜千里之外”译为运筹学(以下简称 OR)。

(1)产生：运筹学作为科学名字出现在 20 世纪 30 年代末。当时英国和美国为了对付德国的空袭，采用雷达作为防空系统的一部分，虽然技术上是可行的，但实际运用时效果却并不好。为此一些科学家研究如何合理运用雷达，开创了一类新问题的研究，因为它与研究技术问题不同，就称之为“运用研究”。

(2)发展：第二次世界大战期间，英国和美国在军队中成立了一些专门小组，开展有关运筹学问题的研究。例如，研究反潜深水炸弹的合理爆炸深度问题的结果使得德国潜艇被摧毁数量增加 300%；研究船只在受敌机攻击时如何转向问题的结果使得船只在受敌机攻击时，中弹数由 47%降到 29%。当时研究和解决的问题都是短期的和战术性的。第二次世界大战后在英、美军队中相继成立了更为正式的运筹研究组织，到 20 世纪 50 年代后，运筹学的理论进一步得到了完善，随着电子计算机的问世，运筹学除军事方面的应用研究以外，相继在工业、农业、经济和社会问题等各领域都有了广泛的应用。

(3)运筹学的分支：如数学规划(线性规划、非线性规则、整数规划、目标规划、动态规划、随机规划等)、图论与网络、排队论(随机服务系统理论)、存储论、对策论、决策论、维修更新理论、搜索论、可靠性和质量管理等。

(4)我国运筹学的发展史：我国古代很早就有运筹学的思想和理念，如齐王赛马、丁渭修皇宫、沈括运军粮等故事就充分地体现了朴素的运筹思想。在 20 世纪 50 年代中期钱学森、许国志等教授将运筹学作为一门学科由西方引入我国，并结合我国的特点在国内推广应用。在经济数学方面，特别是投入产出表的研究和应用开展较早。质量控制(后改为质量管理)的应用也有特色。但是，至今运筹学在我国的发展情况与世界其他国家相比还有一定的差距，特别是在如何运用运筹学思想指导实际问题方面。

2. 运筹学的定义和应用原则

(1)运筹学的定义：运筹学至今还没有统一且确切的定义。如莫斯(P. M. Morse)和金博尔(G. E. Kimball)曾对运筹学下的定义是：“为决策机构在对其控制下业务活动进行决策时，提供以数量化为基础的科学方法。”它首先强调的是科学方法，这含义不单是某种研究方法的分散和偶然的应用，而是可用于整个一类问题上，并能传授和有组织地活动。它强调以量化为基础，必然要用数学。但任何决策都包含定量和定性两方面，而定性方面又不能简单地用数学表示，如政治、社会等因素，只有综合多种因素的决策才是全面的。还有人认为：运筹学是一门应用科学，它广泛应用现有的科学技术知识和数学方法，解决实际中提出的专门问题，为决策者选择最优决策提供决策依据。这个定义说明了运筹学具有多学科交叉的特点。

运筹学的不同定义，虽然强调的侧重点不同，但总的含义是一致的。即运筹学的研究对象是各种有组织的系统；研究的问题是能用数量表示与系统各项活动有关又带有运用、筹划、安排、控制和规划方面的问题；研究的任务是在现有的条件下，根据问题的要求，对活动中的复杂数据进行研究，归纳成模型，在运用有关的原理和方法求出解决问题的最优方案，以实现预定的目标。

(2)运筹学的六条原则：为了有效地应用运筹学，前英国运筹学学会会长托姆林森提出六条原则：

①合伙原则。是指运筹学工作者要和各方面人员，尤其是同实际部门工作者合作。

② 催化原则。在多学科共同解决某问题时，要引导人们改变一些常规的看法。

③ 互相渗透原则。要求多部门彼此渗透地考虑问题，而不是只局限于本部门。

④ 独立原则。在研究问题时，不应受某人或某部门的特殊政策所左右，应独立从事工作。

⑤ 宽容原则。解决问题的思路要宽，方法要多，而不是局限于某种特定的方法。

⑥ 平衡原则。要考虑各种矛盾和关系的平衡。

3. 运筹学的工作步骤

运筹学在解决大量实际问题过程中形成了自己的工作步骤。

(1) 提出并形成问题。即首先要提出问题，弄清问题的目标、可能的约束、可控变量以及有关参数等。

(2) 建立模型。即把问题中可控变量、参数和目标与约束之间的关系用数学语言及合适的方法建立成一定的模型。

(3)分析并求解。根据所建立模型的性质和数学特征，采用各种手段(主要是数学方法，也可用其他方法)求解模型。解可以是最优解、次优解、满意解。复杂模型的求解需用计算机，解的精度要求可由决策者提出。

(4) 解的检验。首先检查求解步骤和程序有无错误，然后检查解是否能反映现实问题。

(5)模型的评价。通过一定的方法，如灵敏度分析法、相关分析法、参数规划法等对模型的结构和蚕食进行评价，以考虑是否要修改模型。

(6) 解的实施。是指将解用到实际中必须考虑到实施的问题，如向实际部门讲清解的用法，在实施中可能产生的问题和修改。

以上过程应反复进行。

4. 运筹学的模型

运筹学在解决实际问题时，按研究对象的不同可构造不同的模型。模型是研究者对实际问题经过思考后用符号、文字、图表、关系式以及实体模样描述所认识到的客观对象。模型的有关参数和关系式要比较容易改变，使之有助于问题的分析和研究。同时利用模型还可以进行一定预测、灵敏度分析等。

模型有三种基本形式：形象模型、模拟模型和符号或数学模型。目前用得最多的是符号或数学模型。

(1)建模的常用方法和思路。

① 直接分析法。按研究者对问题内在机理的认识直接构造出模型。运筹学中已有不少现存的模型，如线性规划模型、投入产出模型、排队模型、存储模型、决策和对策模型等。这些模型都有很好的求解方法及求解的软件，但用这些现存的模型研究问题时，要注意不能生搬硬套。

② 类比方法。有些问题可以用不同方法构造出模型，而这些模型的结构性质是类同的，这就可以互相类比。

③ 试验分析法。当有些问题的机理不清，又不能做大量试验来获得数据时，只能通过做局部试验的数据加上分析来构造模型。

④ 数据分析法。根据搜集到的与问题密切相关的大量数据，或通过某些试验获得大量数据，这就可以用统计分析法建模。

⑤构想法。当有些问题的机理不清，又缺少数据，更不能做试验来获得数据时，如一些社会、经济、军事问题等。此时人们只能根据已有的知识、经验和某些研究的基础，对于将来可能发生的情况给出逻辑上合理的设想和描述。然后用已有的方法构造模型，并不断修正完善，直至比较满意为止。

(2)模型的一般数学形式。

目标的评价准则　　$Z=f(x_i, y_j, \xi_k)$

约束条件　　$g(x_i, y_j, \xi_k) \geqslant (\leqslant, =) 0$

式中：x_i——可控变量；

y_k——已知参数；

ξ_k——随机因素。

目标的评价准则一般要求达到最佳(最大或最小)、适中、满意等。准则可以是单一的，也可是多个的。约束条件可以没有，也可有多个。当模型中无随机因素时，称它为确定性模型，否则为随机模型。

5. 运筹学的应用

运筹学早期的应用主要在军事领域，第二次世界大战后运筹学的应用转向民用，这里只列出一些常见的应用领域：生产计划；市场销售；库存管理；人事管理；运输问题；财政和会计；设备维修、更新和可靠性、项目选择和评价；工程的优化设计；城市管理；城市垃圾的清扫、搬运和处理；城市供水和污水处理系统的规划……

6. 运筹学的发展趋势

美国前运筹学会主席邦特(S. Bonder)认为，运筹学应在三个领域发展：运筹学应用、运筹科学和运筹数学。

从 20 世纪 70 年代末至 20 世纪 80 年代初不少运筹学家提出：要大家注意研究大系统，注意与系统分析相结合。

20 世纪 90 年代和 21 世纪初期，出现了两个很重要的趋势：一个是软运筹学崛起；

另一个是与优化有关的，即软计算。这种方法不追求严格最优，具有启发式思路，并借用来自生物学、物理学和其他学科的思想来解寻优方法。

总之运筹学还在不断发展中，新的思想、观点和方法不断地出现。本书只介绍了一些基本的运筹学思想和方法，是作为学习运筹学的读者需要掌握的知识。

第 1 章　线性规划

线性规划是运筹学众多分支中的一个重要分支。线性规划理论是运筹学许多分支——包含整数规划、目标规划、网络流、几何规划、凸规划和非线性规划等的基础。它通常解决两类问题：一是当给定任务后，怎样合理安排，统筹兼顾，用最小的费用(如原材料、设备、资金、人工及时间等)完成任务；二是在资源条件一定的限制下，怎样组织和安排生产获得最优的效益(如产品数量最多 、利润最大等)。

自美国数学家丹捷格(G. B. Dantzig) 于 1947 年提出解决一般线性规划问题的方法——单纯形法以来，在理论上线性规划趋向成熟，在计算方法、实际应用中都有了巨大的进步。特别是随着计算机技术的进步，当应用电子计算机能处理含有成千上万个约束和变量的线性规划问题后，线性规划在应用领域上有了更大的发展。涉及的领域主要有：军事、商业、工业、农业、交通运输业、经济计划和管理决策等。

【关键词汇】

线性规划	(Linear Programming)	目标函数	(Objective Function)
约束集合	(Constraint Set)	可行域	(Feasible Region)
可行解	(Feasible Solution)	右端项	(Right-hand Side)
图解法	(Graphical Solution)	基	(Basis)
基变量	(Basis Variable)	非基变量	(Non-basis Variable)
基本解	(Basic Solution)	基本可行解	(Basic Feasible Solution)
最优解	(Optimal Solution)	最优值	(Optimal Value)
单纯形法	(Simplex Method)	决策变量	(Decision Variable)
大 M 法	(The Big M Method)	两阶段法	(The Two-phase Method)

1.1　线性规划问题的引入与数学模型

1.1.1　问题的引入

在实际的生产和经营管理活动中经常要考虑一类问题，即为了得到最好的经济效益，应该怎样合理地利用现有的各类有限资源。

【例 1】 某工厂计划生产 A，B 两种产品，已知生产 A，B 每单位产品所需要的设备台时数和 Ⅰ 、Ⅱ 两种原材料的消耗数及 A，B 每单位产品的获利数，如表 1-1 所示。

表 1-1

	A	B	
设　　备	3	3	9 台时
原材料 Ⅰ	4	3	24kg
原材料 Ⅱ	1	4	16kg
获　　利	3	4	

解：问应怎样安排生产可使工厂获利最多？

这个问题可以用如下的数学模型来描述，设产品 A，B 的产量分别为 x_1，x_2。由于设备的有效台时是 9，所以在确定产品 A，B 的产量时，要考虑到不能超过该有效台时数，即用不等式可表示为

$$3x_1+3x_2\leqslant 9$$

同理，由于原材料Ⅰ、Ⅱ的限量，可得不等式：

$$4x_1+3x_2\leqslant 24$$

$$x_1+4x_2\leqslant 16$$

该工厂的目标是在不超过所有资源量的条件下，怎样确定产品 A，B 的产量 x_1，x_2 以使得利润最大。若用 Z 表示利润，这时 $Z=3x_1+4x_2$。综上所述，则该问题可用如下数学模型表示：

$$\text{目标函数}\quad \max z=3x_1+4x_2$$

$$\text{约束条件：}\begin{cases}3x_1+3x_2\leqslant 9\\4x_1+3x_2\leqslant 24\\x_1+4x_2\leqslant 16\\x_1,\ x_2\geqslant 0\end{cases}$$

【例 2】假设一个成人每天所需要摄取的维生素 A，B，C 的最少量及四种食物甲、乙、丙、丁每单位中相应的维生素的含量如表 1-2 所示，问为了既可以满足人体的需要又可使花费最少，该怎样搭配这些食物？

表 1-2

	甲	乙	丙	丁	每天的需求量
维生素 A(mg)	1000	1500	1700	3260	4000
维生素 B(mg)	0.6	0.2	0.8	0.4	1
维生素 C(mg)	16	7	1	30	30
成本(元)	0.8	0.5	0.9	1.4	

解：设 x_1，x_2，x_3，x_4 分别表示甲、乙、丙、丁四种食物的搭配量，则数学模型为

目标函数　$\min Z=0.8x_1+0.5x_2+0.9x_3+1.4x_4$

约束条件：$\begin{cases}1000x_1+1500x_2+1700x_3+3260x_4\geqslant 4000\\ 0.6x_1+0.2x_2+0.8x_3+0.4x_4\geqslant 1\\ 16x_1+7x_2+x_3+30x_4\geqslant 30\\ x_1,\ x_2,\ x_3,\ x_4\geqslant 0\end{cases}$

从上面两个例子可以看出，它们的数学模型具有一些共同特征：

(1)问题均可用一组表示决策的变量(x_1，x_2，…，x_n)来表示某一方案，变量的每组值就表示一个具体的方案。这些决策变量的取值均为非负和连续的。

(2)问题均有一些可用线性不等式或线性等式来表示的约束条件。

(3)问题均有一个具体的目标，且它可表示成关于决策变量的一个线性函数(称之为目标函数)。按问题的要求不同，目标函数值要达到最大或最小。

通常称目标函数和约束条件都是关于变量的线性式子的模型为线性规划。

1.1.2　线性规划数学模型的几种形式

1. 一般形式

$$\max\ (\min)\ Z=c_1x_1+c_2x_2+\cdots+c_nx_n \tag{1-1}$$

$$\text{s. t.}\begin{cases}a_{11}x_1+a_{12}x_2+\cdots+a_{1n}x_n\leqslant(=,\ \geqslant)b_1\\ \cdots\cdots\\ a_{m1}x_1+a_{m2}x_2+\cdots+a_{mn}x_n\leqslant(=,\ \geqslant)b_m\\ x_1,\ x_2,\ \cdots,\ x_n\geqslant 0\end{cases}\begin{matrix}(1\text{-}2)\\ \\ (1\text{-}3)\end{matrix}$$

在上述的模型中，式(1-1)称为线性规划的目标函数，式(1-2)和(1-3)称为线性规划的约束条件。称系数 c_j 为价值系数(或为目标函数系数)；称系数 a_{ij} 和 b_i($i=1$，2，…，m；$j=1$，2，…，n)分别为技术系数(或为约束系数)和资源系数(或为右端常数项系数)，这三类系数都是常量。称 x_1，x_2，…，x_n 为决策变量。式(1-3)也被称为决策变量的非负约束，但在实际问题中，也有部分决策变量允许取任何实数，此时不能硬性规定其必须为非负的。符号 s. t. 是“subject to”的缩写。

上述模型可以简写为

$$\max\ (\min)\ Z=\sum_{j=1}^{n}c_jx_j$$

$$\text{s. t.}\begin{cases}\sum_{j=1}^{n}a_{ij}x_j\leqslant(=,\ \geqslant)\ b_i & (i=1,\ 2\cdots,\ m)\\ x_j\geqslant 0 & (j=1,\ 2\cdots,\ n)\end{cases}$$

2. 矩阵形式和向量形式

$$\max\ (\min)\ Z=CX \qquad\qquad \max\ (\min)\ Z=CX$$

$$\text{s. t.}\begin{cases}AX\leqslant(=,\ \geqslant)\ b\\ X\geqslant 0\end{cases}\qquad \text{s. t.}\begin{cases}\sum p_jx_j\leqslant(=,\ \geqslant)\ b\\ X\geqslant 0\end{cases}$$

式中：$C=(c_1,c_2,\cdots c_n)$，$X=(x_1,\cdots,x_n)^{\mathrm T}$，$P_j=(a_{1j},\cdots,a_{mj})^{\mathrm T}$，$b=(b_1,\cdots,b_m)^{\mathrm T}$

$$A=\begin{bmatrix} a_{11} & a_{12} & \cdots & a_{1n} \\ \vdots & \vdots & & \vdots \\ a_{m1} & a_{m2} & \cdots & a_{mn} \end{bmatrix}$$

3. 标准形式

线性规划问题的模型的形式各不相同，为了计算方便，常需将其化为如下所示的标准形式：

$$\max Z = \sum_{j=1}^{n} c_j x_j$$

$$\text{s. t}\begin{cases} \sum_{j=1}^{n} a_{ij}x_j = b_i & i=1,\ 2,\ \cdots,\ m \\ x_j \geqslant 0,\ j=1,\ 2,\ \cdots,\ n \end{cases}$$

矩阵形式为

$$\max Z = CX$$

$$\text{s. t.}\begin{cases} AX=b \\ X\geqslant 0 \end{cases}$$

特点：

(1) 目标函数求最大值；（也可求最小值，本书中以最大值为准）

(2) 所有约束条件都为等式约束；

(3) 所有右端常数 b_i 都为非负的，即 $b_i \geqslant 0$；

(4) 所有变量都为非负的，即 $x_j \geqslant 0$。

下面讨论如何转化为标准形式：

(1) 目标函数的转换。

如果是求目标函数的极小值，即 $\min Z = \sum c_j x_j$，将目标函数乘以-1，就可化为求极大值问题。即令 $Z'=-Z$，可得到

$$\max Z' = -Z = -\sum c_j x_j$$

(2) 变量的变换。

对取值无约束的变量 x_j：可令 $x_j = x'_j - x''_j$，且 $x'_j,\ x''_j \geqslant 0$。

对变量 $x_j \leqslant 0$ 的变换：可令 $x_j = -x'_j$，显然 $x'_j \geqslant 0$。

(3) 约束条件的转换。

不等式约束：$\sum a_{ij}x_j \leqslant b_i \rightarrow \sum a_{ij}x_j + x_{n+i} = b_i$

$x_{n+i} \geqslant 0$　称为松弛变量

$\sum a_{ij}x_j \geqslant b_i \rightarrow \sum a_{ij}x_j - x_{n+i} = b_i$

$x_{n+i} \geqslant 0$　称为剩余变量

等式约束：当右端常数 $b_i<0$ 时，等式两端同乘-1，即可。

【例 3】 将下列线性规划问题化为标准形式。

$$\min Z=-2x_1+x_2+3x_3$$
$$\text{s.t.}\begin{cases}5x_1+2x_2+x_3\leqslant 7\\ x_1-x_2-4x_3\geqslant 2\\ -3x_1+x_2+2x_3=-5\\ x_1,\ x_2\geqslant 0,\ x_3\text{ 无约束}\end{cases}$$

解：(1) 因为 x_3 无符号要求，即 x_3 取正值也可取负值，标准型中要求变量非负，所以令 $x_3=x'_3-x''_3$，且 x'_3，$x''_3\geqslant 0$；

(2)第 1 个约束不等式是"≤"号，故在"≤"左端加入松弛变量 x_4，$x_4\geqslant 0$，可化为等式；

(3)第 2 个约束条件是"≥"号，故在"≥"左端减去剩余变量 x_5，$x_5\geqslant 0$，可化为等式；

(4)第 3 个约束条件右端常数为-5，等式两端同乘-1，将右端常数项化为正数；

(5)目标函数是最小值，为了化为求最大值，令 $Z'=-Z$，得到 $\max Z'=-Z$，即可得标准形式如下：

$$\max Z=2x_1-x_2-3(x'_3-x''_3)+0x_4+0x_5$$
$$\text{s.t.}\begin{cases}5x_1+2x_2+(x'_3-x''_3)+x_4=7\\ x_1-x_2-(x'_3-x''_3)\ -x_5=2\\ 5x_1-x_2-2(x'_3-x''_3)\ =5\\ x_1,\ x_2,\ x'_3,\ x''_3,\ x_4,\ x_5\geqslant 0\end{cases}$$

1.2　线性规划解的概念及图解法

1.2.1　解的概念

设有线性规划问题：

$$\max Z=\sum_{j=1}^{n}c_jx_j \tag{1-4}$$

$$\text{s.t.}\begin{cases}\sum_{j=1}^{n}a_{ij}x_j=b_i(i=1,\ 2,\ \cdots,\ m) & (1\text{-}5)\\ x_j\geqslant 0,\ j=1,\ 2,\ \cdots,\ n & (1\text{-}6)\end{cases}$$

求解上述线性规划问题，就是从满足约束条件式(1-5)、(1-6)的方程组中找出一个解，使目标函数式(1-4)达到最大值。

(1)可行解：满足约束条件式(1-5)、(1-6)的解为可行解。所有可行解的集合为可行域。

(2)最优解：使目标函数达到最大值的可行解。

(3)基：设 A 为约束条件式(1-5)对应的 $m\times n$ 阶系数矩阵($m<n$)，其秩为 m，B 是矩阵 A 中 m 阶满秩子矩阵(即 $|B|\neq 0$)，则称 B 是该线性规划问题的一个基。不妨设：

$$B=\begin{bmatrix} a_{11} & \cdots & a_{1m} \\ \vdots & & \vdots \\ a_{m1} & \cdots & a_{mm} \end{bmatrix}=(p_1\cdots p_m)$$

称 B 的列向量 $P_j(j=1, 2, \cdots, m)$ 为基向量。称与基向量 P_j 对应的变量 x_j 为基变量。除基变量以外的变量称为非基变量。

(4)基解：对于某一个确定的基 B，令所有的非基变量等于零，由约束方程(1-5)解出所有基变量的值，这样得到的一组解称为基解。在基解中取值非 0 的变量的个数小于或等于方程个数 m，且基解的总数不超过 C_n^m。

(5)基可行解：满足变量非负约束条件式(1-6)的基本解，称基可行解。

(6)可行基：与基可行解对应的基称为可行基。

由上述定义，各种解之间的关系可用图 1-1 表示。

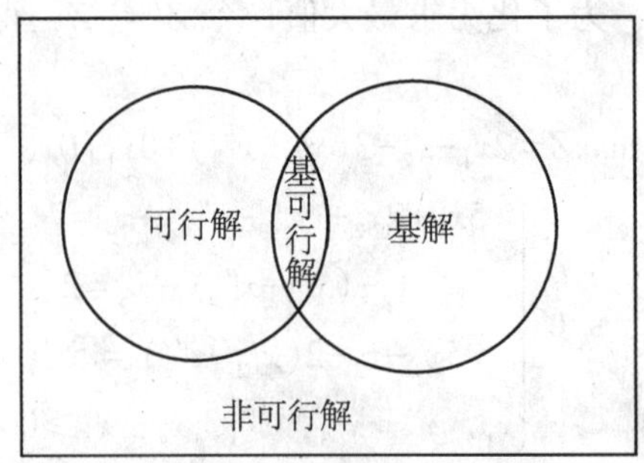

图 1-1　解之间的关系

【例 4】求出下列线性规划问题的所有基解，并指出哪些为基可行解及最优解。

$$\max Z=4x_1-2x_2-x_3$$

$$\text{s. t. }\begin{cases} 5x_1+x_2-x_3+x_4=3 \\ -10x_1+6x_2+2x_3+x_5=2 \\ x_j\geqslant 0, \ j=1, \ \cdots, \ 5 \end{cases}$$

解：约束方程的系数矩阵为 2×5 矩阵：

$$A=\begin{bmatrix} 5 & 1 & -1 & 1 & 0 \\ -10 & 6 & 2 & 0 & 1 \end{bmatrix}$$

$r(A)=2$，2 阶子矩阵有 10 个，其中基矩阵只有 9 个，即

$$B_1=\begin{bmatrix} 5 & 1 \\ -10 & 6 \end{bmatrix} B_2=\begin{bmatrix} 1 & -1 \\ 6 & 2 \end{bmatrix} B_3=\begin{bmatrix} 5 & 0 \\ -10 & 1 \end{bmatrix} B_4=\begin{bmatrix} 1 & 1 \\ 6 & 0 \end{bmatrix}$$

$$B_5=\begin{bmatrix} 5 & 1 \\ -10 & 0 \end{bmatrix} B_6=\begin{bmatrix} -1 & 0 \\ 2 & 1 \end{bmatrix} B_7=\begin{bmatrix} -1 & 1 \\ 2 & 0 \end{bmatrix} B_8=\begin{bmatrix} 1 & 0 \\ 6 & 1 \end{bmatrix} B_9=\begin{bmatrix} 1 & 0 \\ 0 & 1 \end{bmatrix}$$

则可得相应的基解为 $X_1=\left(\frac{2}{5}, 1, 0, 0, 0\right)^{\mathrm{T}}$，$X_2=(0, 1, -2, 0, 0)^{\mathrm{T}}$，$X_3=$

$\left(\frac{3}{5}, 0, 0, 0, 8\right)^{T}$，$X_4 = \left(0, \frac{1}{3}, 0, \frac{8}{3}, 0\right)^{T}$，$X_5 = \left(-\frac{1}{5}, 0, 0, 4, 0\right)^{T}$，$X_6 = (0, 0, -3, 0, 8)^{T}$，$X_7 = (0, 0, 1, 4, 0)^{T}$，$X_8 = (0, 3, 0, 0, -16)^{T}$，$X_9 = (0, 0, 0, 3, 2)^{T}$。

可知，基可行解有 X_1，X_3，X_4，X_7，X_9；最优解为 X_9。

1.2.2　图解法

借助几何图形的直观性，下面探讨仅含两个决策变量的线性规划问题求解方法——图解法。图解法不仅具有简单、直观的优点，更有助于初学者了解线性规划解的基本原理。但同时要注意到，对决策变量个数为三个以上的线性规划问题，无法运用图解法来求解。

图解法求解线性规划的步骤为：

(1)取决策变量 x_1，x_2 为坐标向量建立平面直角坐标系。

(2)把所有约束条件都直接取为等式形式，并在坐标系中画出相应的直线，然后根据所有约束条件的原有要求，确定出可行域。

(3)任意给定目标函数一个值，作出相应的目标函数等值线，然后将该等值线向着目标函数值更优的方向平移，使其移至既与可行域的边界相交又不能使目标函数值更优的位置，这时的交点即为所求最优解。

注：步骤(2)中在判断不等式约束所决定的半平面时，可根据取特殊点的方法或根据把不等式等价变形为某一变量单独放在不等式一边的方法来确定；步骤(3)中目标函数等值线的平移方向，也可根据取特殊点的方法或根据等值线的法线方向来确定。

【例 5】用图解法求解下列线性规划问题。

(1) $$\max Z = 2x_1 + 3x_2$$
$$\text{s. t.} \begin{cases} x_1 + 2x_2 \leqslant 8 \\ 4x_1 \leqslant 16 \\ 4x_2 \leqslant 12 \\ x_1,\ x_2 \geqslant 0 \end{cases}$$

(2) $$\max Z = 2x_1 + 4x_2$$
$$\text{s. t.} \begin{cases} x_1 + 2x_2 \leqslant 8 \\ 4x_1 \leqslant 16 \\ 4x_2 \leqslant 12 \\ x_1,\ x_2 \geqslant 0 \end{cases}$$

(3) $$\max Z = x_1 + x_2$$
$$\text{s. t.} \begin{cases} -2x_1 + x_2 \leqslant 4 \\ x_1 - x_2 \leqslant 2 \\ x_1,\ x_2 \geqslant 0 \end{cases}$$

解：用图解法求解上述三个线性规划的几何图形如图 1-2~图 1-4 所示。

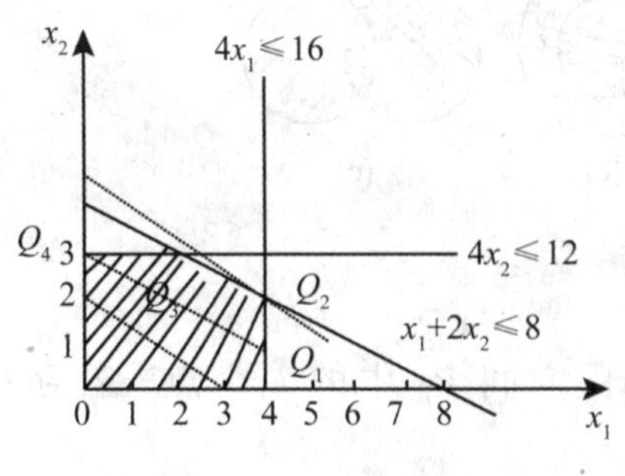

图 1-2　唯一最优解

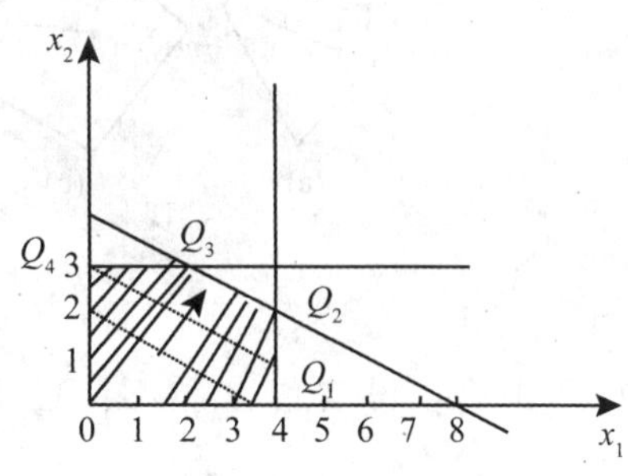

图 1-3　无穷多最优解

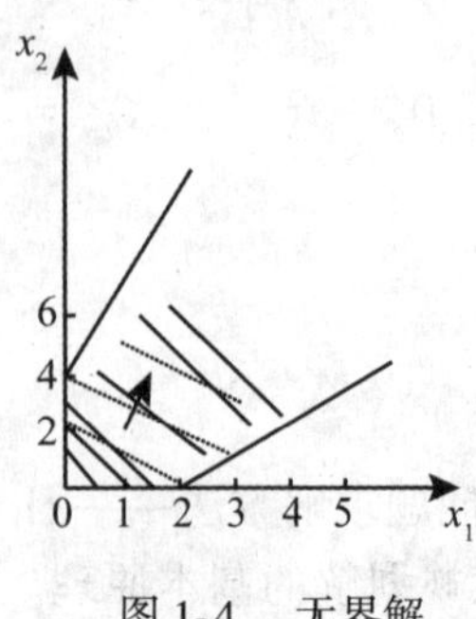

图 1-4　无界解

由图 1-2 知，(1)只有唯一最优解 Q_2；由图 1-3 知，位于线段 Q_2Q_3 上的所有的点均为(2)的最优解，即(2)有无穷多最优解；由图 1-4 知，随着等值线的平移，(3)的目标函数值可以无限增大，故(3)没有有限的最优解，称之为无界解。

另如在(1)中再添加一个约束条件：$-2x_1+x_2\geqslant 4$，则由图 1-2 知，该问题的可行域是空集，即没有可行解，也就不存在最优解。

当求解结果出现无界解和可行域为空集两种情况时，一般说明建立的线性规划模型有错误。前者是因为缺乏必要的约束条件，后者是因为存在相互矛盾的约束条件，建模时应加以注意。

从上述例题可见，线性规划问题的解存在四种可能情形：唯一最优解、无穷多最优解、无界解和无可行解。再进一步分析还可知，当线性规划问题的可行域不是空集时，它必为有界或无界的凸集(或称凸多边形)。如线性规划有最优解，则对应于可行域的某个顶点一定可以达到最优解；如有两个顶点均能达到最优解，则这两点的连线上的任意一点均为最优解。这些结论源于运用图解法解仅含两个变量的线性规划问题，可证它们对含有 n 个变量的线性规划问题也成立 。

1.3　线性规划问题的解的性质

1.3.1　基本概念

(1)凸集：设 $D\in R^n$，如对任意两点 X，$Y\in D$，$0\leqslant\alpha\leqslant 1$ 有

$$\alpha X+(1-\alpha)Y\in D$$

则称 D 为凸集。

从直观上讲，凸集没有凹陷部分，其内部也没有空洞。平面上实心圆，实心球体，直线等都是凸集，而圆环不是凸集。图 1-5 中的(a)(b)是凸集，(c)不是凸集。任何两个凸集的交集是凸集，见图 1-5(d).

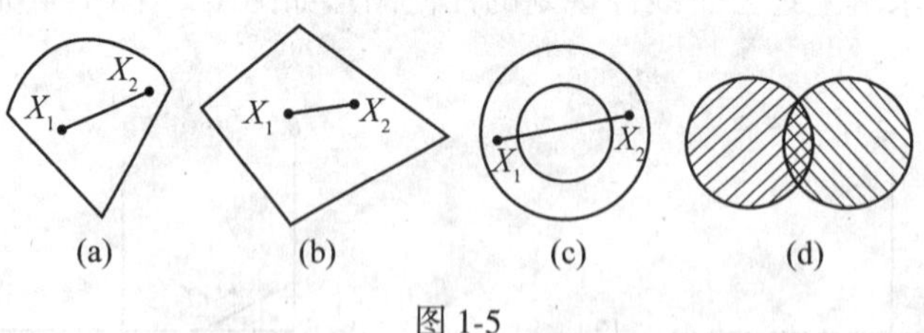

图 1-5

(2)凸组合：设 X_1，X_2，…，X_k 是 n 维欧氏空间 R_n 中的 k 个点。若存在 μ_1，μ_2，…,μ_k，且 $0\leqslant\mu_i\leqslant 1$，$\sum_{i=1}^{k}\mu_i=1$，使

$$X=\mu_1X_1+\mu_2X_2+\cdots+\mu_kX_k$$

则称 X 为 X_1，X_2，…，X_k 的一个凸组合。

(3)顶点：设 D 是凸集，$X \in D$，若 X 不能用 D 中不同的两点 X_1，X_2 的凸组合表示为：

$$X=\mu X_1+(1-\mu)X_2 \qquad (0<\mu<1)$$

则称 X 为 D 的一个顶点(或极点)。

1.3.2　解的性质

性质 1　若线性规划问题存在可行解，则该问题的可行域

$$D=\left\{X \mid \sum_{j=1}^{n} AX=b, \quad X \geqslant 0\right\}$$

是凸集。

证明：设 X_1，$X_2 \in D$ 为线性规划问题的任意两个不同的可行解，则有

$$AX_1=AX_2=b$$

令 $X=\mu X_1+(1-\mu)X_2 \qquad (0<\mu<1)$，则可得

$$\begin{aligned} AX &= A\left[\mu X_1+(1-\mu)X_2\right] \\ &= \mu AX_1+(1-\mu)AX_2 \\ &= \mu b+(1-\mu)b \\ &= b \end{aligned}$$

又因为 $X_1 \geqslant 0$，$X_2 \geqslant 0$，$\mu>0$，$1-\mu>0$，所以 $X=\mu X_1+(1-\mu)X_2 \geqslant 0$。由此可知，$X \in D$，即 D 是凸集。

引理　线性规划问题的可行解 $X=(x_1, x_2, \cdots, x_n)^{\mathrm{T}}$ 是基可行解的充分必要条件是和 X 的正分量对应的约束条件的系数矩阵中的列向量线性无关。

必要性由基可行解的定义直接可得。充分性由向量组的线性相关及线性无关的性质可证。

性质 2　线性规划问题的基可行解与可行域(凸集)的顶点是一一对应的。

性质 3　若线性规划问题存在有界的可行域，则一定存在某个顶点使它达到最优(即存在某个基可行解是最优解)。

证明：设可行域有 k 个顶点 X_1，X_2，…，X_k，再设 X' 不是顶点，且 X' 可使目标函数达到最优值 $Z^*=CX'$(以标准形式 $\max Z=Z^*$ 为例)。

由 X' 不是顶点及顶点的定义知，X' 可由可行域的所有顶点线性表示为

$$X'=\sum_{i=1}^{k} \lambda_i X_i, \quad 0 \leqslant \lambda_i<1, \quad \sum_{i=1}^{k} \lambda_i=1 \tag{1-7}$$

在顶点 X_1，X_2，…，X_k 中一定存在某个 X_t，满足

$$CX_t=\max\{CX_i \mid i=1, 2, \cdots, k, i \neq t\}$$

用 X_t 代替式(1-7)中的所有 X_i，则有

$$CX'=C\sum_{i=1}^{k} \lambda_i X_i \leqslant C\sum_{i=1}^{k} \lambda_i X_t=CX_t$$

而根据假设，最大值是 $Z^* = CX'$，故必有　$CX' = CX_t$。

即顶点 X_t 使目标函数达到最优值。

另外，若可行域为无界，则可能没有最优解，也可能有最优解，若有也必定在某个顶点上得到。

性质 4　若线性规划问题在多个顶点处达到最优值，则在这些顶点的凸组合上也达到最大值。

根据上述讨论，可得到下列结论：

线性规划问题的所有可行解构成的集合是个凸集，也可能是无界域，它们仅有有限个顶点，线性规划问题的基可行解与可行域的顶点对应；若线性规划问题有最优解，一定会在某顶点得到。虽然可行域的顶点的个数是有限的(不大于超过 C_n^m 个)，如用枚举的方式，先找出所有基可行解，然后一一比较，可能会找到最优解，但这种方法在 n，m 都比较大时，是行不通的，为此要继续讨论，如何才能有效地找到最优解，目前已有多种方法，本书仅详细介绍单纯形法。

1.4　单纯形法

单纯形法求解线性规划的基本思想是：从可行域的某个顶点(基可行解)开始，判别其是否为最优解，如不是，则通过变换转换到另一个使目标值更优的顶点(基可行解)，重复判别和转换过程，直至找到最优解，或能判别线性规划无最优解为止。

为了更快地找到最优解，必须要解决以下三个问题：

(1)如何简单地找到初始的基可行解？

(2)如何判断当前的基可行解是否为最优解？

(3)在转换的过程中，怎样保证只会遇见基可行解，而且新的基可行解会使目标值更优？

1.4.1　引例

因为线性规划问题的标准形式中除非负约束条件外的其他约束条件构成一个线性方程组，所以下面用代数方法来求解一个线性规划问题，并从中考虑上述三个问题。

【例 6】　例 1 的标准型为

$$\max Z = 3x_1 + 4x_2 + 0x_3 + 0x_4 + 0x_5 \tag{1-8}$$

$$\text{s.t.}\begin{cases} 3x_1 + 3x_2 + x_3 = 9 \\ 4x_1 + 3x_2 + x_4 = 24 \\ x_1 + 4x_2 + x_5 = 16 \\ x_1,\ x_2,\ x_3,\ x_4,\ x_5 \geqslant 0 \end{cases} \tag{1-9}$$

约束方程(1-9)的系数矩阵

$$A = (P_1,\ P_2,\ P_3,\ P_4,\ P_5) = \begin{pmatrix} 3 & 3 & 1 & 0 & 0 \\ 4 & 3 & 0 & 1 & 0 \\ 1 & 4 & 0 & 0 & 1 \end{pmatrix}$$

从式(1-9)中可以看到 x_3，x_4，x_5 的系数列向量构成一个基：

$$B=(P_3,\ P_4,\ P_5)=\begin{pmatrix}1&0&0\\0&1&0\\0&0&1\end{pmatrix}$$

故对应于 B 的变量 x_3，x_4，x_5 为基变量，x_1，x_2 为非基变量。

从式(1-9)中可得到基变量 x_3，x_4，x_5 用非基变量 x_1，x_2 表示如下：

$$\begin{cases}x_3=9-3x_1-3x_2\\x_4=24-4x_1-3x_2\\x_5=16-x_1-4x_2\end{cases}\tag{1-10}$$

将式(1-10)代入目标函数式(1-8)，得到

$$Z=3x_1+4x_2+0\tag{1-11}$$

令非基变量 $x_1=x_2=0$，由式(1-10)可得到一个基可行解：

$$X^{(0)}=(0,\ 0,\ 9,\ 24,\ 16)^{\mathrm{T}}$$

再将其代入式(1-11)，得到 $Z=0$。

这个基可行解表示：该工厂没有安排生产产品 A，B；资源都没有被利用，所以工厂的利润为 0。

下面来看一下目标函数还有没有改善的可能。分析目标函数的表达式(1-11)可看到非基变量 x_1，x_2 的系数都是正数，因此将这两个中的任一个非基变量变为基变量，即使该非基变量的值从零变成正数，都可能会使目标函数的值增大。从经济意义上讲，只要安排生产产品 A 或 B，就可以使工厂的利润增加。故只要目标函数的表达式(1-11)中还存在有系数为正的非基变量，就表示目标函数值还有改善的可能，就需要进行非基变量与基变量的对换，称之为基变换。为了使目标函数值改善得更好，一般要选择正系数最大的那个非基变量为换入变量，此处显然是要把 x_2 换为基变量。由于系数矩阵 A 的秩不变，故还要从原来的基变量中选一个出来换为非基变量。确定换出变量时要保证新的基解是可行的。

分析式(1-10)，当将 x_2 选为换入变量时(此时 x_1 仍为非基变量，其值为 0)，必须从 x_3，x_4，x_5 中选定一个换出变量，并保证其余的都是非负的。则由式(1-10)得

$$\begin{cases}x_3=9-3x_2\geqslant 0\\x_4=24-3x_2\geqslant 0\\x_5=16-4x_2\geqslant 0\end{cases}\tag{1-12}$$

可见式(1-12)成立的充要条件是 $x_2\leqslant\min\left(\frac{9}{3},\ \frac{24}{3},\ \frac{16}{4}\right)=3$。即当 x_2 从 0 增加到 3 时，原基变量 x_3 的值最先变成 0，而另外的基变量 x_4，x_5 的值仍为正。故要用 x_2 取代 x_3，即得到新的基变量 x_2，x_4，x_5。此时相应的基矩阵为

$$B_1=(P_2,\ P_4,\ P_5)=\begin{pmatrix}3&0&0\\3&1&0\\4&0&1\end{pmatrix}$$

由式(1-10)重新将基变量 x_2，x_4，x_5 用非基变量 x_1，x_3 表示为

$$\begin{cases} x_2 = 3 - x_1 - \dfrac{1}{3}x_3 \\ x_4 = 15 - x_1 + x_3 \\ x_5 = 4 + 3x_1 + \dfrac{4}{3}x_3 \end{cases} \tag{1-13}$$

将其代入目标函数式(1-8)，得到

$$Z = 12 - x_1 - \frac{4}{3}x_3 \tag{1-14}$$

令非基变量 $x_1 = x_3 = 0$，可得到 $Z = 12$ 及另一个基可行解：

$$X^{(1)} = (0,\ 3,\ 0,\ 15,\ 4)^{\mathrm{T}}$$

从式(1-14)，可见所有非基变量 x_1，x_3 的系数都是负数。可见如再进行基变换，不论是选 x_1 还是选 x_3 为换入变量(即其值从 0 增加为正数)，都会使目标函数值下降。因此 $X^{(1)} = (0,\ 3,\ 0,\ 15,\ 4)^{\mathrm{T}}$ 为最优解，此时目标函数达到最大值 $Z = 12$。即当产品 A 不生产，产品 B 生产 3 件，工厂才能得到最大利润。读者可将每步迭代得到的结果与图解法做一对比，其几何意义非常清楚。

上例求解方法实质上就是单纯形法，它的基本思想是：从约束条件方程的一个基可行解 $X^{(0)}$ 开始，通过判别其是否为最优解(即观察由非基变量表示的目标函数表达式中，所有非基变量的系数)，如不是，就进行基变换(即确定换入、换出变量)，并用代数迭代的方法，实现从一个基可行解到另一个基可行解的转换，直到得到最优解为止。

1.4.2 单纯形法的一般描述

1. 初始基可行解的构造

为了构造初始基可行解，首先要找出初始可行基，其方法如下。

(1)直接观察。

如线性规划问题的约束条件为

$$\sum_{j=1}^{n} P_j x_j = b$$

$$x_j \geqslant 0 \qquad j = 1,\ 2,\ \cdots,\ n$$

特殊情况下通过直接观察约束条件的系数矩阵的列向量 P_j 或对约束条件的系数矩阵进行简单的变形，就可找出一个初始可行基

$$B = (P_1,\ P_2,\ \cdots,\ P_m) = \begin{pmatrix} 1 & & & \\ & 1 & & \\ & & \ddots & \\ & & & 1 \end{pmatrix}$$

(2)加松弛变量。

对约束条件全部为“≤”型的不等式，利用化标准形式的方法，只需在每个约束条件的左端加上一个松弛变量。则可得下列方程组(x_{n+1}，x_{n+2}，…，x_{n+m}为松弛变量)：

$$
\begin{aligned}
&a_{11}x_1+a_{12}x_2+\cdots+a_{1n}x_n+x_{n+1}=b_1\\
&a_{21}x_1+a_{22}x_2+\cdots+a_{2n}x_n+\cdots+x_{n+2}=b_2\\
&\qquad\cdots\cdots\cdots\cdots\\
&a_{m1}x_1+a_{m2}x_2+\cdots+a_{mn}x_n+\cdots+x_{n+m}=b_m\\
&x_j\geqslant 0,\quad j=1,2,\cdots,n+m
\end{aligned}
\tag{1-15}
$$

于是，式(1-15)中含有一个 $m\times m$ 阶单位矩阵，初始可行基 B 即可取该单位矩阵。

将式(1-15)每个等式移项得

$$
\begin{aligned}
&x_{n+1}=b_1-a_{11}x_1-a_{12}x_2-\cdots-a_{1n}x_n\\
&x_{n+2}=b_2-a_{21}x_1-a_{22}x_2-\cdots-a_{2n}x_n\\
&\qquad\cdots\cdots\cdots\cdots\\
&x_{n+m}=b_m-a_{m1}x_1-a_{m2}x_2-\cdots-a_{mn}x_n
\end{aligned}
\tag{1-16}
$$

令 $x_1=x_2=\cdots=x_n=0$，则由式(1-16)可得 $x_{n+i}=b_i$，$(i=1, 2, \cdots, m)$，即得到一个初始基可行解：

$$X=(0,0,\cdots,0,b_1,\cdots,b_m)^{\mathrm{T}}$$

(3)加非负的人工变量。

当所有约束条件为“$\geqslant$”型的不等式及等式时，若不存在单位矩阵，可人工构造初始可行基。即：

对“$\geqslant$”型的不等式约束，先减去一个非负的剩余变量，再加上一个非负的人工变量；

对于等式约束，直接加上一个非负的人工变量。

这样就可在新约束条件的系数矩阵中找到一个单位矩阵作为初始可行基。类似上述讨论，就可得一个初始基可行解。

2. 最优性检验与解的判别

由 1.3 节知，线性规划问题的解有四种可能：唯一最优解、无穷多最优解、无界解和无可行解。因此，有必要建立解的判别准则。一般情形下，对于某个可行基 B，经过迭代式(1-16)会变成

$$x_{n+i}=b'_i-\sum_{j=1}^{n}a'_{ij}x_j,\quad (i=1,2,\cdots,m)\tag{1-17}$$

将其代入目标函数表达式中，整理可得

$$
\begin{aligned}
Z&=\sum_{j=1}^{n+m}c_jx_j=\sum_{j=1}^{n}c_jx_j+\sum_{i=1}^{m}c_{n+i}x_{n+i}=\sum_{j=1}^{n}c_jx_j+\sum_{i=1}^{m}c_{n+i}\left(b'_i-\sum_{j=1}^{n}a'_{ij}x_j\right)\\
&=\sum_{i=1}^{m}c_{n+i}b'_i+\sum_{j=1}^{n}c_jx_j-\sum_{i=1}^{m}c_{n+i}\sum_{j=1}^{n}a'_{ij}x_j\\
&=\sum_{i=1}^{m}c_{n+i}b'_i+\sum_{j=1}^{n}\left(c_j-\sum_{i=1}^{m}c_{n+i}a'_{ij}\right)x_j
\end{aligned}
\tag{1-18}
$$

令 $$Z_0=\sum_{i=1}^{m}c_{n+i}b'_i,\quad Z_j=\sum_{i=1}^{m}c_{n+i}a'_{ij},\quad j=1,\cdots,n$$

则有
$$Z = Z_0 + \sum_{j=1}^{n} (c_j - Z_j) x_j$$
令
$$\sigma_j = c_j - Z_j \quad \text{（称之为 } x_j \text{ 的检验数）}$$
则
$$Z = Z_0 + \sum_{j=1}^{n} \sigma_j x_j \tag{1-19}$$

最优性判别定理

若对应于基 B 的基可行解为 $X=(0, 0, \cdots, 0, b'_1, \cdots, b'_m)^T$，且所有非基变量的检验数 $\sigma_j \leqslant 0$ $(j=1, 2, \cdots, n)$，则 X 为最优解，基 B 为最优基。

(1)唯一最优解的判别。

当所有非基变量的检验数 $\sigma_j<0$ $(j=1, 2, \cdots, n)$时，X 为唯一最优解。

(2)无穷多最优解的判别。

当所有非基变量的检验数 $\sigma_j \leqslant 0$ $(j=1, 2, \cdots, n)$，且至少存在一个非基变量的检验数等于 0 时，则线性规划问题除 X 外，还有无穷多最优解。

(3)无界解的判别。

若对应于基 B 的基可行解为 $X=(0, 0, \cdots, 0, b'_1, \cdots, b'_m)^T$，若存在一个非基变量 x_k 的检验数 $\sigma_k>0$，并且对 $i=1, 2, \cdots, m$，有 $a'_{ik} \leqslant 0$，则该线性规划问题具有无界解(或称没有有限的最优解)。

注：上述讨论都是针对以目标函数极大化为标准形式的。如要求目标函数极小化，一种方法是将其先化为标准形式，然后再用上述最优性原理判别；另一种方法是不必将其转换为标准型，只需在上述判别定理点中把 $\sigma_j \leqslant 0$ 相应改为 $\sigma_j \geqslant 0$，把 $\sigma_j<0$ 相应改为 $\sigma_j>0$ 即可。

3. 基变换

当判别出初始基可行解 $X^{(0)}$ 不是最优解，同时不能判别问题有无界解时，就要寻找一个新的基可行解。

从例 6 可知，寻找新的基可行解的具体做法为：

把原可行基中某一个列向量用矩阵 A 中除构成该基之外的某一个列向量替代，在保证线性无关的条件下得到一个新的可行基，称该过程为基变换。为了换基，必须先确定换入变量(或称进基变量)，再确定换出变量(或称出基变量)，把它们在矩阵 A 中相应的系数列向量进行替换，就得到一个新的可行基。

(1)确定换入变量。

当存在 $\sigma_k>0$ 时，则当前的基可行解不是最优解，即当 x_k 增大时，目标函数值还可以增大。故可选 x_k 为换入变量。

当有多个 $\sigma_j>0$，则可选其中任意一个对应的非基变量作为换入变量(由于系数矩阵 A 的秩不变，故换入变量只有一个)。但由例 6 可看出，选 $\sigma_j>0$ 中的较大者对应的非基变量作为换入变量可使目标函数值增加得更快，即由 $\max\limits_j(\sigma_j>0)=\sigma_k$，选择 x_k 为换入变量。

(2)确定换出变量。

当选定 x_k 为换入变量后，按式(1-17)可确定换出变量。具体做法为：

在式(1-17)中，让除 x_k 外的其余非基变量取值为 0，则可得
$$x_{n+i} = b'_i - a'_{ik} x_k,$$

$$i=1, 2, \cdots, m$$

如对 $i=1, 2, \cdots, m$，都有 $a'_{ik} \leqslant 0$，则该线性规划问题具有无界解。否则，要保证所有 $x_{n+i} \geqslant 0$，由此可得 x_k 的最大值，记为 θ，即为

$$\theta = \min_i \left(\frac{b_i'}{a_{ik}'} \mid a_{ik}' > 0 \right) = \frac{b_l'}{a_{lk}'}$$

上式表示当 $x_k=\theta$ 时，除 $x_{n+l}=b'_l-a'_{lk}x_k=0$，其余 $x_{n+i}>0$。故可选择 x_{n+l} 为换出变量。这种按最小比值确定 θ 值的原则，称为最小比值规则。

当有多个 i 值使比值 $\frac{b_i'}{a_{ik}}$ 达到最小值时，则可选其中任意一个对应的基变量作为换出变量(由于系数矩阵 A 的秩不变，故换出变量只有一个)，其余的仍然保持基变量不变，但这些基变量的值只能为 0，称此时对应的基可行解为退化的基可行解。

4. 主元变换

当选定 x_k 为换入变量，x_{n+l} 为换出变量后，则元素 a'_{lk} 称为主元素。为了把新的基变量都用非基变量表示，可通过对式(1-17)实行消元法来实现。而由线性方程组的理论，这一过程的实质是在上一步变化后的系数矩阵 A 的增广矩阵中，通过初等行变换，把主元素 a'_{lk} 变为 1，把 a'_{lk} 所在列的其他元素全部变为 0。故称该变换为主元变换(或为旋转变换)。

重复进行上述的最优性检验到主元变换的过程，最终就可找到问题的最优解或得出问题有无界解。

1.4.3 单纯形法的表格计算法

为了便于手工计算，人们根据单纯形法的计算过程设计了一种计算表，称之为单纯形表。

1. 初始单纯形表的建立

设线性规划问题经过标准化后具有如下形式：

$$\max Z = c_1x_1+c_2x_2+\cdots+c_nx_n+c_{n+1}x_{n+1}+\cdots+c_{n+m}x_{n+m}$$

$$\text{s.t.} \begin{cases} a_{11}x_1+a_{12}x_2+\cdots+a_{1n}x_n+x_{n+1}=b_1 \\ a_{21}x_1+a_{22}x_2+\cdots+a_{2n}x_n+x_{n+2}=b_2 \\ \cdots\cdots\cdots\cdots \\ a_{m1}x_1+a_{m2}x_2+\cdots+a_{mn}x_n+x_{n+m}=b_m \\ x_1, x_2, \cdots, x_n, x_{n+1}, \cdots, x_{n+m} \geqslant 0 \end{cases}$$

把前 m 个约束方程和目标函数的表达式组成一个具有 $n+m+1$ 个变量，$m+1$ 个方程的方程组，所示如下：

$$\begin{cases} a_{11}x_1+a_{12}x_2+\cdots+a_{1n}x_n+x_{n+1}=b_1 \\ a_{21}x_1+a_{22}x_2+\cdots+a_{2n}x_n+x_{n+2}=b_2 \\ \cdots\cdots\cdots \\ a_{m1}x_1+a_{m2}x_2+\cdots+a_{mn}x_n+x_{n+m}=b_m \\ -Z+c_1x_1+c_2x_2+\cdots+c_nx_n+c_{n+1}x_{n+1}+\cdots+c_{n+m}x_{n+m}=0 \end{cases}$$

把$-Z$也看做一个变量，可得上述方程组的增广矩阵为

$$
\begin{array}{c}
\begin{matrix} -z & x_1 & x_2 & \cdots & x_n & x_{n+1} & x_{n+2} \cdots & x_{n+m} & b \end{matrix} \\
\left(\begin{array}{cccccccc|c}
0 & a_{11} & a_{12} & \cdots & a_{1n} & 1 & 0 \cdots & 0 & b_1 \\
0 & a_{21} & a_{22} & \cdots & a_{2n} & 0 & 1 \cdots & 0 & b_2 \\
\vdots & \vdots & \vdots & & \vdots & \vdots & \vdots & \vdots & \vdots \\
0 & a_{m1} & a_{m2} & \cdots & a_{mn} & 0 & 0 \cdots & 1 & b_m \\
1 & c_1 & c_2 & \cdots & c_n & c_{n+1} & c_{n+2} \cdots & c_{n+m} & 0
\end{array}\right)
\end{array}
$$

从上述增广矩阵可看出，如把$-Z$当做不参与基变换过程的基变量，则它与x_{n+1}，x_{n+2}，…，x_{n+m}所对应的系数列向量构成该增广矩阵的一个基。此时若采用初等行变换将c_{n+1}，c_{n+2}，…，c_{n+m}变为零，则该基就变为了单位矩阵，此时相应的增广矩阵变形为

$$
\begin{array}{c}
\begin{matrix} -z & x_1 & x_2 & \cdots & x_n & x_{n+1} & x_{n+2} & \cdots & x_{n+m} & b \end{matrix} \\
\left(\begin{array}{ccccccccc|c}
0 & a_{11} & a_{12} & \cdots & a_{1n} & 1 & 0 & \cdots & 0 & b_1 \\
0 & a_{21} & a_{22} & \cdots & a_{2n} & 0 & 1 & \cdots & 0 & b_2 \\
\vdots & \vdots & \vdots & & \vdots & \vdots & \vdots & & \vdots & \vdots \\
0 & a_{m1} & a_{m2} & \cdots & a_{mn} & 0 & 0 & \cdots & 1 & b_m \\
1 & c_1 - \sum_{i=1}^{m} c_{n+i} a_{i1} & \cdots & & c_n - \sum_{i=1}^{m} c_{n+i} a_{in} & 0 & 0 & \cdots & 0 & -\sum_{i=1}^{m} c_{n+i} b_i
\end{array}\right)
\end{array}
$$

则可设计如表 1-3 所示的初始单纯形表。

表 1-3

	c_j		c_1	…	c_n	c_{n+1}	…	c_{n+m}	θ_i
C_B	X_B	b	x_1	…	x_n	x_{n+1}	…	x_{n+m}	
c_{n+1}	x_{n+1}	b_1	a_{11}	…	a_{1n}	1	…	0	θ_1
c_{n+2}	x_{n+2}	b_2	a_{21}	…	a_{2n}	0	…	0	θ_2
⋮	⋮	⋮	⋮		⋮	⋮		⋮	⋮
c_{n+m}	x_{n+m}	b_m	a_{m1}	…	a_{mn}	0	…	1	θ_m
$-Z$		$-\sum_{i=1}^{m} c_{n+i} b_i$	$c_1 - \sum_{i=1}^{m} c_{n+i} a_{i1}$	…	$c_n - \sum_{i=1}^{m} c_{n+i} a_{in}$	0	…	0	

X_B 列中填入基变量，这里是x_{n+1}，x_{n+2}，…，x_{n+m}。

C_B 列中填入基变量的价值系数，这里是c_{n+1}，c_{n+2}，…，c_{n+m}，它们随着基变量的改变而改变。填写该列的目的是为了计算检验数。

b 列中填入约束方程组右端的常数，它代表了相应的基变量的取值。

c_j 行中填入所有变量的价值系数c_1，c_2，…，c_{n+m}。

θ_i 列的数字是在换入变量选定后，按最小比值原则计算后填入的。

最后一行称为检验数行，所有基变量的检验数都为 0，而各非基变量 x_j 的检验数对应分别是

$$\sigma_j = c_j - \sum_{i=1}^{m} c_{n+i} a_{ij}, \quad (j=1, 2, \cdots, n)$$

由表 1-3 可知，它不仅包含了原问题的信息(可见表中前 m 行对应除非负约束条件外的所有约束条件，c_j 行对应目标函数)，而且包含了最优性检验(可见表中最后一行)，当前基可行解和当前目标值(可见 b 列)的信息，因此可利用它来进行单纯形迭代。

注：变量的非负约束条件在单纯形表中是隐含在 b 列中的，即 b 列的数值(除了和最后一行交叉处外)都是非负的。如在迭代过程中 b 列出现负值，则说明当前的基解不是基可行解，求解就不能再进行下去了。出现这种情况的原因可能在于初始基解不是基可行解；或者是在迭代过程中选择换入变量，或者是在迭代过程中进行主元变换时出现了错误。

2. 表格单纯形法的计算步骤

(1)根据数学模型确定初始可行基，建立初始单纯形表。

(2)计算所有非基变量 x_j 的检验数：

$$\sigma_j = c_j - \sum_{i=1}^{m} c_{n+i} a_{ij}, \quad (j=1, 2, \cdots, n)$$

若所有 $\sigma_j \leqslant 0, j=1, 2, \cdots, n$，则由最优性判别准则知，当前的基可行解就是最优解，可停止计算。否则转入下一步。

(3)在所有 $\sigma_j>0, j=1, 2, \cdots, n$ 中，若存在某个 σ_k 所对应的变量 x_k 满足：对 $i=1, 2, \cdots, m$，都有 $a'_{ik} \leqslant 0$(即相应的列向量 $P'_k \leqslant 0$)，则该问题具有无界解，可停止计算。否则，转入下一步。

(4)根据 $\max\limits_j \{\sigma_j \mid \sigma_j>0\} = \sigma_k$ 选定 x_k 为换入变量。再按 θ 规则计算出

$$\theta = \min_i \left(\frac{b_i'}{a_{ik}'} \middle| a_{ik}'>0 \right) = \frac{b_l'}{a_{lk}'}$$

可选定 x_l 为换出变量，并在表中用“[ ]”标出对应的主元素 a'_{lk}，然后转入下一步。

(5)在表中以 a'_{lk} 为主元素进行迭代，把主元素 a'_{lk} 变为 1，把 a'_{lk} 所在列的其他元素全部变为 0。即把 x_k 所对应的列向量

$$P'_k = \begin{pmatrix} a'_{1k} \\ a'_{2k} \\ \vdots \\ a'_{lk} \\ \vdots \\ a'_{mk} \end{pmatrix} \text{变换} \Rightarrow \begin{pmatrix} 0 \\ 0 \\ \vdots \\ 1 \\ \vdots \\ 0 \end{pmatrix} \leftarrow \text{第 } l \text{ 行}$$

将 X_B 列中的 x_l 换为 x_k，C_B 列中的 c_l 换为 c_k，如此就可得到一个新的单纯形表。重复步骤(2)~(5)，直至得到最优解。

3. 表格单纯形法的计算实例

【例 7】　用单纯形法求下列线性规划问题：(唯一最优解的情况)

$$\max Z=3x_1+4x_2$$

$$\text{s. t.}\begin{cases}2x_1+x_2\leqslant 40\\ x_1+2x_2\leqslant 30\\ x_1,\ x_2\geqslant 0\end{cases}$$

解：(1)加入松弛变量 x_3、x_4，将问题化为标准形式。

$$\max Z=3x_1+4x_2+0x_3+0x_4$$

$$\text{s. t.}\begin{cases}2x_1+x_2+x_3=40\\ x_1+2x_2+x_4=30\\ x_1,\ x_2,\ x_3,\ x_4\geqslant 0\end{cases}$$

(2)选择松弛变量 x_3、x_4为基变量，它们对应的列向量构成基，则可得初始基可行解 $X^{(0)}=(0,\ 0,\ 40,\ 30)^{\mathrm{T}}$，则可列出初始单纯形表，见表 1-4。

表 1-4

c_j			3	4	0	0	θ_i
C_B	X_B	b	x_1	x_2	x_3	x_4	
0	x_3	40	2	1	1	0	40/1
0	x_4	30	1	[2]	0	1	30/2
$-Z$		0	3	4	0	0	

非基变量的检验数分别为

$$\sigma_1=c_1-(c_3a_{11}+c_4a_{21})=3-(0\times 2+0\times 1)=3$$

$$\sigma_2=c_2-(c_3a_{21}+c_4a_{22})=4-(0\times 1+0\times 2)=4$$

(3)最优性检验。

因表中所有非基变量的检验数 $\sigma_j\geqslant 0$，且它们的系数列向量都大于 0，故初始基可行解 $X^{(0)}$不是最优解，则转入下一步基变换。

(4)基变换。

根据 $\max(\sigma_1,\ \sigma_2)=\max(3,\ 4)=4$，可知选择 x_2 为换入变量；根据 $\theta=\min\left(\frac{b_i'}{a_{ik}'}\mid a_{ik}'>0\right)=\min\left(\frac{40}{1},\ \frac{30}{2}\right)=15$，可知选择 x_4 为换出变量。则 x_2 所在的列与 x_4 所在的行的交叉元素 2 称为主元素。

(5)对主元素 2 所在的列施行主元变换，可得新的单纯形表，见表 1-5。

表 1-5

c_j			3	4	0	0	θ_i
C_B	X_B	b	x_1	x_2	x_3	x_4	
0	x_3	25	[3/2]	0	1	-1/2	25/(3/2)
4	x_2	15	1/2	1	0	1/2	15/(1/2)
$-Z$		-60	1	0	0	-2	

则得到新的基可行解 $X^{(1)}=(0, 15, 25, 0)^{\mathrm{T}}$，对应的目标函数值 $Z=60$。

(6)重复步骤(3)~(5)，得到单纯形表 1-6。

表 1-6

c_j			3	4	0	0	θ_i
C_B	X_B	b	x_1	x_2	x_3	x_4	
3	x_1	50/3	1	0	2/3	-1/3	
4	x_2	20/3	0	1	-1/3	2/3	
$-Z$		-230/3	0	0	-2/3	-5/3	

因表 1-6 中所有非基变量的检验数 $\sigma_j \leqslant 0$，则得到最优解：

$$X^*=X^{(2)}=\left(\frac{50}{3}, \frac{20}{3}, 0, 0\right)^{\mathrm{T}}$$

最优目标值： $Z^*=230/3$。

【例 8】 用单纯形法求下列线性规划问题：(无穷多最优解的情况)

$$\min Z=-1500x_1-1000x_2$$

$$\text{s. t.}\begin{cases}3x_1+2x_2\leqslant 65\\2x_1+x_2\leqslant 40\\3x_2\leqslant 75\\x_1, x_2\geqslant 0\end{cases}$$

解： 令 $Z'=-Z$，并加入松弛变量 x_3，x_4，x_5，将问题化为如下的标准形式：

$$\max Z'=1500x_1+1000x_2+0x_3+0x_4+0x_5$$

$$\text{s. t.}\begin{cases}3x_1+2x_2+x_3=65\\2x_1+x_2+x_4=40\\3x_2+x_5=75\\x_1, x_2, x_3, x_4, x_5\geqslant 0\end{cases}$$

选择松弛变量 x_3，x_4，x_5 为基变量，它们对应的列向量构成基，则可得初始基可行解 $X^{(0)}=(0, 0, 65, 40, 75)^{\mathrm{T}}$，则用单纯形法表格计算的全过程如表 1-7 所示。

表 1-7

c_j			1500	1000	0	0	0	θ_i
C_B	X_B	b	x_1	x_2	x_3	x_4	x_5	
0	x_3	65	3	2	1	0	0	65/3
0	x_4	40	[2]	1	0	1	0	40/2
0	x_5	75	0	3	0	0	1	
$-Z'$		0	1500	1000	0	0	0	
0	x_3	5	0	[1/2]	1	-3/2	0	5/(1/2)
1500	x_1	20	1	1/2	0	1/2	0	20/(1/2)
0	x_5	75	0	3	0	0	1	75/3
$-Z'$		-30000	0	250	0	-750	0	
1000	x_2	10	0	1	2	-3	0	
1500	x_1	15	1	0	-1	2	0	
0	x_5	45	0	0	-6	9	1	
$-Z'$		-32500	0	0	-500	0	0	

观察表 1-7 最后一行可知，所有非基变量的检验数都不是正数，故得到最优解 $X^*=(15,\ 10,\ 0,\ 0,\ 45)^{\mathrm{T}}$，最优目标值 $Z^*=-32500$。但同时可以看到非基变量 x_4 的检验数为 0，如选 x_4 为换入变量，迭代还可进行，但最优目标值不会改变，最优解会变化，这种就是有多个解的情况。

下面再继续迭代，见表 1-8。

表 1-8

c_j			1500	1000	0	0	0	θ_i
C_B	X_B	b	x_1	x_2	x_3	x_4	x_5	
1000	x_2	10	0	1	2	-3	0	—
1500	x_1	15	1	0	-1	2	0	15/2
0	x_5	45	0	0	-6	[9]	1	45/9
$-Z'$		-32500	0	0	-500	0	0	
1000	x_2	25	0	1	0	0	1/3	
1500	x_1	5	1	0	1/3	0	-2/9	
0	x_4	5	0	0	-2/3	1	1/9	
$-Z'$		-32500	0	0	-500	0	0	

在这个最优单纯形表中，可见所有非基变量的检验数仍然都不是正数，故得到最优解 $Y^*=(5, 25, 0, 5, 0)^{\mathrm{T}}$，最优目标值仍是 $Z^*=-32500$。实际上由线性规划解的性质可知，X^*，Y^* 构成的线段上的所有点都是这个线性规划问题的最优解。

【例 9】 用单纯形法求下列线性规划问题：(无界解的情况)

$$\max Z=-4x_1+2x_2+7x_3+x_4$$

$$\text{s.t.}\begin{cases}-2x_1+x_2+x_3+4x_4+x_5=5\\-5x_1+3x_2+2x_3-x_4+x_6=11\\x_1-x_3+3x_4+x_7=15\\x_1,\ x_2,\ x_3,\ x_4,\ x_5,\ x_6,\ x_7\geqslant 0\end{cases}$$

解：选择变量 x_5，x_6，x_7 为基变量，它们对应的列向量构成基，则可得初始基可行解 $X^{(0)}=(0, 0, 0, 0, 5, 11, 15)^{\mathrm{T}}$，则用单纯形法表格计算的全过程如表 1-9 所示。

表 1-9

c_j			-4	2	7	1	0	0	0	θ_i
C_B	X_B	b	x_1	x_2	x_3	x_4	x_5	x_6	x_7	
0	x_5	5	-2	1	[1]	4	1	0	0	5/1
0	x_6	11	-5	3	2	-1	0	1	0	11/2
0	x_7	15	1	0	-1	3	0	0	1	
$-Z$		0	-4	2	7	1	0	0	0	
7	x_3	5	-2	1	1	4	1	0	0	
0	x_6	1	-1	1	0	-9	-2	1	0	
0	x_7	20	-1	1	0	7	1	0	0	
$-Z$		-35	10	-5	0	-27	-7	0	0	

观察表 1-9 最后一行可知，非基变量 x_1 的检验数大于 0，但它所在列的元素全部小于 0，故无法根据最小比值原则选择换出变量，导致该问题没有有限的最优解。

1.5 人工变量法

1.4 节讨论了单纯形法，但所举的例子可通过直接观察或加松弛变量后再观察，就可看到有一个单位矩阵可作为初始可行基。但当约束条件为“≥”形式的不等式或等式时，要想有一个单位矩阵作为初始可行基，由 1.4.2 小节可知，这时必须添加非负的人工变量。为了消除添加的人工变量对原问题的影响，就必须通过基变换将它们从基变量中逐个替换出来，即使得人工变量的值为 0，此时新构造的线性规划模型才会与原问题等价。

因为单纯形法的迭代过程总是在基可行解的范围内进行的，所以当新构造的线性规划模型找到不含任何人工变量的基可行解时，迭代过程实际上就是回到了原问题的范围内在进行。

根据消除人工变量对原问题影响的不同方式，下面分别介绍两种常见的方法：大 M 法和两阶段法。

1.5.1　大 M 法

大 M 法又叫惩罚法，它消除添加的非负人工变量对原问题影响的方式是：

规定所有的人工变量在目标函数中的系数为 $-M$（其中 M 是一个任意大的正数），目的是使得当目标函数要实现最大化，所有人工变量的值就必须尽快变为 0，即全部从基变量中退出来；否则，目标函数就不可能实现最大化。

【例 10】　用大 M 法解下列线性规划：

$$\max Z = 3x_1 + 2x_2 - x_3$$

$$\text{s. t.}\begin{cases} -4x_1 + 3x_2 + x_3 \geqslant 4 \\ x_1 - x_2 + 2x_3 \leqslant 10 \\ -2x_1 + 2x_2 - x_3 = -1 \\ x_1,\ x_2,\ x_3 \geqslant 0 \end{cases}$$

解：首先将数学模型化为标准形式：

$$\max Z = 3x_1 + 2x_2 - x_3$$

$$\text{s. t.}\begin{cases} -4x_1 + 3x_2 + x_3 - x_4 = 4 \\ x_1 - x_2 + 2x_3 + x_5 = 10 \\ 2x_1 - 2x_2 + x_3 = 1 \\ x_j \geqslant 0,\ j = 1,\ 2,\ \cdots,\ 5 \end{cases}$$

由于约束条件的系数矩阵中不存在单位矩阵，无法建立初始单纯形表。但它含有一个单位向量 $P_5 = (0, 1, 0)^{\mathrm{T}}$，故只需添加两个非负人工变量，就可得到如下模型：

$$\max Z = 3x_1 + 2x_2 - x_3 - Mx_6 - Mx_7$$

$$\text{s. t.}\begin{cases} -4x_1 + 3x_2 + x_3 - x_4 + x_6 = 4 \\ x_1 - x_2 + 2x_3 + x_5 = 10 \\ 2x_1 - 2x_2 + x_3 + x_7 = 1 \\ x_j \geqslant 0,\ j = 1,\ 2,\ \cdots,\ 7 \end{cases}$$

用前面介绍的单纯形法求解该模型，计算过程及结果见表 1-10，在计算过程中不需要给出 M 的具体值，将其理解为它能大于给定的任何一个确定数值即可。

表 1-10

c_j			3	2	-1	0	0	$-M$	$-M$	θ_i
C_B	X_B	b	x_1	x_2	x_3	x_4	x_5	x_6	x_7	
$-M$	x_6	4	-4	[3]	1	-1	0	1	0	4/3
0	x_5	10	1	-1	2	0	1	0	0	—
$-M$	x_7	1	2	-2	1	0	0	0	1	—
$-Z$		$5M$	$3-2M$	$2+5M$	$-1+2M$	$-M$	0	0	0	
2	x_2	4/3	-4/3	1	1/3	-1/3	0	1/3	0	4
0	x_5	34/3	-1/3	0	7/3	-1/3	1	1/3	0	34/7
$-M$	x_7	11/3	-2/3	0	[5/3]	-2/3	0	2/3	0	11/5
$-Z$		$\frac{11}{3}M-\frac{8}{3}$	$\frac{17}{3}-\frac{2}{3}M$	0	$\frac{5}{3}M-\frac{5}{3}$	$\frac{2}{3}-\frac{2}{3}M$	0	$-\frac{1}{3}M-\frac{2}{3}$	0	
2	x_2	3/5	-6/5	1	0	1/5	0	-1/5	-1/4	
0	x_5	31/5	[3/5]	0	0	3/5	1	-3/5	-7/5	-31/3
-1	x_3	11/5	-2/5	0	1	-2/5	0	2/5	3/5	—
$-Z$		1	5	0	0	-4/5	0	$-M$	$-M-\frac{11}{10}$	
2	x_2	13	0	1	0	7/5	2	-1	-61/20	
3	x_1	31/3	1	0	0	1	5/3	-1	-7/3	
-1	x_3	19/3	0	0	1	0	1/3	0	-1/3	
$-Z$		-152/3	0	0	0	-29/5	-26/3	$5-M$	$\frac{383}{30}-M$	

从上面第 3 个表，可以看到，所有的人工变量已从基变量中退出来了，故第 4 个表实际上就回到了原问题的范围内，观察可知，已得到原问题的最优解为

$X^*=\left(\frac{31}{3},\ 13,\ \frac{19}{3},\ 0,\ 0\right)^{\mathrm{T}}$，最优目标函数值为 $Z^*=\frac{152}{3}$。

【例 11】 用大 M 法解下列线性规划：

$$\min Z=2x_1+3x_2$$

$$\text{s.t.}\begin{cases}-x_1+2x_2\geqslant 4\\ x_1+x_2\leqslant 1\\ x_1,\ x_2\geqslant 0\end{cases}$$

解：将原问题的数学模型化为标准形式：

$$\max Z'=-2x_1-3x_2+0x_3+0x_4$$

$$\text{s. t.}\begin{cases}-x_1+2x_2-x_3=4\\x_1+x_2+x_4=1\\x_1,\ x_2,\ x_3,\ x_4\geqslant 0\end{cases}$$

可见还需在第 1 个约束中添加一个非负的人工变量，则有

$$\max Z'=-2x_1-3x_2+0x_3+0x_4-Mx_5$$

$$\text{s. t.}\begin{cases}-x_1+2x_2-x_3+x_5=4\\x_1+x_2+x_4=1\\x_1,\ x_2,\ x_3,\ x_4\geqslant 0\end{cases}$$

用单纯形法求解该模型，计算过程及结果见表 1-11。

表 1-11

c_j			-2	-3	0	0	$-M$	θ_i
C_B	X_B	b	x_1	x_2	x_3	x_4	x_5	
$-M$	x_5	4	-1	2	-1	0	1	4/2
0	x_4	1	1	[1]	0	1	0	1/1
$-Z'$		$4M$	$-2-M$	$-3+2M$	$-M$	0	0	
$-M$	x_5	2	-3	0	-1	-2	1	
-3	x_2	1	1	1	0	1	0	
$-Z'$		$3+2M$	$1-3M$	0	$-M$	$3-2M$	0	

观察表 1-11 可知，虽然新模型找到了最优解，但由于人工变量 $x_5=2\neq 0$，即它没从基变量中退出来，故原问题没有可行解。

1.5.2　两阶段法

两阶段法消除添加的非负人工变量对原问题影响的方式是：

第一阶段：不考虑原问题是否存在基可行解；在原线性规划问题约束条件的标准形式中按需要添加非负的人工变量，并构造一个目标函数仅含人工变量及要求实现最小化的新模型，即

$$\min \omega = x_{n+1} + \cdots + x_{n+m}$$

$$\text{s. t.} \begin{cases} a_{11}x_1 + a_{12}x_2 + \cdots + a_{1n}x_n + x_{n+1} = b_1 \\ a_{21}x_1 + a_{22}x_2 + \cdots + a_{2n}x_n + x_{n+2} = b_2 \\ \cdots\cdots\cdots\cdots \\ a_{m1}x_1 + a_{m2}x_2 + \cdots + a_{m}x_n \cdots + x_{n+m} = b_m \\ x_1, x_2, \cdots, x_n, x_{n+1}, \cdots, x_{n+m} \geqslant 0 \end{cases} \tag{1-20}$$

用单纯形法求解上述模型，它的最优解有以下三种情况：

(1)最优值 $\omega^* = 0$ 且最优解中人工变量全部为非基变量。这说明原问题存在基可行解，可以进行第二阶段的计算。

(2)最优值 $\omega^* = 0$ 但最优解中仍有至少一个人工变量为基变量，则为基变量的人工变量的值必都为 0，对应的基可行解是退化的。此时，只需选某个不是人工变量的非基变量作为换入变量，把基变量中的人工变量换出来，就与(1)相同，即可以进行第二阶段的计算。

(3)最优值 $\omega^* \neq 0$，这说明原问题无可行解，应停止计算。

第二阶段：从第一阶段计算得到的最终表中划去所有人工变量所在的列及所有检验数，并将目标函数行及 C_B 列的系数换为原问题标准化后的相应系数，则得到第二阶段计算的初始单纯形表，继续迭代，直至得到最优解。

各阶段的计算方法及步骤与前面介绍的单纯形法相同。

【例 12】 用两阶段法求解例 11 中的线性规划问题。

解：原问题的标准形式为

$$\max Z' = -2x_1 - 3x_2 + 0x_3 + 0x_4$$

$$\text{s. t.} \begin{cases} -x_1 + 2x_2 - x_3 = 4 \\ x_1 + x_2 + x_4 = 1 \\ x_1, x_2, x_3, x_4 \geqslant 0 \end{cases}$$

第一阶段： 求解问题：

$$\min \omega = x_5$$

$$\text{s. t.} \begin{cases} -x_1 + 2x_2 - x_3 + x_5 = 4 \\ x_1 + x_2 + x_4 = 1 \\ x_1, x_2, x_3, x_4 \geqslant 0 \end{cases}$$

标准化，得

$$\max \omega' = -x_5$$

$$\text{s. t.} \begin{cases} -x_1 + 2x_2 - x_3 + x_5 = 4 \\ x_1 + x_2 + x_4 = 1 \\ x_1, x_2, x_3, x_4 \geqslant 0 \end{cases}$$

其计算过程及结果见表 1-12。

表 1-12

		c_j	0	0	0	0	−1	θ_i
C_B	X_B	b	x_1	x_2	x_3	x_4	x_5	
−1	x_5	4	−1	2	−1	0	1	4/2
0	x_4	1	1	[1]	0	1	0	1/1
$-\omega'$		4	−2	2	−1	0	0	
−1	x_5	2	−3	0	−1	−2	1	
0	x_2	1	1	1	0	1	0	
$-\omega'$		2	−3	0	−1	−2	0	

由于人工变量 $x_5=2\neq0$，即它没从基变量中退出来，故原问题没有可行解。

【例 13】 用两阶段法求解下列线性规划问题。

$$\min Z=-3x_1+x_2+x_3$$

$$\text{s. t.}\begin{cases}x_1+2x_2+x_3\leqslant11\\-4x_1+x_2+2x_3\geqslant3\\-2x_1+x_3=1\\x_1,\ x_2,\ x_3\geqslant0\end{cases}$$

解：原问题的标准形式为

$$\max Z'=3x_1-x_2-x_3+0x_4+0x_5$$

$$\text{s. t.}\begin{cases}x_1+2x_2+x_3+x_4=11\\-4x_1+x_2+2x_3-x_5=3\\-2x_1+x_3=1\\x_1,\ x_2,\ x_3,\ x_4,\ x_5\geqslant0\end{cases}$$

第一阶段：求解问题：

$$\min\ \omega=x_6+x_7$$

$$\text{s. t.}\begin{cases}x_1+2x_2+x_3+x_4=11\\-4x_1+x_2+2x_3-x_5+x_6=3\\-2x_1+x_3+x_7=1\\x_1,\ x_2,\ x_3,\ x_4,\ x_5,\ x_6,\ x_7\geqslant0\end{cases}$$

标准化，得

$$\max \omega' = -x_6 - x_7$$

$$\text{s. t.} \begin{cases} x_1 + 2x_2 + x_3 + x_4 = 11 \\ -4x_1 + x_2 + 2x_3 - x_5 + x_6 = 3 \\ -2x_1 + x_3 + x_7 = 1 \\ x_1, x_2, x_3, x_4, x_5, x_6, x_7 \geqslant 0 \end{cases}$$

其计算过程及结果见表 1-13。

表 1-13

	c_j		0	0	0	0	0	−1	−1	θ_i
C_B	X_B	b	x_1	x_2	x_3	x_4	x_5	x_6	x_7	
0	x_4	11	1	2	1	1	0	0	0	11/1
−1	x_6	3	−4	1	2	0	−1	1	0	3/2
−1	x_7	1	−2	0	[1]	0	0	0	1	1/1
$-\omega'$		4	−6	1	3	0	−1	0	0	
0	x_4	10	3	2	0	1	0	0	−1	10/2
−1	x_6	1	0	[1]	0	0	−1	1	−2	1/1
0	x_3	1	−2	0	1	0	0	0	1	
$-\omega'$		1	0	1	0	0	−1	0	−3	
0	x_4	8	3	0	0	1	2	−2	3	
0	x_2	1	0	1	0	0	−1	1	−2	
0	x_5	1	−2	0	1	0	0	0	1	
$-\omega'$		0	0	0	0	0	0	−1	−1	

因为 $\omega^* = 0$ 且人工变量全部变为了非基变量，所以可以进行第二阶段运算。且 $(0, 1, 1, 8, 0)^T$ 是原线性规划问题的基可行解。

第二阶段：从第一阶段计算得到的最终表中划去所有人工变量所在的列及所有检验数，并将目标函数行及 C_B 列的系数换为原问题标准化后的相应系数，则得到第二阶段计算的初始单纯形表，第二阶段计算过程及结果见表 1-14。

由表 1-14 可得原问题的最优解为：$X^* = \left(\frac{8}{3}, 1, \frac{19}{3}\right)^T$，最优值为：$Z^* = -\frac{2}{3}$。

表 1-14

c_j			3	−1	−1	0	0	θ_i
C_B	X_B	b	x_1	x_2	x_3	x_4	x_5	
0	x_4	8	[3]	0	0	1	2	8/3
−1	x_2	1	0	1	0	0	−1	−
−1	x_3	1	−2	0	1	0	0	−
$-Z'$		2	5	0	0	0	−1	
3	x_1	8/3	1	0	0	1/3	2/3	
−1	x_2	1	0	1	0	0	−1	
−1	x_3	19/3	0	0	1	2/3	4/3	
$-Z'$		2/3	0	0	0	−1/3	−5/3	

1.6　退化与循环的处理

在前面单纯形法的讨论和实例中，所涉及的基可行解都是非退化的，也即单纯形表中 b 列的数字都是大于 0 的。如果一个线性规划问题的每一个基可行解都是非退化的，则单纯形法的每次迭代都会使目标值改善得更优，故在迭代过程中基不会重复，又因为基的个数是有限的，所以经过有限次的迭代必能得到最优解或判定问题有无界解。但是若线性规划问题有退化的基可行解，就会对单纯形迭代产生不利的影响。

在单纯形法的计算中，当用 θ 规则选择换出变量时，若同时有多个比值达到最小，则在下一次的迭代中会有一个或几个基变量的值为 0，即得到退化的基可行解。继续单纯形迭代可能会出现下列两种情况：

(1)进行基变换后，虽然基改变了，但没改变基可行解，当然目标值也不会改变。进行若干次的基变换后，才脱离这些退化的基可行解，变换到其他基可行解。这种情况使得迭代次数增加，影响了单纯形法的收敛速度。

(2)特殊情况下，可能经过若干次的迭代又回到了原来出现过的基，即出现了基的循环，则后面的迭代过程将会在几个可行基之间绕圈子，因而使问题无法得到最优解。

面对退化情况，尽管出现循环的可能性比较低，人们仍对避免出现循环做了大量探讨。如 Charnes 于 1952 年提出了“摄动法”，Dantzig，Orden 和 Wolfe 于 1954 年提出了“字典序法”等，但这些方法不仅繁琐，而且降低了迭代速度。1974 年，勃兰特(Bland)提出了一种简便的规则，通称勃兰特规则。该规则(以目标极大化为例)规定：

(1)选取 $\sigma_j>0$ 中下标最小的非基变量 x_k 为换入变量，即 $k=\min\{j\,|\,\sigma_j>0\}$。

(2)当按 θ 规则计算存在多个最小比值时，选取下标最小的那个基变量为换出变量。

勃兰特已从理论上证明了，使用上述规则计算时，一定能避免出现循环。勃兰特规则简单易行，但它只考虑了最小下标，没考虑目标函数值改变的快慢，因此迭代次数可能会增加。故一般情况下，对换入变量的选择仍可用以前的方法(即根据 $\max\limits_j(\sigma_j>0)=\sigma_k$，选择 x_k 为换入变量)，万一碰到循环现象，再改用勃兰特规则。

1.7　单纯形法的矩阵描述及改进

1.7.1　矩阵描述

用矩阵来描述单纯形法的计算过程，不仅有助于对单纯形方法的理解，而且有利于线性规划理论的进一步讨论。

考虑如下标准形式的线性规划问题：

$$\max Z=CX$$
$$\text{s. t.}\begin{cases}AX=b\\X\geqslant 0\end{cases}\tag{1-21}$$

不妨设 $B=(P_1, P_2, \cdots, P_m)$ 为基，$N=(P_{m+1}, P_{m+2}, \cdots, P_n)$ 为与非基变量对应的矩阵(可称为非基矩阵)，则用分块矩阵可将式(1-21)中的矩阵分别表示成如下形式：

$$A=(B\ ,\ N),\quad C=(C_B,\ C_N),\quad X=(X_B,\ X_N)^{\mathrm{T}}$$

式中：$X_B=(x_1, x_2, \cdots, x_m)$ 为基变量构成的向量；$X_N=(x_{m+1}, x_{m+2}, \cdots, x_n)$ 为非基变量构成的向量；C_B 与 C_N 分别为基变量和非基变量的系数构成的向量。

将其代入式(1-21)的约束条件方程中，得

$$AX=(B\ ,\ N)\begin{pmatrix}X_B\\X_N\end{pmatrix}=BX_B+NX_N=b$$

解之，可得将基变量由非基变量表示的式子：

$$X_B=B^{-1}b-B^{-1}NX_N\tag{1-22}$$

再把式(1-22)及 $C=(C_B, C_N)$ 代入式(1-21)的目标函数表达式中，则可得

$$\begin{aligned}Z=CX&=(C_B,\ C_N)\begin{pmatrix}X_B\\X_N\end{pmatrix}=C_BX_B+C_NX_N\\&=C_B(B^{-1}b-B^{-1}NX_N)+C_NX_N\\&=C_BB^{-1}b+(C_N-B^{-1}N)X_N\end{aligned}$$

令 $\sigma_N=C_N-B^{-1}N$，则得

$$Z=C_BB^{-1}b+\sigma_NX_N\tag{1-23}$$

用上述矩阵符号，可将单纯形表表示，见表 1-15。

表 1-15

c_j			C_B	C_N	θ
C_B	X_B	b	X_B	X_N	
C_B^{T}	X_B	$B^{-1}b$	$B^{-1}B=I$	$B^{-1}N$	
$-Z$		$-C_BB^{-1}b$	0	$\sigma_N=C_N-C_BB^{-1}N$	

1.7.2 单纯形法的改进

由 1.4 节的讨论可知，在式(1-22)中，令非基变量 $X_N=0$，可得一个基可行解 $X=(X_B, X_N)^T=(B^{-1}b, 0)^T$，且此时目标函数值 $Z=C_BB^{-1}b$。再观察式(1-22)，可见当 $\sigma_N=C_N-B^{-1}N\leqslant 0$ 时，该基可行解 X 即为最优解。可见，用 1.4 节的表格单纯形法求解线性规划问题时，会出现一些不必要的计算，影响了计算速度。因此要对单纯形法进行改进，由上面的矩阵表示可知，只要知道了当前基的逆矩阵，就可进行最优性检验，换入变量与换出变量的确定及相应的基可行解和目标函数值的计算。

基 B 的逆矩阵 B^{-1} 的计算方法，当然可以用线性代数中讲解的那些方法，但在运用单纯形法求解线性规划问题时，我们注意到相邻两次迭代中的基只有一列是不同的，因此为了进一步简化计算，我们要在变化前基的逆矩阵的基础上，得到新基的逆矩阵。

定理 设在运用单纯形法求解线性规划问题时，某相邻两次迭代中的基由 B 变为 $\tilde{B}$，且设：

$$B=(P_1, P_2, \cdots, P_{k-1}, \underset{\substack{\uparrow\\ \text{第}k\text{列}}}{P_k}, P_{k+1}, \cdots, P_m),\quad \tilde{B}=(P_1, P_2, \cdots, P_{k-1}, \underset{\substack{\uparrow\\ \text{第}k\text{列}}}{P_l}, P_{k+1}, \cdots, P_m)$$

记 $P_l'=B^{-1}P_l=(a'_{1l}, a'_{2l}, \cdots, a'_{ml})^T$，$X_B=B^{-1}b=(b'_1, b'_2, \cdots, b'_m)$，

$$\begin{aligned}\theta &=\min\left\{\frac{b'_i}{a_{il}'}\,\middle|\, a_{il}'>0,\ i=1, 2, \cdots, m\right\}\\ &=\min\left\{\frac{(B^{-1}b)_i}{(B^{-1}P_l)_i}\,\middle|\,(B^{-1}P_l)_i>0,\ i=1, 2, \cdots, m\right\}\\ &=\frac{b'_r}{a_{rl}'}\end{aligned}$$

构造矩阵：

$$I_{kr}=\begin{pmatrix}1 & & -\dfrac{a'_{1l}}{a'_{rl}} & & \\ & 1 & -\dfrac{a'_{2l}}{a'_{rl}} & & \\ & & \ddots\ \vdots & & \\ & & \dfrac{1}{a'_{rl}} & & \\ & & \vdots & \ddots & \\ & & -\dfrac{a'_{ml}}{a'_{rl}} & & 1\end{pmatrix}\begin{matrix}\\ \\ \\ \rightarrow\text{第}r\text{行}\\ \\ \\ \end{matrix}$$

$$\uparrow\ \text{第}k\text{列}$$

则 $(\tilde{B})^{-1}=I_{kr}B^{-1}$。 （证明略）

下面用具体的例子来说明计算过程。

【例 14】 用改进单纯形法求解例 7。

解：已知问题的标准形式为

$$\max Z=3x_1+4x_2+0x_3+0x_4$$

$$\text{s. t.}\begin{cases}2x_1+x_2+x_3=40\\x_1+2x_2+x_4=30\\x_1,\ x_2,\ x_3,\ x_4\geqslant 0\end{cases}$$

选择松弛变量 x_3、x_4 为基变量，它们对应的列向量构成基，则可得初始基为

$$B_0=(P_3,\ P_4)=\begin{pmatrix}1&0\\0&1\end{pmatrix}$$

则 $B_0^{-1}=B_0$，且非基变量 x_1，x_2 的检验数为

$$\sigma_{N_0}=c_{N_0}-c_{B_0}B_0^{-1}N_0=(3,\ 4)-(0,\ 0)\begin{pmatrix}1&0\\0&1\end{pmatrix}\begin{pmatrix}2&1\\1&2\end{pmatrix}=(3,\ 4)$$

可选择 x_2 为换入变量；根据：

$$\theta=\min\left(\frac{(B_0^{-1}b)_i}{(B_0^{-1}P_2)_i}\mid (B_0^{-1}P_2)_i>0\right)=\min\left(\frac{40}{1},\ \frac{30}{2}\right)=15$$

可知选择 x_4 为换出变量。于是得到新的基 $B_1=(P_3,\ P_2)$，即基变量变为 x_3，x_2。而由换入变量 x_2 对应的系数列向量 $P_2=\begin{pmatrix}1\\2\end{pmatrix}$知，第 2 行的元素 2 为主元素，则可构造矩阵：

$$I_{22}=\begin{pmatrix}1&\frac{-1}{2}\\0&\frac{1}{2}\end{pmatrix}$$

则 $$B_1^{-1}=I_{22}B_0^{-1}=\begin{pmatrix}1&\frac{-1}{2}\\0&\frac{1}{2}\end{pmatrix}\begin{pmatrix}1&0\\0&1\end{pmatrix}=\begin{pmatrix}1&\frac{-1}{2}\\0&\frac{1}{2}\end{pmatrix}$$

则可计算： $$B_1^{-1}b=\begin{pmatrix}1&\frac{-1}{2}\\0&\frac{1}{2}\end{pmatrix}\begin{pmatrix}40\\30\end{pmatrix}=\begin{pmatrix}25\\15\end{pmatrix}$$

非基变量 x_1，x_4 的检验数为

$$\sigma_{N_1}=c_{N_1}-c_{B_1}B_1^{-1}N_1=(3,\ 0)-(0,\ 4)\begin{pmatrix}1&\frac{-1}{2}\\0&\frac{1}{2}\end{pmatrix}\begin{pmatrix}2&0\\1&1\end{pmatrix}=(1,\ -2)$$

可选择 x_1 为换入变量；根据 $B_1^{-1}P_1=\begin{pmatrix}1&\frac{-1}{2}\\0&\frac{1}{2}\end{pmatrix}\begin{pmatrix}2\\1\end{pmatrix}=\begin{pmatrix}\frac{3}{2}\\\frac{1}{2}\end{pmatrix}$

$$\theta=\min\left(\frac{(B_1^{-1}b)_i}{(B_1^{-1}P_1)_i}\mid(B_1^{-1}P_1)_i>0\right)=\min\left(\frac{25}{\frac{3}{2}},\ \frac{15}{\frac{1}{2}}\right)=\frac{50}{3}$$

可知选择 x_3 为换出变量。于是得到新的基 $B_2=(P_1, P_2)$，即基变量变为 x_1，x_2。而由换入变量 x_1 对应的系数列向量 $P'_1=B_1^{-1}P_1=\begin{pmatrix}\frac{3}{2}\\\frac{1}{2}\end{pmatrix}$ 知，第 1 行的元素 $\frac{3}{2}$ 为主元素，则可构造矩阵：

$$I_{11}=\begin{pmatrix}\frac{2}{3} & 0\\ \frac{-1}{3} & 1\end{pmatrix}$$

则
$$B_2^{-1}=I_{11}B_1^{-1}=\begin{pmatrix}\frac{2}{3} & 0\\ \frac{-1}{3} & 1\end{pmatrix}\begin{pmatrix}1 & \frac{-1}{2}\\ 0 & \frac{1}{2}\end{pmatrix}=\begin{pmatrix}\frac{2}{3} & \frac{-1}{3}\\ \frac{-1}{3} & \frac{2}{3}\end{pmatrix}$$

则可计算：$B_2^{-1}b=\begin{pmatrix}\frac{2}{3} & \frac{-1}{3}\\ \frac{-1}{3} & \frac{2}{3}\end{pmatrix}\begin{pmatrix}40\\30\end{pmatrix}=\begin{pmatrix}\frac{50}{3}\\ \frac{20}{3}\end{pmatrix}$

非基变量 x_3，x_4 的检验数为

$$\sigma_{N_2}=c_{N_2}-c_{B_2}B_2^{-1}N_2=(0,\ 0)-(3,\ 4)\begin{pmatrix}\frac{2}{3} & \frac{-1}{3}\\ \frac{-1}{3} & \frac{2}{3}\end{pmatrix}\begin{pmatrix}1 & 0\\ 0 & 1\end{pmatrix}=\left(\frac{-2}{3},\ \frac{-5}{3}\right)$$

都是负数，则得到最优解为

$$X^*=(B_2^{-1}b,\ 0)^{\mathrm{T}}=\left(\frac{50}{3},\ \frac{20}{3},\ 0,\ 0\right)^{\mathrm{T}}$$

最优目标值：
$$Z^*=C_{B_2}B_2^{-1}b=\begin{pmatrix}3\\4\end{pmatrix}\begin{pmatrix}\frac{2}{3} & \frac{-1}{3}\\ \frac{-1}{3} & \frac{2}{3}\end{pmatrix}\begin{pmatrix}40\\30\end{pmatrix}=230/3$$

显然，这与例 7 的结果是一致的。读者可自行比较一下这两种方法。

1.8　线性规划应用建模举例

在生产实践、企业管理及经济建设等各项活动中，常常需要合理利用和分配各种有限资源，以期能获得最大的效益；或对给定的任务，通过统筹安排，尽可能地用最少的资源来完成任务。这些均可运用线性规划方法来研究。而模型是线性规划解决问题的工具。而

建立的模型能否恰当地反映实际问题中的主要矛盾，直接影响求得解的意义，从而也影响了决策的质量。因此建模就具有重大的意义。

建立线性规划模型的过程可分为如下四部分：

(1)设定决策变量；

(2)分析出约束条件，并用决策变量的线性不等式或等式表示出来；

(3)将目标函数用决策变量的线性函数表示，并确定是求极大还是极小；

(4) 收集资料，确定参数值，建立模型。

其中决策变量的设定是最关键的，若设定得当，则后面的三步工作就能顺利进行；否则，约束条件和目标函数可能无法用决策变量的线性函数来表示。

决策变量的设定并没有固定的模式，必须具体问题具体分析。因此需要通过大量的实例，掌握丰富的经验，结合对问题自身的深入研究来提高建立模型的能力。下面举例说明线性规划在生产实践、企业管理及经济建设等方面的应用。

1.8.1　人力资源分配问题

【例 15】　某城市 24h 服务的公交线路，经统计每天各个时间段内所需要的司机人数如表 1-16 所示。设司机们分别在各时段开始时上班，并连续工作 8h，问在满足工作需要的同时，该公交线路怎样安排使得配备司机的人数最少？

表 1-16

班　次	时间区间	需要的人数/人
1	8：00~12：00	70
2	12：00~16：00	50
3	16：00~20：00	60
4	20：00~24：00	30
5	24：00~4：00	20
6	4：00~8：00	25

解：设第 i 个班次开始上班的司机人数为 x_i，注意到每个班次实际在上班的人数中必定含有前一个班次开始上班的人，于是可建立如下的线性规划模型：

$$\min Z = x_1 + x_2 + x_3 + x_4 + x_5 + x_6$$

$$\text{s.t}\begin{cases} x_1 + x_6 \geqslant 70 \\ x_1 + x_2 \geqslant 50 \\ x_2 + x_3 \geqslant 60 \\ x_3 + x_4 \geqslant 30 \\ x_4 + x_5 \geqslant 20 \\ x_5 + x_6 \geqslant 25 \\ x_1,\ x_2,\ x_3,\ x_4,\ x_5,\ x_6 \geqslant 0 \end{cases}$$

1.8.2　生产计划问题

【例 16】某厂通过 A，B 两道工序加工生产产品Ⅰ、Ⅱ、Ⅲ。已知设备 A_1，A_2 可用于完成工序 A，B_1，B_2，B_3 三种设备可用于完成工序 B。产品Ⅰ可在工序 A，B 的任何一种设备上加工；产品Ⅱ可在工序 A 的任一种规格的设备上加工，但只能在 B_1 设备上完成 B 工序；产品Ⅲ只能在 A_2 与 B_2 设备上加工。加工单位产品所需要的工序时间及其他相关数据如表 1-17 所示，问怎样安排生产计划，可使该厂获利最大。

表 1-17

设　备	产　品			设　备 有效台时	设　备 加工费(元)
	Ⅰ	Ⅱ	Ⅲ		
A_1	5	10		4000	200
A_2	7	9	12	8000	240
B_1	6	8		5000	250
B_2	4		11	7700	700
B_3	7			4000	200
原料费(元/件)	0.25	0.35	0.50		
售价(元/件)	1.25	2.00	2.80		

解：设产品 i 在工序 j 的设备 k 上加工的数目为 x_{ijk}。注意到利润的计算公式如下：

利润 $=\sum_{i=1}^{3}$［（销售单价 − 原料单价）× 该产品件数］$-\sum_{i=1}^{5}$（每台时的设备费用 × 该设备实际使用台时）

于是可建立如下的线性规划模型：

$$\max Z = 0.75x_{111}+0.79x_{112}+1.15x_{211}+1.38x_{212}+1.94x_{312}+0.7x_{121}+1.25x_{221}$$
$$+0.636x_{122}+1.3x_{322}+0.65x_{123}$$

$$\text{s.t.}\begin{cases}5x_{111}+10x_{211}\leqslant 4000 \quad (\text{设备 } A_1)\\ 7x_{112}+9x_{212}+12x_{312}\leqslant 8000 \quad (\text{设备 } A_2)\\ 6x_{121}+8x_{221}\leqslant 5000 \quad (\text{设备 } B_1)\\ 4x_{122}+11x_{322}\leqslant 7000 \quad (\text{设备 } B_2)\\ 7x_{123}\leqslant 4000 \quad (\text{设备 } B_3)\\ x_{111}+x_{112}=x_{121}+x_{122}+x_{123} \quad (\text{产品Ⅰ在工序 } A,\ B \text{ 上加工的数量相等})\\ x_{211}+x_{212}=x_{221} \quad (\text{产品Ⅱ在工序 } A,\ B \text{ 上加工的数量相等})\\ x_{312}=x_{322} \quad (\text{产品Ⅲ在工序 } A,\ B \text{ 上加工的数量相等})\\ x_{ijk}\geqslant 0 \quad (i=1,2,3;\ j=1,2;\ k=1,2,3)\end{cases}$$

1.8.3 合理下料问题

【例17】现有一批钢材长9m，需要截取100根长2.4m的和200根长1.5m的毛坯。问在满足需要的前提下，怎样才能使总的用料最少？

解：为了找到一个用料最省的套裁方案，必须先设计出较好的几个下料方案。其次要求利用这些方案能裁下所有规格的毛坯，以满足需要并达到省料的目的，为此可以设计出4种下料方案以供套裁用，见表1-18。

表1-18

	Ⅰ	Ⅱ	Ⅲ	Ⅳ
2.4m	3	2	1	0
1.5m	1	2	4	6
料头	0.3	1.2	0.6	0

解：设 $x_i(i=1, 2, 3, 4)$ 分别表示按方案Ⅰ、Ⅱ、Ⅲ、Ⅳ下料的原材料根数，可建立如下的线性规划模型：

$$\min Z = x_1 + x_2 + x_3 + x_4$$

$$\text{s.t.}\begin{cases} 3x_1 + 2x_2 + x_3 \geqslant 100 \\ x_1 + 2x_2 + 4x_3 + 6x_4 \geqslant 200 \\ x_j \geqslant 0(j=1, 2, 3, 4) \end{cases}$$

1.8.4 合理配料问题

【例18】某人某天打算食用甲、乙、丙、丁四种食物，已知这四种食物均含维生素A，B，C，相关数据资料如表1-19所示。问应如何采购食物，才能既满足需要又使总费用最省？

表1-19

食物	维生素			每天的最低需求量	单价（角）
	A(国际单位)	B(mg)	C(mg)		
甲	1000	0.6	17.5	4000	9
乙	1500	0.27	7.5	1	5
丙	1750	0.68	0	30	8
丁	3250	0.3	30		14

解：设 $x_i(i=1, 2, 3, 4)$ 分别表示甲、乙、丙、丁四种食物的采购量，则有

$$\min Z=9x_1+5x_2+8x_3+5x_4$$

$$\text{s.t.}\begin{cases}1000x_1+1500x_2+1750x_3+3250x_4\geqslant 4000 & \text{（维生素 A 的需求限制）}\\ 0.6x_1+0.27x_2+0.68x_3+0.3x_4\geqslant 1 & \text{（维生素 B 的需求限制）}\\ 17.50x_1+7.5x_2+30x_4\geqslant 30 & \text{（维生素 C 的需求限制）}\\ x_1,\ x_2,\ x_3,\ x_4\geqslant 0\end{cases}$$

1.8.5　连续投资问题

【例 19】假设在一个以五年为一期的投资计划中，有下列四个项目可供投资：

项目甲：每年年初可投资，并于当年末回收本利 105%；

项目乙：第二年初投资，到第五年末能回收本利 150%，但规定最大投资额不超过 20 万元；

项目丙：第三年初需要投资，到第五年末能回收本利 140%，但规定最大投资额不超过 10 万元；

项目丁：前四年每年初可购买公债，于次年末回收本利 110%。

某部门现有资金 50 万元，问应如何确定这四个项目的每年投资额，使得第五年年底该部门拥有资金的本利总额达到最大？

解：设 x_{ij} 表示第 i 年对项目 j 的投资额（$i=1,2,3,4,5$；$j=1,2,3,4$），Z 表示第五年末拥有资金的本利总额。注意到投资额应等于手中拥有的资金额，则可建立以下线性规划模型：

$$\max Z=1.05x_{51}+1.5x_{22}+1.4x_{33}+1.1x_{44}$$

$$\text{s.t.}\begin{cases}x_{11}+x_{14}=500000\\ x_{21}+x_{22}+x_{24}-1.05x_{11}=0\\ x_{31}+x_{33}+x_{34}-1.05x_{21}-1.1x_{14}=0\\ x_{41}+x_{44}-1.05x_{31}-1.1x_{24}=0\\ x_{51}-1.05x_{41}-1.1x_{34}=0\\ \quad x_{22}\leqslant 200000\\ \quad x_{33}\leqslant 100000\\ x_{ij}\geqslant 0,\ i=1,2,\cdots,5;\ j=1,2,3,4\end{cases}$$

思考：如已知项目甲、乙、丙及丁的每万元的每次投资风险系数分别为：1，5，4，2。请读者考虑如果要求第五年末拥有资金的本利总额为 120 万元，该怎样选择投资方案，可使总的投资风险系数最小。

1.8.6　运输问题

【例 20】　现有 A_1，A_2，A_3 三个产粮区，可供应粮食分别为 10，8，5（万吨），现将粮食运往 B_1，B_2，B_3，B_4 四个地区，其需要量分别为 5，7，8，3（万吨）。产粮地到需求地（销地）的运价（元/吨）如表 1-20 所示，问如何安排一个运输计划，使总的运输费用最少。

表 1-20 万吨

需求地 产量地	B_1	B_2	B_3	B_4	供给量
A_1	3	2	6	3	10
A_2	5	3	8	2	8
A_3	4	1	2	9	5
需要量	5	7	8	3	合计：23

解：设 x_{ij} 为 i 个产粮地运往第 j 个需求地的运量(万吨)($i=1,2,3$；$j=1,2,3,4$)，则可得此运输问题的线性规划模型：

$$\min Z=3x_{11}+2x_{12}+6x_{13}+3x_{14}+5x_{21}+3x_{22}+8x_{23}+2x_{24}+4x_{31}+x_{32}+2x_{33}+9x_{34}$$

$$\text{s.t.}\begin{cases}x_{11}+x_{12}+x_{13}+x_{14}=10 & (\text{产地 } A_1 \text{ 的供应量条件})\\ x_{21}+x_{22}+x_{23}+x_{24}=8 & (\text{产地 } A_2 \text{ 的供应量条件})\\ x_{31}+x_{32}+x_{33}+x_{34}=5 & (\text{产地 } A_3 \text{ 的供应量条件})\\ x_{11}+x_{21}+x_{31}=5 & (\text{需求地 } B_1 \text{ 的需求量条件})\\ x_{12}+x_{22}+x_{32}=7 & (\text{需求地 } B_2 \text{ 的需求量条件})\\ x_{13}+x_{23}+x_{33}=8 & (\text{需求地 } B_3 \text{ 的需求量条件})\\ x_{14}+x_{24}+x_{34}=3 & (\text{需求地 } B_4 \text{ 的需求量条件})\\ x_{ij}\geqslant 0,\ i=1,2,3;\ j=1,2,3,4\end{cases}$$

1.8.7 最大流问题

【例 21】 现有某油田要用输油管道向一公司输送原油，中间需经过 4 个泵站，已知每段管道的输送能力如表 1-21 所示，假设泵站无截留，问该系统的最大输送能力为多少？

表 1-21

收点 发点	泵站 1	泵站 2	泵站 3	泵站 4	公司
油田	10	9	0	0	0
泵站 1	0	0	8	0	4
泵站 2	0	0	6	7	0
泵站 3	0	0	0	5	11
泵站 4	0	0	0	0	12

解：对应上表的排列顺序，可设相应的发点到收点的输送量分别为 x_{ij} ($i,j=1,2,\cdots,5$)，则得此最大流问题的线性规划模型为

$$\max Z = x_{11} + x_{12}$$

$$\text{s. t.} \begin{cases} \left.\begin{array}{l} x_{11} = x_{23} + x_{25} \\ x_{12} = x_{33} + x_{34} \\ x_{23} + x_{33} = x_{44} + x_{45} \\ x_{34} + x_{44} = x_{55} \end{array}\right\} (\text{各个泵站上的平衡条件}) \\ x_{11} + x_{12} = x_{25} + x_{45} + x_{55} (\text{油田总输出与公司总收量平衡条件}) \\ \left.\begin{array}{l} x_{11} \leqslant 10 \\ x_{12} \leqslant 9 \\ x_{23} \leqslant 8 \\ x_{25} \leqslant 4 \\ x_{33} \leqslant 6 \\ x_{34} \leqslant 7 \\ x_{44} \leqslant 5 \\ x_{45} \leqslant 11 \\ x_{55} \leqslant 12 \end{array}\right\} (\text{相应管道的输送能力约束}) \\ x_{ij} \geqslant 0,\ i,\ j = 1,\ 2,\ \cdots,\ 5 \end{cases}$$

注：最大流问题可利用图论的知识更为简单地解决，在此仅作为一个能体现线性规划在不同方面应用的例子。

1.9　软件操作实践及案例建模分析

随着计算机技术的不断发展，计算机的运算能力得到不断提高，操作方式也越来越便利，不仅使得各类运筹学软件层出不穷，而且使得各类运筹学软件在教学和实践中得到越来越广泛的应用。应用运筹学软件时，工作者可以不用了解模型求解方法的具体思路，只需按要求输入模型的相关信息即可得到求解结果，因此可将注意力集中在模型的建立上，这就为运筹学方法的广泛应用提供了方便。本节介绍“管理运筹学”2.0，微软 Excel，Lindo 及 Matlab 软件求解线性规划的方法。

1.9.1　“管理运筹学”2.0 求解线性规划问题

1. “管理运筹学”2.0 软件简介

“管理运筹学”2.0(Windows 版)包括：线性规划、运输问题、整数规划(0-1 整数规划、纯整数规划和混合整数规划)、目标规划、对策论、最短路问题、最小生成树问题、最大流量问题、最小费用最大流、关键路径问题、存储论、排队论、决策分析、预测和层次分析法，共 15 个子模块。“管理运筹学”2.0 软件可以解决含有 100 个变量 50 个约束条件的线性规划问题。

2. “管理运筹学”2.0 软件操作步骤及案例建模分析

下面以例 22 中的线性规划模型为例，讲述“管理运筹学”2.0 软件求解线性规划模型的步骤。

【例 22】 已知某医药公司有六种可以生产的药品，相关数据如表 1-22 所示。问如何安排生产可获得最大的利润？

表 1-22

消耗系数	产品 1	产品 2	产品 3	产品 4	产品 5	产品 6	资源量
劳动力(小时)	6	5	4	3	2.5	1.5	4500
原料(磅)	3.2	2.6	1.5	0.8	0.7	0.3	1600
单位利润(元)	6	5.3	5.4	4.2	3.8	1.8	
需求量(磅)	960	928	1041	977	1084	1055	

解：设 x_1，x_2，…，x_6(磅)分别表示该公司生产药品 1～6 的产量，则可建立如下的线性规划模型：

$$\max Z=6x_1+5.3x_2+5.4x_3+4.2x_4+3.8x_5+1.8x_6$$

$$\text{s.t.}\begin{cases}6x_1+5x_2+4x_3+3x_4+2.5x_5+1.5x_6\leqslant 4500\\3.2x_1+2.6x_2+1.5x_3+0.8x_4+0.7x_5+0.3x_6\leqslant 1600\\x_1\leqslant 960\\x_2\leqslant 928\\x_3\leqslant 1041\\x_4\leqslant 977\\x_5\leqslant 1084\\x_6\leqslant 1055\\x_j\geqslant 0,\ j=1,\ 2,\ \cdots,\ 6\end{cases}$$

下面用“管理运筹学”2.0 软件求解该线性规划模型。

第一步：点击“开始”→“程序”→ “管理运筹学 2.0”，弹出主窗口，如图 1-6 所示。

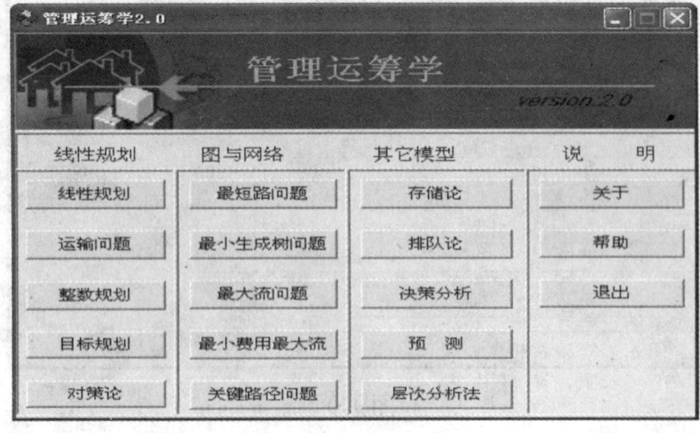

图 1-6

第二步：点击“线性规划”模块按钮，弹出的界面如图 1-7 所示。

第三步：点击“新建”按钮，弹出的界面如图 1-8 所示。

第四步：在图 1-8 所示的界面中按要求选择目标函数的类型，并输入变量个数和约束条件个数(本例中分别为 6 和 8)，点击“确定”按钮后，弹出的界面如图 1-9 所示。

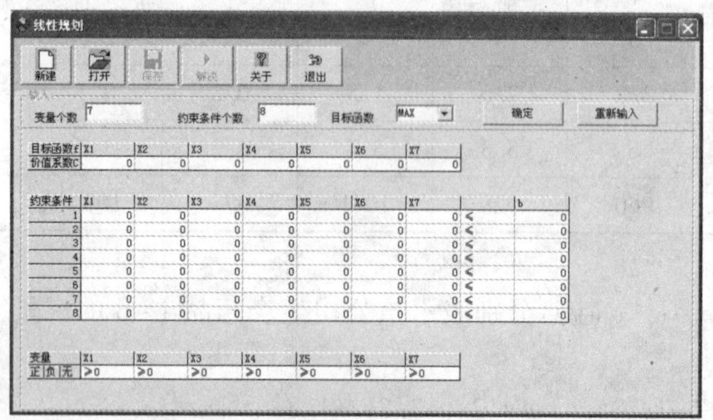

图 1-7

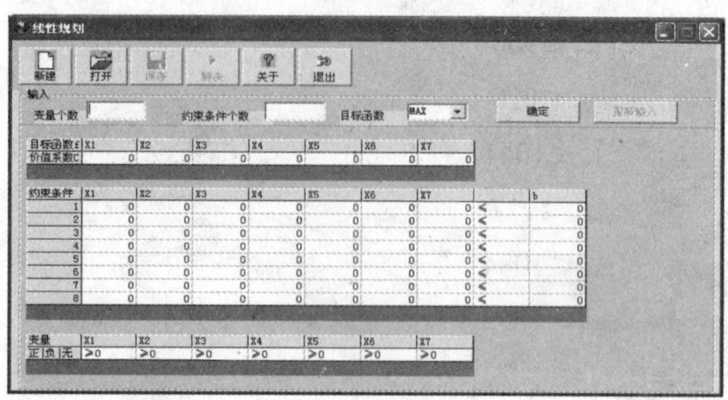

图 1-8

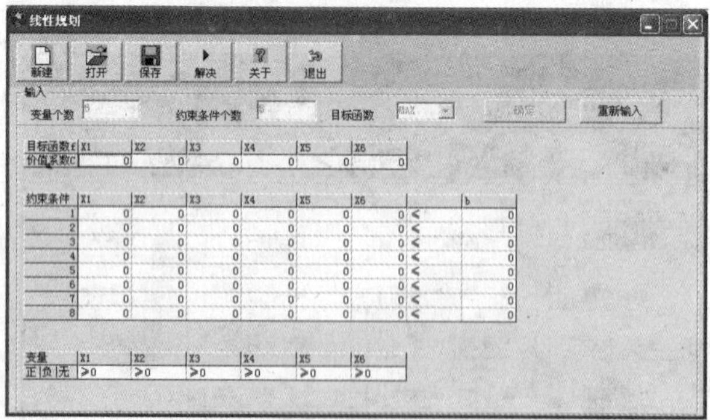

图 1-9

第五步：在图 1-9 所示的界面中输入目标函数及约束条件中各变量的系数和 b 值，并选择好约束条件和变量的正负约束符号。得到的界面如图 1-10 所示。

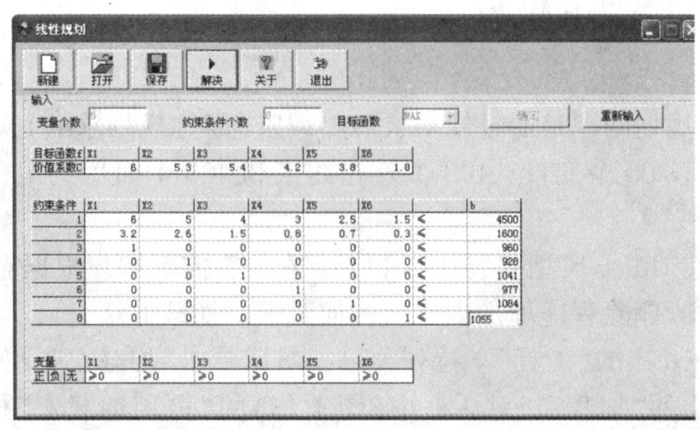

图 1-10

输入中需要注意以下两点：

(1)输入的系数可以是整数、小数，但不能是分数。当系数为分数时，须先将其化为小数再输入。

(2)输入前要先合并同类项。

第六步：点击“解决”按钮，得出计算结果。本题的运行结果界面如图 1-11 所示。

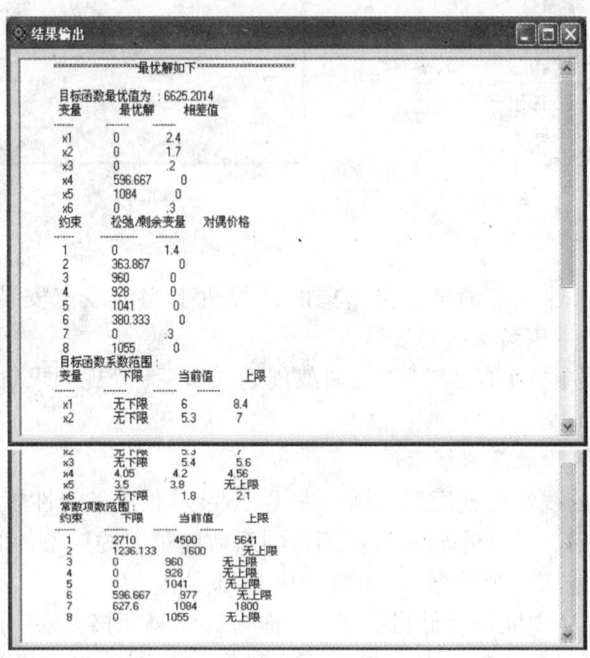

图 1-11

第七步：分析运行结果。

由输出结果图 1-11 可知，该线性规划问题的最优目标值是 6625.2014，最优解是：$x_1 = x_2 = x_3 = x_6 = 0$，$x_4 = 596.667$，$x_5 = 1084$。

1.9.2　Excel 求解线性规划问题

1. Excel 简介

Excel 求解线性规划问题是通过规划求解加载宏(简称规划求解)来完成的。规划求解可以用来解决最多有 200 个变量、100 个外在约束和 400 个简单约束(决策变量整数约束的上下边界)的问题。

规划求解工具在 Office 典型安装状态下不会安装，需要用户根据需要通过自定义安装选择该项或通过添加/删除程序增加规划求解加载宏。加载方法是：

第一步：打开 Excel 的“工具”下拉列菜单，然后单击“加载宏”，如图 1-12 所示。

第二步：在弹出的“加载宏”对话框中(图 1-13)的“可用加载宏”框中，选中“规划求解”旁边的复选框，然后单击“确定”按钮。

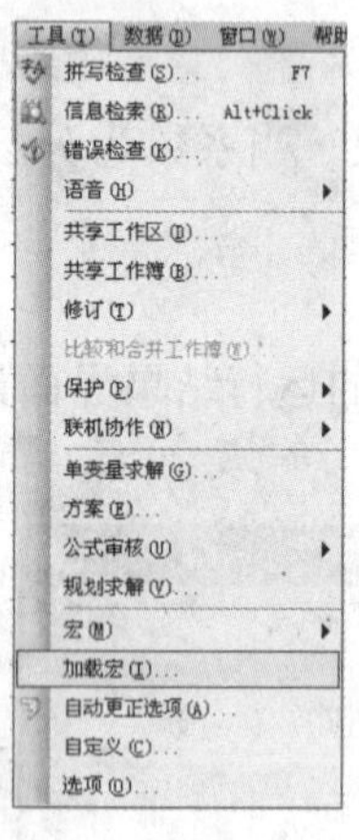

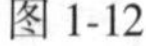
图 1-12

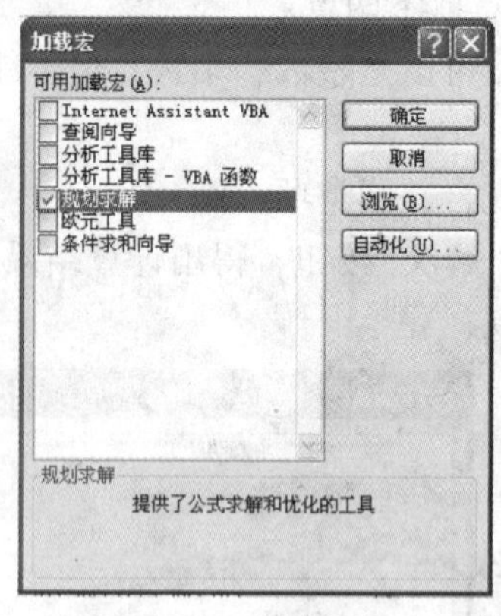

图 1-13

第三步：如果出现一条消息，指出您的计算机上当前没有安装规划求解，请单击“是”，然后用原 Office 安装盘进行安装。

第四步：单击菜单栏上的“工具”。加载规划求解后，“规划求解”命令会添加到“工具”菜单中。

2. Excel 软件操作步骤及求解示例

下面以例 22 中的线性规划模型为例，讲述 Excel 软件求解线性规划模型的步骤。

第一步：在 Excel 工作表中输入目标函数的系数向量、约束条件的系数矩阵和右端常数项(每一个单元格输入一个数据)，如图 1-14 所示。

第二步：选定一个单元格存储目标函数(称为目标单元格)，用定义公式的方式在这个目标单元格内定义目标函数；选定与决策变量个数相同的单元格(称为可变单元格)，用以存储决策变量；再选择与约束条件个数相同的单元格，用定义公式的方式在每一个单元格内定义一个约束函数(称为约束函数单元格)，如图 1-15 所示。

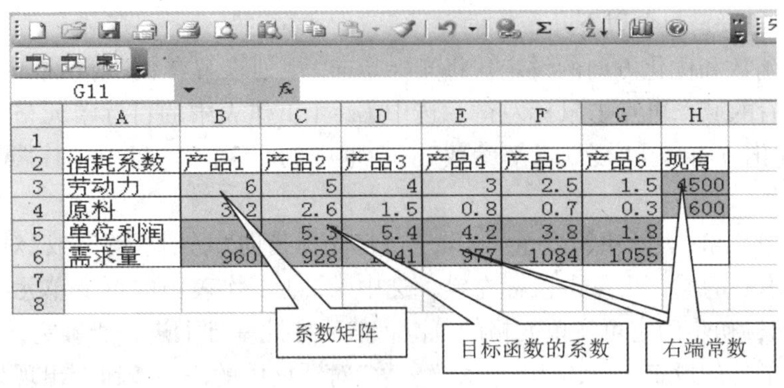

	A	B	C	D	E	F	G	H
1								
2	消耗系数	产品1	产品2	产品3	产品4	产品5	产品6	现有
3	劳动力	6	5	4	3	2.5	1.5	4500
4	原料	3.2	2.6	1.5	0.8	0.7	0.3	1600
5	单位利润	[illegible]	5.3	5.4	4.2	3.8	1.8	
6	需求量	960	928	1041	977	1084	1055	
7								
8								

图 1-14

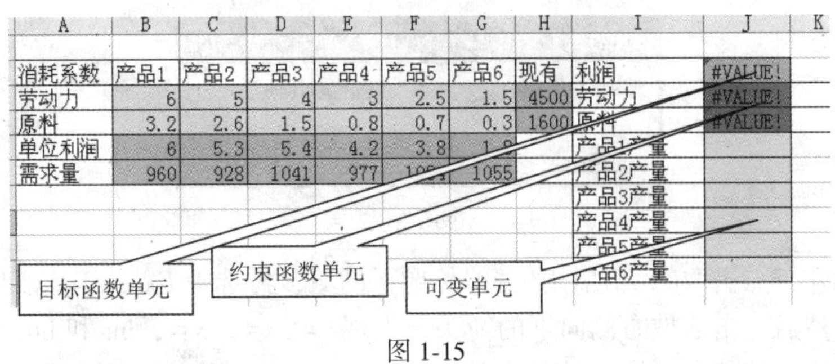

A	B	C	D	E	F	G	H	I	J
消耗系数	产品1	产品2	产品3	产品4	产品5	产品6	现有	利润	#VALUE!
劳动力	6	5	4	3	2.5	1.5	4500	劳动力	#VALUE!
原料	3.2	2.6	1.5	0.8	0.7	0.3	1600	原料	#VALUE!
单位利润	6	5.3	5.4	4.2	3.8	[illegible]		产品1产量	
需求量	960	928	1041	977	[illegible]	1055		产品2产量	
								产品3产量	
								产品4产量	
								产品5产量	
								产品6产量	

图 1-15

其中，劳动力约束函数的定义公式是“=MMULT(B3：G3，J5：J10)”，原料约束函数的定义公式是“=MMULT(B4：G4，J5：J10)”，目标函数的定义公式是“=MMULT(B5：G5，J5：J10)”。

注：函数 MMULT(B3：G3，J5：J10)的意义是：单元区 B3：G3 表示的行向量与单元区 J5：J10 表示的列向量的内积。特别要注意的是，第一格单元区必须是行，第二格单元区必须是列，并且两个单元区所含的单元格个数必须相等。

第三步：点击下拉列菜单中的“规划求解”按钮，打开“规划求解参数”对话框，如图1-16所示，完成规划模型的设定。

图 1-16

规划模型的设定包含以下几个方面：

(1)目标函数和优化方向的设定：将光标指向“规划求解参数”对话框中的“设置目标单元格”提示后的域，再点击鼠标左键，选中 Excel 工作表中的目标单元格。根据模型中目标函数的优化方向，在“规划求解参数”对话框中的“等于”一行中选择“最大值”或“最小值”；

(2)可变单元格(表示决策变量)的设定：将光标指向“规划求解参数”对话框中的“可变单元格”提示后的域，再点击鼠标左键，选中 Excel 工作表中的可变单元组。也可以点击“推测”按钮，初步确定可变单元格的范围，然后在此基础上进一步确定；

(3)约束条件的设定：点击“规划求解参数”对话框中的添加按钮，出现如下添加约束对话框(图 1-17)：

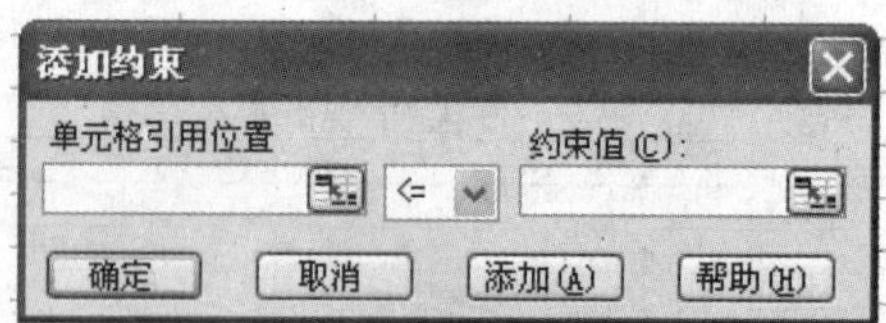

图 1-17

先用鼠标左键点击“单元格引用位置”标题下的域，再选中 Excel 工作表中的一个约束函数单元格，然后点击该域右侧向下的箭头，出现<=，=，>=，int 和 bin 五个选项，根据模型中该约束函数的实际情况选择，其中 int 和 bin 分别用于说明整型变量和 0-1 型变量。选择完成后，如果还有约束条件未设定，就再点击“添加”按钮，重复以上步骤。设定完所有约束条件后，点击确定，回到规划求解参数对话框。

(4)算法细节的设定：点击“规划求解参数”对话框中的“选项”按钮，出现如下“规划求解选项”对话框(图 1-18)。选择完成后点击“确定”按钮回到“规划求解参数”对话框。

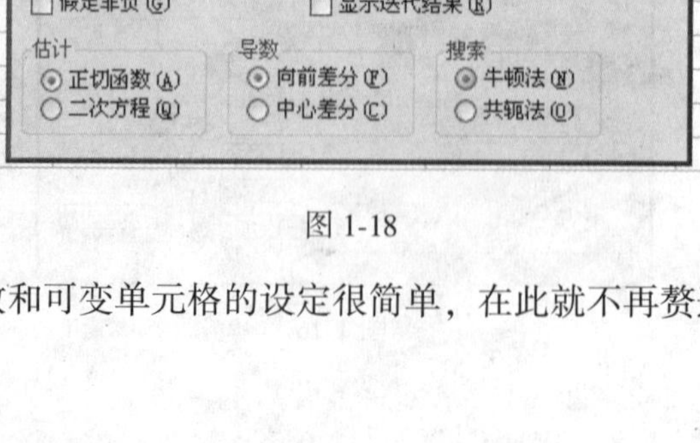

图 1-18

本例中的目标函数和可变单元格的设定很简单，在此就不再赘述。下面介绍约束条件的设定。

约束条件 $\begin{cases} 6x_1+5x_2+4x_3+3x_4+2.5x_5+1.5x_6 \leqslant 4500 \\ 3.2x_1+2.6x_2+1.5x_3+0.8x_4+0.7x_5+0.3x_6 \leqslant 1600 \end{cases}$ 的设定(图 1-19)

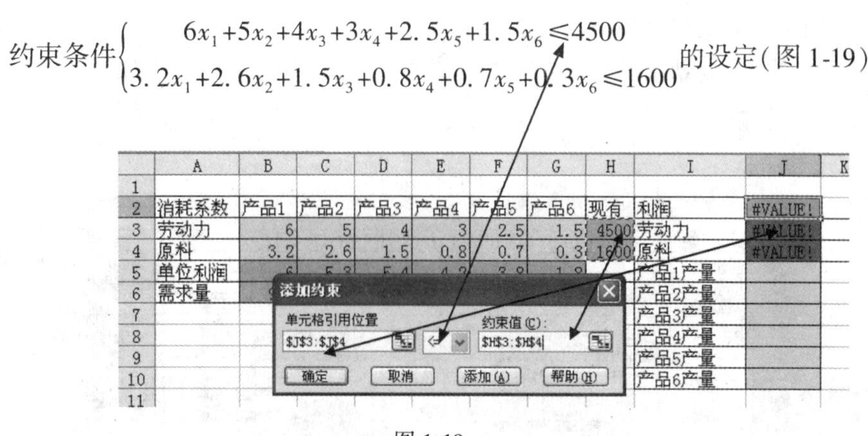

图 1-19

约束条件 $x_1 \leqslant 960$，$x_2 \leqslant 928$，$x_3 \leqslant 1041$，$x_4 \leqslant 977$，$x_5 \leqslant 1084$，$x_6 \leqslant 1055$ 的设定(图 1-20)：

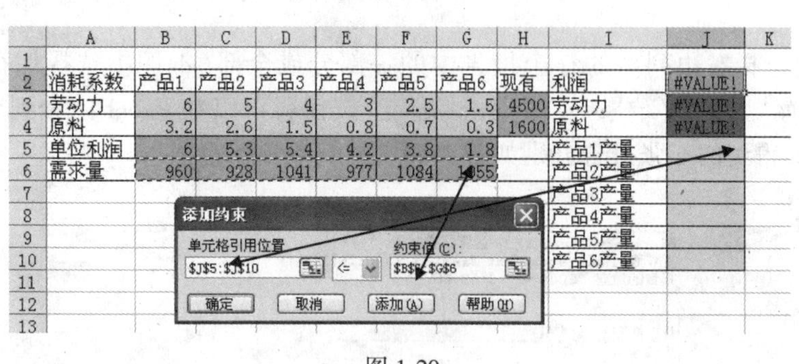

图 1-20

约束条件 $x_1 \geqslant 0$，$x_2 \geqslant 0$，…，$x_6 \geqslant 0$ 的设定(图 1-21)：

	A	B	C	D	E	F	G	H	I	J
1										
2	消耗系数	产品1	产品2	产品3	产品4	产品5	产品6	现有	利润	#VALUE!
3	劳动力	6	5	4	3	2.5	1.5	4500	劳动力	#VALUE!
4	原料	3.2	2.6	1.5	0.8	0.7	0.3	1600	原料	#VALUE!
5	单位利润	6	5.3	5.4	4.2	3.8	1.8		产品1产量	
6	需求量	960	928	1041	977	1084	1055		产品2产量	
7									产品3产量	
8									产品4产量	
9									产品5产量	
10									产品6产量	

添加约束
单元格引用位置：$J$5:$J$10　>=　约束值(C)：0
确定　取消　添加(A)　帮助(H)

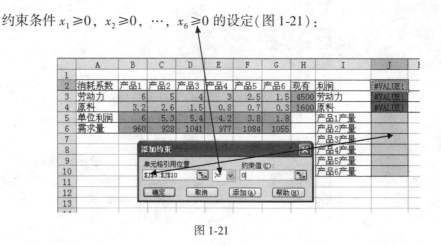

图 1-21

注：(1)可采用向量的形式设定同向不等式，并且不等式两边可以一个是行向量，另一个是列向量；

(2)可用一个 0 来代替所有分量都是 0 的向量。

第四步：单击“规划求解参数”对话框中的“求解”按钮，将出现如图 1-22 所示的“规划求解结果”对话框。

	A	B	C	D	E	F	G	H	I	J	K
1											
2	消耗系数	产品1	产品2	产品3	产品4	产品5	产品6	现有	利润	6625.2	
3	劳动力	6	5	4	3	2.5	1.5	4500	劳动力	4500	
4	原料	3.2	2.6	1.5	0.8	0.7	0.3	1600	原料	1236.13	
5	单位利润	6	5.3	5.4	4.2	3.8	1.8		产品1产量	0	
6	需求量	960	928	1041	977	1084	1055		产品2产量	0	
7									品3产量	0	
8									品4产量	596.667	
9									品5产量	1084	
10									品6产量	0	
11											
12											
13											
14											

规划求解结果
规划求解找到一解，可满足所有的约束及最优状况。
报告(R)
运算结果报告
敏感性报告
极限值报告
保存规划求解结果(K)
恢复为原值(O)
确定　取消　保存方案(S)...　帮助(H)

图 1-22

根据需要选择右边列出的三个报告中的一部分或全部(本例中选择保存三个报告)，然后选择“保存规划求解结果”，再点击“确定”按钮就可以在 Excel 内看到求解报告，如图 1-22 所示。得到的三张报告分别如图 1-23～图 1-25 所示。

Microsoft Excel 11.0 运算结果报告
工作表 [新建 Microsoft Excel 工作表.xls]Sheet1
报告的建立：2008-4-7 1:59:06

目标单元格 (最大值)

单元格	名字	初值	终值
$J$2	利润	#VALUE!	6625.2

可变单元格

单元格	名字	初值	终值
$J$5	产品1产量	0	0
$J$6	产品2产量	0	0
$J$7	产品3产量	0	0
$J$8	产品4产量	0	596.6666667
$J$9	产品5产量	0	1084
$J$10	产品6产量	0	0

约束

单元格	名字	单元格值	公式	状态	型数值
$J$3	劳动力	4500	$J$3<=$H$3	到达限制值	0
$J$4	原料	1236.133333	$J$4<=$H$4	未到限制值	363.8666667
$J$5	产品1产量	0	$J$5<=$B$6	未到限制值	960
$J$6	产品2产量	0	$J$6<=$C$6	未到限制值	928
$J$7	产品3产量	0	$J$7<=$D$6	未到限制值	1041
$J$8	产品4产量	596.6666667	$J$8<=$E$6	未到限制值	380.3333333
$J$9	产品5产量	1084	$J$9<=$F$6	到达限制值	0
$J$10	产品6产量	0	$J$10<=$G$6	未到限制值	1055
$J$5	产品1产量	0	$J$5>=0	到达限制值	0
$J$6	产品2产量	0	$J$6>=0	到达限制值	0
$J$7	产品3产量	0	$J$7>=0	到达限制值	0
$J$8	产品4产量	596.6666667	$J$8>=0	未到限制值	596.6666667
$J$9	产品5产量	1084	$J$9>=0	未到限制值	1084
$J$10	产品6产量	0	$J$10>=0	到达限制值	0

图 1-23

可见，求解结果和“管理运筹学”2.0 的求解一致。

Microsoft Excel 11.0 敏感性报告
工作表 [新建 Microsoft Excel 工作表.xls]Sheet1
报告的建立：2008-4-7 1:59:06

可变单元格

单元格	名字	终值	递减梯度
$J$5	产品1产量	0	-2.399999619
$J$6	产品2产量	0	-1.700004069
$J$7	产品3产量	0	-0.199997648
$J$8	产品4产量	596.6666667	0
$J$9	产品5产量	1084	0.300000111
$J$10	产品6产量	0	-0.300004125

约束

单元格	名字	终值	拉格朗日乘数
$J$3	劳动力	4500	1.399999936
$J$4	原料	1236.133333	0

图 1-24

Microsoft Excel 11.0 极限值报告
工作表 [新建 Microsoft Excel 工作表.xls]极限值报告 4
报告的建立：2008-4-7 1:59:07

单元格	目标式名字	值
$J$2	利润	6625.2

单元格	变量名字	值	下限极限	目标式结果	上限极限	目标式结果
$J$5	产品1产量	0	0	6625.2	0	6625.2
$J$6	产品2产量	0	0	6625.2	0	6625.2
$J$7	产品3产量	0	0	6625.2	0	6625.2
$J$8	产品4产量	596.6666667	0	4119.2	596.6666667	6625.2
$J$9	产品5产量	1084	0	2506	1084	6625.2
$J$10	产品6产量	0	0	6625.2	0	6625.2

图 1-25

1.9.3 Lindo 软件求解线性规划问题

1. Lindo 软件简介

Lindo 软件是一个求解运筹学问题的专用数学软件包，Lindo 是 Linear Interactive and Discrete Optimizer 的缩写，它由 LinusSchrage 首先开发，版权现在由美国 Lindo 系统公司所拥有。Lindo 软件包的特点是程序执行速度快，易于方便地输入、修改、求解和分析一个数学规划问题，因此在科研和工业界得到了广泛的应用。Lindo 学生版、演示版与发行版的主要区别在于对优化问题的规模（决策变量和约束条件的个数）有不同的限制。Lindo 6.1 学生版最多可求解多达 300 个变量和 150 个约束条件的规划问题。Lindo 软件包虽然有多种版本，但其软件内核和使用方法基本上是类似的。

2. Lindo 软件操作步骤及求解示例

【例 23】　用 Lindo 软件求解下列线性规划：

$$\min Z=-3x_1+x_2+x_3$$

$$\text{s.t.}\begin{cases} x_1+2x_2+x_3\leqslant 11 \\ -4x_1+x_2+2x_3\geqslant 3 \\ -2x_1+x_3=1 \\ x_1,\ x_2,\ x_3\geqslant 0 \end{cases}$$

解：以线性规划模型为例，讲述 Lindo 软件求解线性规划模型的步骤。

第一步：打开 Lindo 软件，弹出如图 1-26 所示的窗口界面。

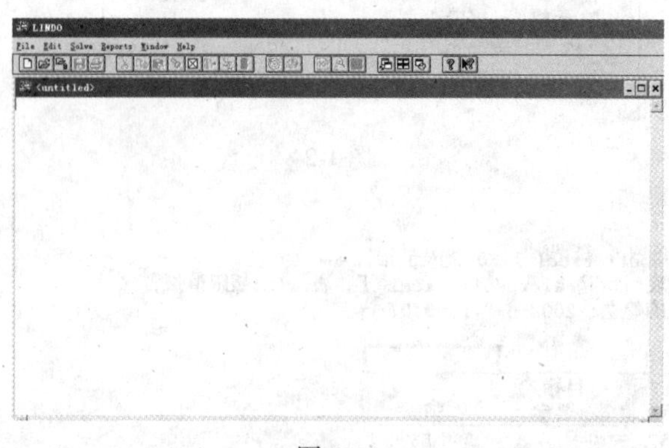

图 1-26

第二步：在图 1-26 所示的界面中输入线性规划模型，如图 1-27 所示。

图 1-27

输入时需要遵守的 13 条规则：

(1) 目标函数以 Max 或 Min 开头。

(2) 变量名称的长度不超过 8 个字符。

(3) 目标函数与约束条件之间必须用"Subject to(ST)"隔开。

(4)约束条件的名称要以括号结尾。

(5)输入前要先合并同类项。

(6)不区分变量中的大小写字符(实际上任何小写字符都将被转换为大写字符)。

(7)变量及其系数只能出现在式子的左端，常数只能出现在式子的右端。

(8)变量和它的系数之间可用空格隔开，但不允许出现任何运算符号(如乘号“＊”等)。

(9)约束条件中的“≤”或“≥”符号，分别用“<”或“>”代替，它们在 Lindo 系统中是等效的。

(10)语句中不能含有括号和逗号。

(11)一条语句可以断行，如：

$$x1+2\ x2$$
$$+3x3>2$$

是可行的。

(12)注释以感叹号开头。

(13)Lindo 中已假设所有的变量都是非负的，所以非负约束不必再输入。

第三步：从“Solve”菜单选择“Solve”命令，或直接点击窗口顶部的工具栏的“Solve”按钮，Lindo 就会开始对模型进行编译。首先，Lindo 会检查模型输入是否符合语法要求，如不符合，会出现报错信息：An error occurred during compilation on line：n (产生错误的行数)，同时 Lindo 会自动跳转到错误行。改正错误后，Lindo 才会正式求解。在出现图 1-28 时，如不需要灵敏度分析，选择“否(N)”，则弹出一个名为“Reports Window”的窗口(图 1-29)，该窗口显示的就是 Lindo 的输出结果报告。

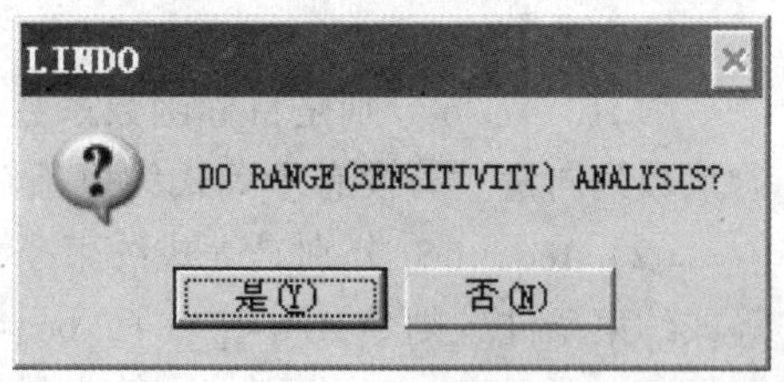

图 1-28

```
LP OPTIMUM FOUND AT STEP      2

      OBJECTIVE FUNCTION VALUE

      1)     -0.6666667

 VARIABLE        VALUE          REDUCED COST
      X1         2.666667          0.000000
      X2         1.000000          0.000000
      X3         6.333333          0.000000

     ROW   SLACK OR SURPLUS     DUAL PRICES
      2)         0.000000          0.333333
      3)         0.000000         -1.666667
      4)         0.000000          2.000000

 NO. ITERATIONS=       2
```

图 1-29

1.9.4 Matlab 求解线性规划问题

1. Matlab 简介

Matlab 是英文 Matrix Laboratory（矩阵实验室）的缩写。Matlab 是一个通用的数学软件包，现有 30 多个工具箱，其中优化工具箱(Optimization Toolbox)是应用广泛，影响较大的一个工具箱。应用 Matlab 求解线性规划时，不需要把线性规划化为标准形式，如原问题是求最大值的，要转化为求最小值。Matlab 求解线性规划是通过调用函数 linprog( )来实现的。

设有如下形式的线性规划问题：

$$\min Z = f \cdot x$$

$$\text{s.t.}\begin{cases} Ax \leqslant b \\ Aeq \cdot x = Beq \\ LB \leqslant x \leqslant UB \end{cases}$$

则函数 linprog( )的调用方式为

[x，fval，exitflag]=linprog(f，A，b，Aeq，beq，LB，UB，x0，options)

式中：左端方括号内的是函数的输出参数；右边圆括号内的是函数的输入参数，各参数的含义分别为：

输入参数：

(1)f，A，b 分别是目标函数系数列向量，不等式约束条件的技术系数矩阵和右端资源系数列向量。若没有不等式约束条件，则令 A=[　]，b=[　]。

(2) Aeq，beq 分别是等式约束条件的技术系数矩阵和右端资源系数列向量。若没有等式约束条件，则令 Aeq=[　]，beq=[　]。

(3)LB，UB，x0 分别是决策变量的下界，上界和初始列向量。

(4) options 是指定的优化参数

输出参数：

(1) x 是最优解构成的向量。

(2) fval 是最优目标值。

(3)exitflag 是输出标记。取值为-3 表示问题无界；-2 表示问题无可行解；0 表示超过最大迭代次数，1 表示线性规划问题有解。

2. Matlab 软件操作步骤及求解示例

例 22 中的线性规划采用 Matlab 求解方法如下：启动 Matlab 软件，在命令窗口或 M 文件编辑窗口输入 Matlab 程序代码并运行程序，即可得到问题的最优解。程序当中通过 options 优化参数设置求解算法为单纯形法。

M 文件编辑窗口输入程序如图 1-30 所示，命令窗口显示结果如图 1-31 所示。

注：(1)矩阵元素之间用逗号或空格分开，不同行以分号隔开。

(2)语句结尾如用回车键或逗号，则该语句运行后会在命令窗口显示命令的结果；如果不想显示结果，需用分号结束该语句。

(3)标点符号都要在英文输入状态下输入，用符号“′”置于矩阵右上角表示作矩阵的转置运算。

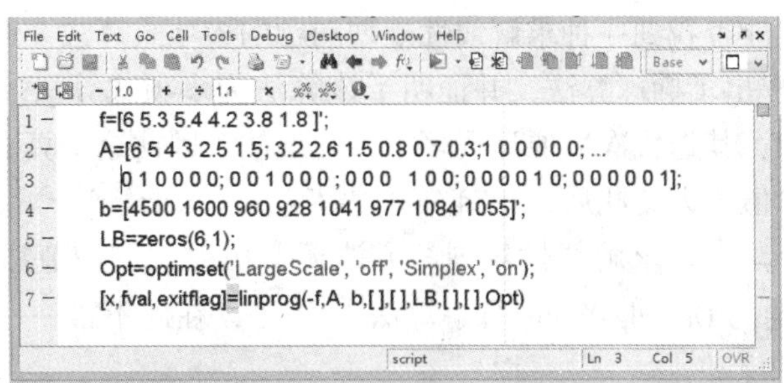

图 1-30

(4) Matlab 中默认变量是非负的。

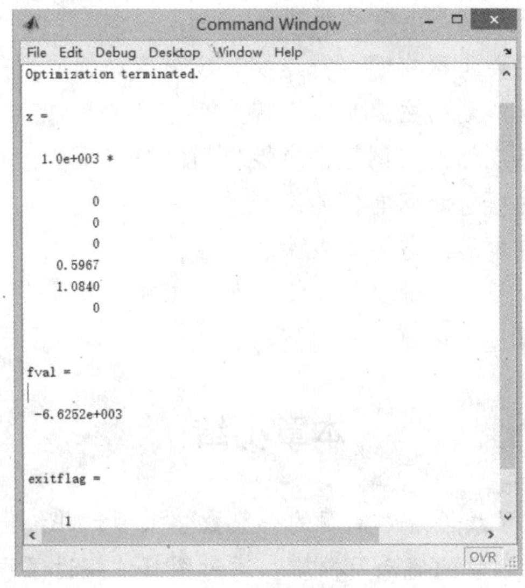

图 1-31

从上述四种软件的求解过程及结果，可以看出：

(1)"管理运筹学"2.0 软件、Excel 和 Lindo 软件求解线性规划问题时 ，都不需要将模型标准化；

(2)尽管"管理运筹学"2.0 软件和 Lindo 软件 6.1 学生版不能求解大型的线性规划问题，但它们不仅操作简单，而且输出结果还很丰富，因此初学者学习起来非常容易；

(3) Excel 和 Matlab 则需要使用者记住一些相关函数。

【注记】

单纯形法是一种令人满意的求解线性规划问题的算法。但 V . Klee 和 G. Minty 于 1972 年构造了一个含有 n 个变量，$2n$ 个不等式约束的线性规划问题，当采用单纯形法求解该问题时，其计算次数达到 2^n 次。以计算复杂性为标准来看，当算法所需要的计算工作量是问题规模的指数式函数 α^n 时，就不能称为有效算法。因而不能肯定单纯形法是有效算法。由此就要考虑：能否找到一种求解线性规划问题的多项式算法。经过努力，前苏联学者哈奇扬于 1979 年提出了椭球算法，并证明了该算法为多项式算法。但在具体应用椭球算法求解线性规划时，其迭代次数要远远多于单纯形法，因此这个算法虽然在理论上有很大的意义，但实用价值不大。此后，1984 年卡玛卡尔(N. Karmarkar)又提出了一种新的多项式算法——内点算法[8]。求解线性规划的方法还有仿射比例调节法[9]、对数障碍函数法[10]及求解大型问题的 Dantzig-Wolfe 分解算法[11]等等，在此不再一一详述，请有兴趣的读者自行查阅资料。

讨论、思考题

1. 线性规划的各种形式的共同点和区别有哪些？各有什么优点？
2. 如何将一个线性规划问题转化成标准形式？
3. 线性规划建模的主要步骤有哪些？建模时应该遵循的原则是什么？
4. 用图解法求解线性规划的主要步骤有哪些？
5. 从图解法求解线性规划的实例可得线性规划的解有哪些情形？
6. 线性规划几种解的概念之间有何关系？
7. 简述单纯形法的基本思路与基本步骤。
8. 添加非负的人工变量的目的是什么？添加人工变量的总个数如何确定？
9. 简述单纯形法计算过程中要注意的问题。

本章小结

本章通过实例，提出了线性规划问题的一般数学模型，并给出了线性规划模型的其他几种形式。介绍了线性规划解的概念及性质，通过图解法探讨了线性规划问题的解的几种情况，然后通过具体分析实例来说明单纯形法的解题思路及解题过程，介绍了退化和循环情况的处理方法及适合计算机使用的单纯形法的改进，最后还介绍四种软件求解线性规划问题的方法介绍和案例建模分析。

本章学习要求如下：

(1)理解线性规划建模的一般方法，初步学会建立有关应用问题的线性规划模型。

(2)掌握线性规划的一般形式转化为标准形式的方法。

(3)掌握图解法的具体实施方法。

(4)掌握基、可行基、可行解、基可行解，最优解与最优值等概念。

(5)掌握单纯形法的基本思路及实施过程(即初始基可行解的确定，最优性检验，换入和换出变量的确定及主元变换)。

(6)掌握用人工变量得到初始基可行解的两种方法，即大 M 法与两阶段法。

(7)了解对单纯形法的改进。

(8)掌握常用软件求解线性规划问题的方法。

习　题

1. 选择题。

(1)使用人工变量法求解极大化线性规划问题时，当所有的检验数 $\sigma_j \leqslant 0$，在基变量中仍含有非负的人工变量，表明该线性规划问题(　　)。

A. 有唯一的最优解　　B. 有无穷多个最优解

C. 为无界解　　D. 无可行解

(2)某线性规划问题的约束条件为 $\begin{cases} x_1+x_2+x_3=3 \\ 2x_1+2x_2+x_4=4 \\ x_1, \cdots, x_4 \geqslant 0 \end{cases}$，则基可行解为(　　)。

A.（0，0，4，3）　　B.（1，1，0，0）

C.（2，0，1，0）　　D.（3，4，0，0）

(3)线性规划 $\min Z=3x_1+4x_2$，$x_1+x_2 \geqslant 4$，$2x_1+x_2 \leqslant 2$，$x_1, x_2 \geqslant 0$，则(　　)。

A. 无可行解　　B. 有唯一最优解

C. 有多重解　　D. 无界解

(4)如果决策变量数相等的两个线性规划的最优解相同，则两个线性规划(　　)。

A. 约束条件相同　　B. 最优目标函数值相等

C. 目标函数相同　　D. 以上结论都不对

(5)线性规划问题具有无界解是指(　　)。

A. 可行解集合无界

B. 有相同的最小比值

C. 最优单纯形表中所有非基变量的检验数非零

D. 存在某个检验数 $\sigma_k>0$ 且 $a_{ik} \leqslant 0$ $(i=1, 2, \cdots, m)$

2. 将下列线性规划化为标准型。

(1) $\min Z=x_1+2x_2+3x_3$

$$\text{s.t.} \begin{cases} -2x_1+x_2+x_3 \leqslant 9 \\ -3x_1+x_2+2x_3 \geqslant 4 \\ 4x_1-2x_2-3x_3=-6 \\ x_1 \leqslant 0, x_2 \geqslant 0, x_3\text{取值无约束} \end{cases}$$

(2) $\min Z=-3x_1+4x_2-2x_3+5x_4$

$$\text{s.t.} \begin{cases} 4x_1-x_2+2x_3-x_4=-2 \\ x_1+x_2-x_3+2x_4 \leqslant 14 \\ -2x_1+3x_2+x_3-x_4 \geqslant 2 \\ x_1, x_2, x_3 \geqslant 0, x_4\text{无约束} \end{cases}$$

3. 用图解法求解下列线性规划问题。

(1) $\min Z=x_1+3x_2$

$$\text{s.t.} \begin{cases} x_1+x_2 \geqslant 20 \\ x_1 \leqslant 12 \\ x_1, x_2 \geqslant 0 \end{cases}$$

(2) $\max Z=2x_1+3x_2$

$$\text{s.t.} \begin{cases} 4x_1+6x_2 \geqslant 6 \\ 2x_1+2x_2 \geqslant 4 \\ x_1, x_2 \geqslant 0 \end{cases}$$

(3) $\min Z=x_1+2x_2$

(4) $\max Z=x_1+3x_2$

$$\text{s. t.}\begin{cases}2x_1+5x_2\geqslant 12\\x_1+2x_2\leqslant 8\\0\leqslant x_1\leqslant 4\\0\leqslant x_2\leqslant 3\end{cases}\qquad\qquad \text{s. t.}\begin{cases}5x_1+10x_2\leqslant 50\\x_1+x_2\geqslant 1\\x_2\leqslant 4\\x_1,\ x_2\geqslant 0\end{cases}$$

4. 求出下列线性规划的所有基本解，并指出其中的基可行解和最优解。

$$\max Z=5x_1+2x_2$$

$$\text{s. t.}\begin{cases}x_1\qquad +x_3\qquad =48\\\qquad 2x_2\quad +x_4\quad =12\\2x_1+3x_2\qquad +x_5=18\\x_j\geqslant 0,\ j=1,\ \cdots,\ 5\end{cases}$$

5. 用单纯形法求解下列线性规划，并指出它们的解分别是属于哪一类。

(1) $\min Z=2x_1-2x_2$

$$\text{s. t.}\begin{cases}x_1+x_2\leqslant 5\\-x_1+x_2\leqslant 6\\6x_1+2x_2\leqslant 21\\x_1,\ x_2\geqslant 0\end{cases}$$

(2) $\max Z=3x_1+4x_2+2x_3$

$$\text{s. t.}\begin{cases}x_1+x_2+x_3+x_4\leqslant 30\\3x_1+6x_2+x_3-2x_4\leqslant 0\\\qquad x_2>4\\x_j\geqslant 0,\ j=1,\ 2,\ 3,\ 4\end{cases}$$

(3) $\max Z=x_1+2x_2+x_3$

$$\text{s. t.}\begin{cases}x_1+2x_2+x_3\leqslant 30\\x_1+4x_2+2x_3\leqslant 20\\x_1,\ x_2,\ x_3\geqslant 0\end{cases}$$

(4) $\max Z=2x_1+3x_2-5x_3$

$$\text{s. t.}\begin{cases}x_1+x_2+x_3=7\\2x_1-5x_2+x_3\geqslant 10\\x_1,\ x_2,\ x_3\geqslant 0\end{cases}$$

(5) $\min Z=2x_1+4x_2$

$$\text{s. t.}\begin{cases}2x_1-3x_2\geqslant 2\\-x_1+x_2\geqslant 3\\x_1,\ x_2\geqslant 0\end{cases}$$

(6) $\max Z=3x_1+x_2+x_3+x_4$

$$\text{s. t.}\begin{cases}-2x_1+2x_2+x_3=4\\3x_1+x_2-x_4=6\\x_j\geqslant 0,\ j=1,\ 2,\ 3,\ 4\end{cases}$$

6. 表 1-23 是一个求极大值线性规划的单纯形表，其中 x_4，x_5，x_6是松弛变量。

表 1-23

c_j				2	2			
C_B	X_B	b	x_1	x_2	x_3	x_4	x_5	x_6
	x_5	2			1	2		−1
2	x_2	1			−1	1		−2
	x_1	4			$2a$	−1		$-a+8$
	σ_j					−1		

(1) 把表中缺少的项目填上适当的数或式子。

(2)要使表中的解为最优解，a 应满足什么条件？

(3)如有无穷多最优解，a 应满足什么条件？

(4)如无最优解，a 应满足什么条件？

(5)若表中的解不是最优解，a 应满足什么条件，会使得以 x_3 为换入变量，x_1 为换出变量？

7. 某工厂用甲、乙、丙三种原料生产 A、B、C、D 四种产品，每种产品消耗原料定额以及三种原料的数量如表 1-24 所示。

表 1-24

产　　品	A	B	C	D	原料数量(吨)
对原料甲的单耗(吨/万件)	3	2	1	3	2400
对原料乙的消耗(吨/万件)	2	—	2	4	3200
对原料丙的消耗(吨/万件)	1	3	—	2	1800
单位产品的利润(万元/万件)	25	12	14	11	

求使总利润最大的生产计划和按最优生产计划生产时三种原料的耗用量和剩余量。

8. 某采油区已建有 n 个计量站 B_1，B_2，…，B_n，各站目前尚未被利用的能力为 b_1，b_2，…，b_n(吨液量/日)。为适应油田开发的需要，规划在该油区打 m 口调整井 A_1，A_2，…,A_m，且这些井的位置已经确定。根据预测，调整井的产量分别为 a_1，a_2，…，a_m(吨液量/日)。考虑到原有计量站富余的能力，决定不另建新站，而用原有老站分工管辖调整井。按规划要求，每口井只能属于一个计量站。假定已知 A_i 到 B_j 的距离为 a_{ij}，试确定各调整井与计量站的关系，使新建立的输道管线总长度最短。

9. 靠近某河流有两个化工厂(图 1-32)，流经第一个工厂的河流流量是每天 500 万立方米；在两个工厂之间有一条流量为每天 200 万立方米的支流。第一个工厂每天排放工业污水 2 万立方米；第二个工厂每天排放工业污水 1.4 万立方米。从第一个工厂排出的污水流到第二个工厂之前，有 20%可自然净化。根据环保要求，河流中工业污水的含量不应大于 0.2%，若这两个工厂都各自处理一部分污水，第一个工厂的处理成本是 1000 元/万立方米，第二个工厂的处理成本是 800 元/万立方米。试问在满足环保要求的条件下，每厂各应处理多少污水，才能使总的污水处理费用为最小？建立线性规划模型。

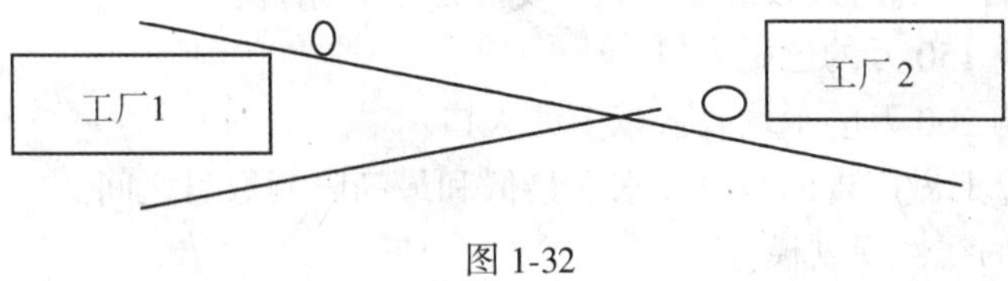

图 1-32

10. 某饲养场需饲养动物，设每头动物每天至少需 700g 蛋白质、30g 矿物质、100mg 维生素。现有五种饲料可供选用，各种饲料每 kg 营养成分含量及单价如表 1-25 所示。试求既满足动物生长的营养需要，又使费用最省的选用饲料的方案。

表 1-25

饲料	蛋白质/g	矿物质/g	维生素/mg	价格/元/kg
1	2	0.4	1	0.8
2	3	1	0.5	0.2
3	6	2	2	0.7
4	18	0.6	0.9	0.9
5	1	0.4	0.2	0.4

11. 某工厂要生产产品 A 和 B，已知生产 100 箱的 A，B，需要机床加工时间分别为 6 小时和 5 小时，需要付出机床使用费分别为 5 元和 4 元。又已知每箱产品 A 和 B 占用生产场地分别为 10 和 20 个体积单位，而生产场地允许 15000 个体积单位的存储量。若机床每周加工时数不超过 80 小时，又由于收购部门的限制，产品 A 的生产量每周不能超过 800 箱。试制定最优的周生产计划，使机床生产获最大收益。

12. 某公司计划用 2000 万元在下列四种广告媒介上做广告，各种媒介的广告效果、数量限制和成本数据如表 1-26 所示。

表 1-26

效　果	广告媒介			
	报纸	电台	电视	网络
每个广告能影响的总人数	7 万	5 万	15 万	20 万
影响的已婚人数	1.8 万	3 万	5 万	8 万
影响平均收入以上的人数	2 万	4 万	5 万	6 万
最高广告限制数目	125	130	50	30
最低广告限制数目	25	30	35	10
每个广告的成本(万元)	2	1.5	10	3

该公司要求广告影响的人数最多，同时要满足下列条件：

(1) 至少要影响 150 万的已婚人口；

(2) 至少要影响 200 万的平均收入以上的人口；

(3) 在每种媒介上做广告的数目要求在最低和最高限制数目之间。

请建立该问题的线性规划模型。

13. 已知某种钢窗每套由 2 根 1.5m，2 根 1.45m，6 根 1.3m 及 12 根 0.35m 的原钢料构成，现有长为 9m 的原钢料，问如需 100 套这种钢窗，如何下料可使所用原钢的总数最少？

14. 用改进的单纯形法求解下列线性规划：

$$\max Z = 6x_1 - 2x_2 + x_3$$

$$\text{s. t.} \begin{cases} 2x_1 - x_2 + 2x_3 \leqslant 4 \\ x_1 + 2x_2 \leqslant 6 \\ x_j \geqslant 0,\ j = 1,\ 2,\ 3 \end{cases}$$

案　例

案例 1　农场种植和饲养计划

某农场制定今后 5 年的种植和饲养计划。该农场有 400 公顷土地。现有 200 头牛，其中有小母牛 50 头，奶牛 150 头。

假设喂养每头小母牛占地 0.5 公顷，每头奶牛占地 1 公顷。每头奶牛平均每年生养 1.2 头小牛，其中一半为小公牛，生下后立即出售，每头 400 元；其余一半为小母牛，如立即出售每头 500 元，留下饲养用 2 年时间养成奶牛。

规定从刚出生到第 1 年末的牛龄记为 1，满 1 年到第 2 年末的牛龄记为 2，则牛龄到达 9 的奶牛一律出售，每头为 1000 元。小母牛和奶牛的年死亡率分别为 5%，3%。

1 头奶牛 1 年的产奶收入可达 4500 元，该农场饲养奶牛和小母牛最多不超过 150 头，超过该数时，每头每年需另支出 2000 元。

如每头奶牛每年需 0.8 吨甜菜和 0.7 吨粮食，每头小母牛每年需 0.4 吨甜菜和 0.4 吨粮食。若农场自己种植甜菜，则每公顷每年可产甜菜 1.5 吨。农场土地中能种植粮食的只有 80 公顷，根据土壤的成分带来收益的不同，这些土地可分为 3 类：

第 1 类：年产粮 1.1 吨/公顷，共有 20 公顷；

第 2 类：年产粮 0.9 吨/公顷，共有 30 公顷；

第 3 类：年产粮 0.7 吨/公顷，共有 30 公顷；

当每年粮食或甜菜不足或多余时，可以购买或卖出。每吨粮食的买进价为 900 元，卖出价为 750 元；每吨甜菜买进价为 500 元，卖出价为 320 元。种植 1 公顷粮食和甜菜分别每年花费 400 元，700 元。

假设各项投资费用是从以十年为期、年息为 15%的借款中得到的，利息和本金需一年一次等量归还，十年还清。

问：(1) 问应如何安排今后 5 年种植和饲养计划，使总盈利为最大。

(2)若该农场的负责人希望任何一年的利润值都为正，且到第 5 年年末时奶牛数不少于 60 头，不多于 180 头。又该如何安排今后 5 年种植和饲养计划，使总盈利为最大。

案例 2　某发电站的发动机配备问题

如某发电站全天 24 小时必须满足下面的电力负荷要求：

24 点至 6 点需要 10000MW，6 点至 9 点需要 25000MW，9 点至 15 点需要 50000MW，15 点至 18 点需要 40000MW，18 点至 24 点需要 30000MW。

现有三类发电机可供使用，1 类共 10 台、2 类共 12 台、3 类共 5 台。每台发电机都必须在最低功率和最高功率之间运行，同时运行在最低功率时每台发电机每小时都需付一定的费用。此外，若某台发电机超过它的最低功率工作，则每小时每兆瓦需要再附加一项费用。启动发电机也需要付一定的费用。相关数据如表 1-27 所示。

表 1-27

	1类	2类	3类
最低功率(MW)	1250	850	1500
最高功率(MW)	1800	2000	4000
最低功率的每小时费用(元)	2500	1000	3000
超过最低功率的每兆瓦小时费用(元)	1.2	2	2.5
启动费用(元)	1000	2000	600

此外，为了满足预测的负载需要量，要求在任何时间都必须有足够的发电机在工作，使得有满足负载增长 15%的需求的可能。如这种增长需要通过调节在其容许范围内运转的一些发电机的输出来实现。

问：全天各周期应相应有多少台发电机工作，才能使总费用最低？

案例 3　某炼油厂的生产优化问题

某炼油厂需要购买两种原油(原油 A 和原油 B)，两种原油经过分馏、重整、裂化和调和四道工序处理后可得到油和炼油用于销售。

(1) 分馏。

根据每一种原油的沸点的不同，两种原油经过分馏可分解为轻石脑油、中石脑油、重石脑油、轻油、重油和残油。其中轻、中、重三种石脑油的辛烷值分别为 90、80、70，已知每桶原油可以分解产生的各类油的数量如表 1-28 所示，在分馏过程中允许有少量损耗。

表 1-28　**原油分馏得到的各类油的数量(桶/桶)**

	轻石脑油	中石脑油	重石脑油	轻油	重油	残油
原油 A	0.10	0.25	0.20	0.12	0.20	0.13
原油 B	0.15	0.20	0.18	0.11	0.19	0.12

(2) 重整。

石脑油可以直接用来调和成不同等级的汽油，也可以进入重整过程，重整过程可产生辛烷值为 115 的重整汽油，已知 1 桶轻、中、重石脑油经过重整可得到的重整汽油分别为 0.6，0.52，0.45 桶。

(3)裂化。

轻油和重油不仅都可直接经调和产生航空煤油，而且也可经过裂化过程而产生裂化油和裂化汽油。已知裂化汽油的辛烷值为105，轻油和重油裂化产生的裂化油和裂化汽油量(单位：桶/桶)如表1-29所示。

表1-29　　轻油、重油裂化产品数据

	裂化油	裂化汽油
轻油	0.68	0.34
重油	0.80	0.30

裂化油可用来调和成煤油和航空煤油，而裂化汽油可用来调和成汽油。残油又可以用来生产润滑油或者用来调和成煤油和航空煤油。已知一桶残油可以产生5.5桶润滑油。

(4)调和。

①汽油(以动机燃料)：可用石脑油、重整汽油和裂化汽油调和得到普通汽油和优质汽油。普通汽油和优质汽油的辛烷值分别不低于84，94。这里假定，调和成的汽油的辛烷值与各成分的辛烷值及含量呈线性关系。

②航空煤油：可用汽油、重油、裂化油和残油调和而成航空煤油。已知航空煤油的蒸汽压不得超过1kg/cm^2，而轻油、重油、裂化油和残油的蒸汽压(单位：kg/cm^2)则分别为1.2，0.6，1.5，0.0。这里假定，航空煤油的蒸汽压与各成分的蒸汽压及含量呈线性关系。

③煤油：煤油可按10∶4∶1的比例由轻油、裂化油和残油调和而成。

设各种油品的数量及处理能力为：

①每天原油A，B的可供应量分别为20000桶，30000桶；

②每天最多可分馏原油45000桶；

③每天最多可重整石脑油10000桶；

④每天最多可裂化处理8000桶轻油和重油；

⑤每天生产的润滑油不得低于500桶，不得高于11000桶；

⑥优质汽油与普通汽油的产量之比为4∶1。

若优质汽油、普通汽油、航空煤油、润滑油等各种产品的利润分别为0.7，0.6，0.4，0.35，0.15(元/桶)。

问：怎样制定该炼油厂的生产计划，可使其得到最大利润。

案例4　配料问题

某公司生产饲养肉用种鸡和产蛋鸡的混合饲料，已知每千克饲料所需营养质量要求如表1-30所示。

表 1-30　　　　　　　　　　　　　**营养质量要求**

营养成分	肉用种鸡国家标准	肉用种鸡公司标准	产蛋鸡标准
代谢能	2.6~2.8Mcal/kg	≥2.6Mcal/kg	≥2.65Mcal/kg
粗蛋白	135~145g/kg	135~145g/kg	≥15lg/kg
粗纤维	<50g/kg	≤40g/kg	≤20g/kg
赖氨酸	≥5.6g/kg	≥5.6g/kg	≥6.8g/kg
蛋氨酸	≥2.5g/kg	≥2.6g/kg	≥6g/kg
钙	23~40g/kg	≥30g/kg	≥34g/kg
有效磷	4.6~6.5g/kg	≥5.5g/kg	≥3g/kg
食盐	3.7g/kg	3.7g/kg	3g/kg

该公司计划使用的原料有小麦、麦麸、玉米、米糠、豆饼、菜籽饼、鱼粉、槐叶粉、骨粉、DL-蛋氨酸、食盐和碳酸钙等 12 种原料。各原料的营养成分含量及价格见表 1-31。

公司根据原料来源，还要求在每吨混合饲料中各种原料的含量要满足下列条件：玉米、小麦、麦麸、豆饼、菜子饼、鱼粉和槐叶粉分别不低于 400kg，120kg，100kg，100kg，30kg，50kg，30kg；米糠要超过 150kg；而 DL-蛋氨酸、骨粉和碳酸钙适量。

问：(1) 如按照肉用种鸡公司标准，则 1t 混合饲料中各种原料分别为多少可使成本最低。

(2) 如按照产蛋鸡国家标准，则 1t 混合饲料中各种原料分别为多少可使成本最低。

(3) 求产蛋鸡符合标准要求的最优饲料配方方案。

表 1-31

原料	单价 元/kg	代谢能 Mcal/kg	粗蛋白 g/kg	粗纤维 g/kg	赖氨酸 g/kg	蛋氨酸 g/kg	钙 g/kg	有机磷 g/kg	食盐 g/kg
小麦	0.07	3.08	114	22	3.4	1.2	0.7	0.3	
麦麸	0.23	1.78	142	98	6.0	2.3	0.3	10.0	
玉米	0.65	3.35	78	16	2.3	1.7	0.5	0.3	
米糠	0.22	2.10	114	72	6.5	2.4	1.0	13.0	
豆饼	0.37	2.40	402	49	24.0	5.1	3.2	5.0	

续表

原料	单价 元/kg	代谢能 Mcal/kg	粗蛋白 g/kg	粗纤维 g/kg	赖氨酸 g/kg	蛋氨酸 g/kg	钙 g/kg	有机磷 g/kg	食盐 g/kg
菜籽饼	0.32	1.60	360	113	8.1	7.1	5.3	8.4	
鱼粉	1.54	2.80	450	0	29.1	11.8	63	27	
槐叶粉	0.38	1.61	165	108	10.6	2.2	4.0	4.0	
骨粉	0.56						300	120	
DL-蛋氨酸	22					970			
食盐	0.40								1000
碳酸钙	1.12						450		

第 2 章　线性规划的对偶理论与灵敏度分析

通过对线性规划的深入研究，人们发现每一个线性规划问题，都存在一个与它密切相关的线性规划问题，称为它的对偶问题。研究对偶问题之间的关系及解的性质，就构成了线性规划的对偶理论。它是线性规划理论整体的一个重要而又有趣的组成部分。灵敏度分析是对线性规划求解结果的再挖掘，通过有限的数据，得出更为广泛的结果，为管理者提供更多的决策依据。

【关键词汇】

对偶问题(Dual Problem)　　对偶定义(Dual Definition)

对偶定理(Dual Theorem)　　影子价格(Shadow Price)

对偶单纯形法(Dual Simplex Method)

灵敏度分析(Sensitivity Analysis)

2.1　线性规划对偶问题的引入与数学模型

2.1.1　问题的提出

设某厂计划生产甲和乙两种产品，生产中需按顺序在设备 A，B，C，D 上加工，每件产品加工所需的机时数、利润值及每种设备的总台时数如表 2-1 所示 ，问：怎样安排生产，才能使工厂获得最大利润？

表 2-1

设备	甲	乙	设备的总机时数
A	1	2	12 台时
B	2	3	8 台时
C	4	0	16 台时
D	0	4	12 台时
获 利(千元)	3	2	

解：设计划生产甲、乙两种产品 x_1 及 x_2 件，则可建立如下的数学模型：

$$\max Z = 3x_1 + 2x_2$$

$$\text{s. t.}\begin{cases}x_1+2x_2\leqslant 12\\2x_1+3x_2\leqslant 8\\4x_1\leqslant 16\\4x_2\leqslant 12\\x_1,\ x_2\geqslant 0\end{cases}\tag{2-1}$$

可得最优方案为 $x_1^*=4$，　$x_2^*=0$

即：甲产品生产 4 件，乙不安排生产可使工厂获得最大利润 1.2 万元。

如果从另一个角度来看该问题：

假设该厂厂长决定不生产产品甲和乙，决定出租所有设备用于接收外加工，只收加工费，那么需要对 4 种设备每台时的租金进行估价？

在市场竞争的时代，厂长的最佳决策显然要符合下面两条：

(1)不吃亏原则。即 4 种设备相应的台时所赚得的利润不能低于加工每件甲、乙产品所获利润。由此原则，便构成了新规划的不等式约束条件。

(2)竞争性原则。即在上述不吃亏原则下，尽量降低总台时的费用，以便争取更多用户。

如用 y_1，y_2，y_3，y_4 分别表示设备 A，B，C，D 每台时的估价，则可建立如下的数学模型：

$$\min f=12y_1+8y_2+16y_3+12y_4$$

$$\text{s. t.}\begin{cases}y_1+2y_2+4y_3+0y_4\geqslant 3\\2y_1+3y_2+0y_3+4y_4\geqslant 2\\y_1,\ y_2,\ y_3,\ y_4\geqslant 0\end{cases}\tag{2-2}$$

可得最优方案为 $y_1=0$，$y_2=1$，$y_3=\frac{1}{4}$，$y_4=0$

即：设备 A，B，C，D 每台时的估价分别为：0，1，1/4，0(单位：千元)。

这种从两个不同角度来考虑同一个工厂的最大利润(最小租金)问题时，相应建立的两个线性规划模型就是一对对偶问题，将其中任一个叫做原问题，则另一个就叫做对偶问题。

下面为叙述方便，把模型(2-1)称为原问题，模型(2-2)称为对偶问题。可观察出这两个数学模型之间具有如下关系：

(1) 原问题是求最大值，而对偶问题是求最小值；

(2) 原问题的约束条件是“≤”型的，而对偶问题的约束条件是“≥”型的；

(3) 原问题有 2 个变量 4 个约束条件，而对偶问题有 4 个变量 2 个约束条件；

(4) 原问题的目标函数中的第 i 个变量的系数是对偶问题的第 i 个约束条件右端常数项；

(5) 原问题的第 i 个约束条件右端常数项是对偶问题的目标函数中的第 i 个变量系数；

(6) 原问题约束条件的系数矩阵的转置是对偶问题的约束条件的系数矩阵。

2.1.2 对偶问题的数学模型

1. 对称形式的对偶问题

设原线性规划问题为

$$
(P)\qquad \begin{gathered}\max Z=c_1x_1+c_2x_2+\cdots+c_nx_n\\ \text{s.t.}\begin{cases}a_{11}x_1+a_{12}x_2+\cdots+a_{1n}x_n\leqslant b_1\\ \cdots\cdots\cdots\cdots\\ a_{m1}x_1+a_{m2}x_2+\cdots+a_{mn}x_n\leqslant b_m\\ x_1,\ x_2,\ \cdots,\ x_n\geqslant 0\end{cases}\end{gathered}\qquad (2\text{-}3)
$$

则定义它的对偶问题为

$$
(D)\qquad \begin{gathered}\min W=b_1y_1+b_2y_2+\cdots+b_my_m\\ \text{s.t.}\begin{cases}a_{11}y_1+a_{12}y_2+\cdots+a_{m1}y_m\geqslant c_1\\ \cdots\cdots\cdots\cdots\\ a_{1n}y_1+a_{2n}y_2+\cdots+a_{mn}y_m\geqslant c_n\\ y_1,\ y_2,\ \cdots,\ y_m\geqslant 0\end{cases}\end{gathered}\qquad (2\text{-}4)
$$

则称问题(2-3)和(2-4)为一对对称形式的对偶问题。用矩阵分别表示为

$$
(P)\qquad \begin{gathered}\max Z=CX\\ \text{s.t.}\begin{cases}AX\leqslant b\\ X\geqslant 0\end{cases}\end{gathered}\qquad (2\text{-}5)
$$

$$
(D)\qquad \begin{gathered}\min W=Yb\\ \text{s.t.}\begin{cases}YA\geqslant C\\ Y\geqslant 0\end{cases}\end{gathered}\qquad (2\text{-}6)
$$

式中：$Y=(y_1,\ y_2,\ \cdots,\ y_m)$，其余符号同第 1 章中的介绍 。

2. 非对称形式的对偶问题

(1)原问题中含“$\geqslant$”形式的约束条件。

设原问题为

$$
\begin{gathered}\max Z=c_1x_1+c_2x_2+\cdots+c_nx_n\\ \text{s.t.}\begin{cases}a_{11}x_1+a_{12}x_2+\cdots+a_{1n}x_n\geqslant b_1\\ a_{21}x_1+a_{22}x_2+\cdots+a_{2n}x_n\leqslant b_2\\ \cdots\cdots\cdots\cdots\\ a_{m1}x_1+a_{m2}x_2+\cdots+a_{mn}x_n\leqslant b_m\\ x_1,\ x_2,\ \cdots,\ x_n\geqslant 0\end{cases}\end{gathered}\qquad (2\text{-}7)
$$

只需将第 1 个约束条件的两端同乘-1，即可将它变成“$\leqslant$”的形式，则原问题变为

$$
\max Z=c_1x_1+c_2x_2+\cdots+c_nx_n
$$

$$\text{s. t.}\begin{cases}-a_{11}x_1-a_{12}x_2-\cdots-a_{1n}x_n\leqslant -b_1\\ a_{21}x_1+a_{22}x_2+\cdots+a_{2n}x_n\leqslant b_2\\ \cdots\cdots\cdots\cdots\\ a_{m1}x_1+a_{m2}x_2+\cdots+a_{mn}x_n\leqslant b_m\\ x_1,\ x_2,\ \cdots,\ x_n\geqslant 0\end{cases}\tag{2-8}$$

按照对称形式的对偶问题定义，可得(2-8)的对偶问题为

$$\min W=-b_1y_1+b_2y_2+\cdots+b_my_m$$

$$\text{s. t.}\begin{cases}-a_{11}y_1+a_{12}y_2+\cdots+a_{m1}y_m\geqslant c_1\\ \cdots\cdots\cdots\cdots\\ -a_{1n}y_1+a_{2n}y_2+\cdots+a_{mn}y_m\geqslant c_n\\ y_1,\ y_2,\ \cdots,\ y_m\geqslant 0\end{cases}\tag{2-9}$$

在式(2-9)中，令 $y'_1=-y_1$，则有

$$\min W=b_1y'_1+b_2y_2+\cdots+b_my_m$$

$$\text{s. t.}\begin{cases}a_{11}y'_1+a_{12}y_2+\cdots+a_{m1}y_m\geqslant c_1\\ \cdots\cdots\cdots\cdots\\ a_{1n}y'_1+a_{2n}y_2+\cdots+a_{mn}y_m\geqslant c_n\\ y'_1\leqslant 0\ ,\ y_2,\ \cdots,\ y_m\geqslant 0\end{cases}\tag{2-10}$$

式(2-7)和式(2-10)构成一对对偶问题。可见，当原问题的约束条件是“≥”形式的，则对偶问题中对应的变量符号是“≤0”的。

(2)原问题中含“=”形式的约束条件。

设原问题为

$$\max\ Z=c_1x_1+c_2x_2+\cdots+c_nx_n$$

$$\text{s. t.}\begin{cases}a_{11}x_1+a_{12}x_2+\cdots+a_{1n}x_n=b_1\\ a_{21}x_1+a_{22}x_2+\cdots+a_{2n}x_n\leqslant b_2\\ \cdots\cdots\cdots\cdots\\ a_{m1}x_1+a_{m2}x_2+\cdots+a_{mn}x_n\leqslant b_m\\ x_1,\ x_2,\ \cdots,\ x_n\geqslant 0\end{cases}\tag{2-11}$$

只需将第1个约束条件分解成两个不等式约束条件，则原问题变为

$$\max\ Z=c_1x_1+c_2x_2+\cdots+c_nx_n$$

$$\text{s. t.}\begin{cases}a_{11}x_1+a_{12}x_2+\cdots+a_{1n}x_n\leqslant b_1\\ -a_{11}x_1-a_{12}x_2-\cdots-a_{1n}x_n\leqslant -b_1\\ a_{21}x_1+a_{22}x_2+\cdots+a_{2n}x_n\leqslant b_2\\ \cdots\cdots\cdots\cdots\\ a_{m1}x_1+a_{m2}x_2+\cdots+a_{mn}x_n\leqslant b_m\\ x_1,\ x_2,\ \cdots,\ x_n\geqslant 0\end{cases}\tag{2-12}$$

按照对称形式的对偶问题定义，可得式(2-12)的对偶问题为

$$\min W=b_1y_1-b_1y+b_2y_2+\cdots+b_my_m$$

$$\text{s.t.}\begin{cases}a_{11}y_1-a_{11}y+a_{12}y_2+\cdots+a_{m1}y_m\geqslant c_1\\ \cdots\cdots\cdots\cdots\\ a_{1n}y_1-a_{1n}y+a_{2n}y_2+\cdots+a_{mn}y_m\geqslant c_n\\ y,\ y_1,\ y_2,\ \cdots,\ y_m\geqslant 0\end{cases}\tag{2-13}$$

在式(2-13)中，令 $y'_1=y_1-y$，则可知 y'_1 没有符号约束，同时(2-13)可变为

$$\min W=b_1y'_1+b_2y_2+\cdots+b_my_m$$

$$\text{s.t.}\begin{cases}a_{11}y'_1+a_{12}y_2+\cdots+a_{m1}y_m\geqslant c_1\\ \cdots\cdots\cdots\cdots\\ a_{1n}y'_1+a_{2n}y_2+\cdots+a_{mn}y_m\geqslant c_n\\ y'_1,\ y_2,\ \cdots,\ y_m\geqslant 0\end{cases}\tag{2-14}$$

式(2-11)和式(2-14)构成一对对偶问题。可见，当原问题的约束条件是"＝"形式的，则对偶问题中对应的变量符号是无约束的。

综上所述，可将各类约束条件下的原问题和对偶问题的对应关系整理如表 2-2 所示。

表 2-2　**对偶关系对应表**

原问题(或对偶问题)	对偶问题(或原问题)
目标函数 max$Z$	目标函数 min$W$
变量 $\begin{cases}n\text{ 个}\\ \geqslant 0\\ \leqslant 0\\ \text{无约束}\end{cases}$	约束 $\begin{cases}n\text{ 个}\\ \text{“}\geqslant\text{”形式}\\ \text{“}\leqslant\text{”形式}\\ \text{“}=\text{”形式}\end{cases}$
约束 $\begin{cases}m\text{ 个}\\ \text{“}\geqslant\text{”形式}\\ \text{“}\leqslant\text{”形式}\\ \text{“}=\text{”形式}\end{cases}$	变量 $\begin{cases}m\text{ 个}\\ \leqslant 0\\ \geqslant 0\\ \text{无约束}\end{cases}$
约束条件右端项	目标函数中变量的系数
约束条件的系数矩阵	约束条件的系数矩阵的转置
目标函数中变量的系数	约束条件右端项

【例 1】　写出下列线性规划问题的对偶问题。

(1) $\max Z=-2x_1-3x_2+4x_3$

$$\text{s.t.}\begin{cases}2x_1+3x_2-5x_3\geqslant 2\\3x_1+x_2+7x_3\leqslant 3\\-x_1+4x_2+6x_3\geqslant 5\\x_1,\ x_2,\ x_3\geqslant 0\end{cases}$$

(2) $\max Z=3x_1+2x_2-5x_3+x_4$

$$\text{s.t.}\begin{cases}4x_1+x_2-3x_3+2x_4\geqslant 5\\3x_1-2x_2+7x_4\leqslant 4\\-2x_1+3x_2+4x_3+x_4=6\\x_1\leqslant 0,\ x_2,\ x_3\geqslant 0,\ x_4\text{ 无约束}\end{cases}$$

解：(1) 首先将原问题变形为对称形式。

$$\max Z=-2x_1-3x_2+4x_3$$

$$\text{s.t.}\begin{cases}-2x-3x_2+5x_3\leqslant -2 & \leftarrow y_1\\3x_1+x_2+7x_3\leqslant 3 & \leftarrow y_2\\x_1-4x_2-6x_3\leqslant -5 & \leftarrow y_3\\x_1,\ x_2,\ x_3\geqslant 0\end{cases}$$

则由对称形式的对偶问题的对应关系可得，原问题的对偶问题为

$$\min W=-2y_1+3y_2-5y_3$$

$$\text{s.t.}\begin{cases}-2y_1+3y_2+y_3\geqslant -2\\-3y_1+y_2-4y_3\geqslant -3\\5y_1+7y_2-6y_3\geqslant 4\\y_1,\ y_2,\ y_3\geqslant 0\end{cases}$$

(2) 由上表 2-2 列出的对应关系，可得原问题的对偶问题。

$$\min W=5y_1+4y_2+6y_3$$

$$\text{s.t.}\begin{cases}4y_1+3y_2-2y_3\leqslant 3\\y_1-2y_2+3y_3\geqslant 2\\-3y_1+4y_3\geqslant -5\\2y_1+7y_2+y_3=1\\y_1\leqslant 0,\ y_2\geqslant 0,\ y_3\text{ 无约束}\end{cases}$$

2.2 线性规划的对偶理论

线性规划的对偶理论主要包括下述几个定理，为了讨论的方便，在此仅以对称形式的对偶问题：

原问题(P)：$\max Z=CX$，$\text{s.t.}\begin{cases}AX\leqslant b\\X\geqslant 0\end{cases}$　　对偶问题(D)：$\min W=Yb$，$\text{s.t.}\begin{cases}YA\geqslant C\\Y\geqslant 0\end{cases}$

为例来证明有关定理。所有这些结论对非对称形式的对偶问题也成立。

定理 1(对称性定理)　对偶问题的对偶是原问题。

根据对称形式的对偶问题的对应关系，该定理的结论是显然的。

定理 2(弱对偶性定理)　设 X^0 和 Y^0 分别是问题(P)和(D)的可行解，则必有

$$CX^0 \leqslant Y^0 b \text{ 即：} \sum_{j=1}^{n} c_j x_j \leqslant \sum_{i=1}^{m} b_i y_i。$$

证明：由 X^0 和 Y^0 分别是问题(P)和(D)的可行解，可得

$$AX^0 \leqslant b,\ X^0 \geqslant 0; \qquad Y^0 A \geqslant C,\ Y^0 \geqslant 0$$

由矩阵理论可得　$Y^0 AX^0 \leqslant Y^0 b; \qquad Y^0 AX^0 \geqslant CX^0$

即　$CX^0 \leqslant Y^0 AX^0 \leqslant Y^0 b$

由定理 2 可得下面 2 个推论：

推论 1　原问题(P)的任一可行解的目标函数值是其对偶问题(D)的目标函数值的下界；反之，对偶问题(D)的任一可行解的目标函数值是其原问题(P)的目标函数值的上界。

推论 2　在一对对偶问题(P)和(D)中，若其中一个问题可行但目标函数无界，则另一个问题无可行解；反之不一定成立。

证明：(反证法)设原问题(P)可行但目标函数无界，对偶问题(D)有可行解 Y^0，则根据定理 2 知，$Y^0 b$ 应为问题(P)的一个上界，这与假设矛盾！

【例 2】　已知原问题及其对偶问题分别为

$$\max Z = 3x_1 + 3x_2 \qquad\qquad \min W = -y_1 - y_2$$

$$\text{s. t.} \begin{cases} -x_1 + x_2 \leqslant -1 \\ x_1 - x_2 \leqslant -1 \\ x_1,\ x_2 \geqslant 0 \end{cases} \qquad \text{s. t.} \begin{cases} -y_1 + y_2 \geqslant 3 \\ y_1 - y_2 \geqslant 3 \\ y_1,\ y_2 \geqslant 0 \end{cases}$$

显然，原问题和对偶问题都无可行解。

定理 3(最优性判别定理)　如果 X^0 是原问题(P)的可行解，Y^0 是其对偶问题(D)的可行解，并且 $CX^0 = Y^0 b$，则 X^0，Y^0 分别是原问题(P)和对偶问题(D)的最优解。

证明：根据定理 2，对原问题(P)的任一可行解 X，都有 $CX \leqslant Y^0 b$，而 $CX^0 = Y^0 b$，则对原问题(P)的任一可行解 X，都有 $CX \leqslant CX^0$。原问题(P)的目标是最大化，因此 X^0 是原问题(P)的最优解。同理可证 Y^0 是对偶问题(D)的最优解。

定理 4(强对偶性定理)　若原问题(P)及其对偶问题(D)均具有可行解，则两者均具有最优解，且它们最优解的目标函数值相等。

证明：设 X^0，Y^0 分别是原问题(P)和对偶问题(D)的可行解，则根据定理 2 的推论 1 可知，对问题(P)的任一可行解 X，都有 $CX \leqslant Y^0 b$，即对于目标最大化的问题(P)，其目标函数值有上界，故必有最优解。同理对问题(D)的任一可行解 Y，有 $Yb \geqslant CX^0$，即对于目标最小化的问题(D)，其目标函数值有下界，故必有最优解。

下设 X^* 是原问题(P)的最优解，对应的最优基为 B，则此时，所有的非基变量的检验数为 $\sigma_N = C_N - C_B B^{-1} N \leqslant 0$，基变量的检验数 $\sigma_B = C_B - C_B B^{-1} B = 0$，则有 $C - C_B B^{-1} A \leqslant 0$，即 $C \leqslant C_B B^{-1} A$。令 $Y^* = C_B B^{-1}$，就有 $Y^* A = C_B B^{-1} A \geqslant C$，即 Y^* 是对偶问题(D)的可行解，且此时 $W = Y^* b = C_B B^{-1} b$。

又因为 X^* 是原问题(P)的最优解，所以

$$Z=CX^*=(C_B\ C_N)\begin{pmatrix}X_B{}^*\\0\end{pmatrix}=C_BX_B{}^*=C_BB^{-1}b$$

即有
$$Z=CX^*=C_BB^{-1}b=Y^*b=W$$

则由定理3知，Y^*是对偶问题(D)的最优解，且原问题和对偶问题的最优目标函数值相等。

综上所述，原问题与对偶问题的解的关系如表2-3所示。

表2-3　**原问题与对偶问题的解的关系**

原问题	对偶问题
有最优解	有最优解
无界解	无可行解
无可行解	无界解或无可行解

定理5(互补松弛性定理)　设X^0，Y^0分别是原问题(P)和对偶问题(D)的可行解，则它们分别是最优解的充要条件是

$$\begin{cases}Y^0X_s=0\\Y_sX^0=0\end{cases}$$

式中：X_s，Y_s分别为问题(P)和(D)的标准型中的松弛变量和剩余变量。

证明：设原问题(P)和对偶问题(D)的标准型为

$$\max Z=CX \qquad\qquad \min W=Yb$$
$$\text{s. t.}\begin{cases}AX+X_s=b\\X,\ X_s\geqslant 0\end{cases}\qquad \text{s. t.}\begin{cases}YA-Y_s=C\\Y,\ Y_s\geqslant 0\end{cases}$$

将$C=YA-Y_s$代入原问题的目标函数表达式，$b=AX+X_s$代入对偶问题的目标函数表达式，则有

$$Z=CX=(YA-Y_s)X=YAX-Y_sX$$
$$W=Yb=Y(AX+X_s)=YAX+YX_s$$

若$Y^0X_s=0$且$Y_sX^0=0$，则$CX^0=Y^0AX^0=Y^0b$，由定理3可知，X^0，Y^0分别为(P)和(D)的最优解。

又若X^0，Y^0分别为(P)和(D)的最优解，则由定理4可知：

$$Z=CX^0=Y^0AX^0-Y_sX^0=W=Y^0AX^0+Y^0X_s$$

所以有$Y^0X_s=0$且$Y_sX^0=0$。

互补松弛性定理又称松紧定理，它描述了一对对偶问题达到最优时，原问题(或对偶问题)变量的取值与对偶问题(或原问题)约束的松紧性之间的关系。同时可以看到，该定理还提供了一种求解线性规划问题的新方法，即已知原问题(或对偶问题)的最优解求对偶问题(或原问题)的最优解的方法。

利用下述关系：

(1)原问题(或对偶问题)的某个变量大于0，则对偶问题(或原问题)对应的约束是等

式约束。

(2)原问题(或对偶问题)的某个约束是严格不等式约束，则对偶问题(或原问题)对应的变量为0。

建立对偶问题(或原问题)的约束线性方程组，方程组的解即为最优解。

【例 3】　已知下列线性规划的最优解是 $X^*=(6,\ 2,\ 0)^{\mathrm{T}}$，求其对偶问题的最优解。

$$\max Z=3x_1+4x_2+x_3$$

$$\text{s. t.}\begin{cases}x_1+2x_2+x_3\leqslant 10\\2x_1+2x_2+x_3\leqslant 16\\x_j\geqslant 0,\ j=1,\ 2,\ 3\end{cases}$$

解：该问题的对偶问题为

$$\min W=10y_1+16y_2$$

$$\text{s. t.}\begin{cases}y_1+2y_2\geqslant 3\\2y_1+2y_2\geqslant 4\\y_1+y_2\geqslant 1\\y_1,\ y_2\geqslant 0\end{cases}$$

设对偶问题最优解为 $Y^*=(y_1,\ y_2)$，因为 $x_1^*=6>0$，$x_2^*=2>0$，所以由互补松弛性定理，有

$$\begin{cases}y_1+2y_2=3\\2y_1+2y_2=4\end{cases}$$

解此线性方程组得 $y_1=1$，$y_2=1$，从而对偶问题的最优解为 $Y^*=(1,\ 1)$。

定理 6　设原问题(P)和对偶问题(D)的标准型分别为

$$\max Z=CX \qquad\qquad \min W=Yb$$

$$\text{s. t.}\begin{cases}AX+X_s=b\\X,\ X_s\geqslant 0\end{cases} \qquad \text{s. t.}\begin{cases}YA-Y_s=C\\Y,\ Y_s\geqslant 0\end{cases}$$

则原问题的单纯形表中检验数的相反数对应着对偶问题的一个基解。其对应关系见表2-4。

表 2-4

X_B	X_N	X_s
0	$\sigma_N=C_N-C_BB^{-1}N$	$-C_BB^{-1}$
$-Y_{s1}$	$-Y_{s2}$	$-Y$

其中：Y_{s1}，Y_{s2} 分别对应原问题中基变量 X_B 和非基变量 X_N 的剩余变量。

证明：设原问题的约束条件矩阵为 $A=(B\ ,\ N)$，其中 B 为可行基，则原问题可写为

$$\max Z=C_BX_B+C_NX_N$$

$$\text{s. t.}\begin{cases}BX_B+NX_N+X_s=b\\X_B,\ X_N,\ X_s\geqslant 0\end{cases}$$

则对偶问题可相应表示如下：

$$\min W=Yb$$

$$\text{s. t.}\begin{cases}YB-Y_{s1}=C_B & (2\text{-}15)\\YN-Y_{s2}=C_N & (2\text{-}16)\\Y,\ Y_{s1},\ Y_{s2}\geqslant 0\end{cases}$$

当原问题求得解 $X_B=B^{-1}b$ 时，相应的检验数为 $\sigma_N=C_N-C_BB^{-1}N$ 和 $-C_BB^{-1}$。

令 $Y=C_BB^{-1}$，将其代入式(2-15)、(2-16)，可得

$$Y_{s1}=0$$

$$-Y_{s2}=C_N-C_BB^{-1}N$$

［证毕］

下面看一个具体例子。

【例 4】　求解下列 2 个互为对偶关系的线性规划问题。

$$\max Z=2x_1+x_2$$

$$\text{s. t.}\begin{cases}5x_2+x_3=15\\6x_1+2x_2+x_4=24\\x_1+x_2+x_5=5\\x_i\geqslant 0,\ i=1,\ 2,\ \cdots,\ 5\end{cases}$$

$$\min W=15y_1+24y_2+5y_3$$

$$\text{s. t.}\begin{cases}6y_2+y_3-y_4=2\\5y_1+2y_2+y_3-y_5=1\\y_i\geqslant 0,\ i=1,\ 2,\ \cdots,\ 5\end{cases}$$

解：分别用单纯形法求解上述 2 个规划问题，得到最终单纯形表如表 2-5 所示。

表 2-5　**原问题的最优单纯形表**

c_j			原问题的变量		原问题的松弛变量			θ_i
			2	1	0	0	0	
C_B	X_B	b	x_1	x_2	x_3	x_4	x_5	
0	x_3	15/2	0	0	1	5/4	−15/2	
2	x_1	7/2	1	0	0	1/4	−1/2	
1	x_2	3/2	0	1	0	−1/4	3/2	
$-Z$		−17/2	0	0	0	−1/4	−1/2	

观察表 2-5 和表 2-6，可知：

(1)原问题与其对偶问题的变量与解的对应关系为，在单纯形表中，原问题的松弛变量对应对偶问题的变量，对偶问题的剩余变量对应原问题的变量。

(2)当原问题达到最优时，原问题的松弛变量检验数的相反数即为对偶问题的最优解。

表 2-6　　对偶问题的最优单纯形表

b_i			对偶问题的变量		对偶问题的剩余变量			θ_i
			15	24	5	0	0	
$b_{B'}$	$Y_{B'}$	c_j	y_1	y_2	y_3	y_4	y_5	
24	y_2	1/4	-4/5	1	0	-1/4	1/4	
5	y_3	1/2	15/2	0	1	1/2	-3/2	
$-W$		-17/2	15/2	0	0	7/2	3/2	

注：表 2-6 是以目标最小化为标准形式的单纯形法迭代结果

2.3　对偶问题的最优解的经济含义——影子价格

2.3.1　影子价格的定义

考虑如下的对称性对偶问题：

$$\text{原问题}(P):\quad \max Z=CX \quad \text{s.t.}\begin{cases}AX\leqslant b\\ X\geqslant 0\end{cases} \qquad \text{对偶问题}(D):\quad \min W=Yb \quad \text{s.t.}\begin{cases}YA\geqslant C\\ Y\geqslant 0\end{cases}$$

设 $X^*=(x_1^*,\ x_2^*,\ \cdots,\ x_n^*)^{\mathrm{T}}$，$Y^*=(y_1^*,\ y_2^*,\ \cdots,\ y_m^*)$ 分别为原问题和对偶问题的最优解，则由定理 4 可知：

$$Z^*=\sum_{j=1}^{n}c_jx_j^*=\sum_{i=1}^{m}b_iy_i^*$$

则由微分学的知识可知，在其他条件都不变的情况下，当某个常数项 b_i 发生微小变化，目标函数值的变化可表示为

$$\frac{\partial Z^*}{\partial b_i}=y_i^* \qquad (i=1,\ 2,\ \cdots,\ m)$$

这表明，当原问题的第 i 个约束条件的右端常数项 b_i 增加(或减少)一个单位时，最优目标函数值就增加(或减少) y_i^*。由此可见，对偶变量的最优值 y_i^* 可作为对一个单位的第 i 种资源在实现最大利润时所起作用的一种估价。注意到这种估价并不是它的市场销售价格，而是在一定的特定条件下，资源对最优目标所产生的边际作用。

定义 1　在一对对偶问题(P)和(D)中，若问题(P)的某个约束条件的右端项常数 b_i(第 i 种资源的拥有量)增加一个单位时，所引起目标函数最优值 Z^* 的改变量称为第 i 种资源的影子价格，其值等于问题(D)中对偶变量 y_i^*。

2.3.2　影子价格的经济意义

(1)影子价格是一种边际价格。

在其他条件不变的情况下，单位资源数量变化所引起的目标函数最优值的变化。

(2)影子价格是一种机会成本。

影子价格是在资源最优利用条件下对单位资源的估价，这种估价不是资源的市场销售价格，而是，若已知单位第 i 种资源的市场价格为 s_i，则当 $y_i^* > s_i$ 时，企业可买进这种资源，单位获利为 $y_i^* - s_i$，即有利可图；如果 $y_i^* < s_i$，则企业可卖出这种资源，单位获利 $s_i - y_i^*$，否则，企业无利可图，甚至亏损。因此，从这个角度来看，它是一种机会成本。

(3)影子价格是可变的。

影子价格的大小与企业的技术水平、工艺及管理水平等有关，对同一个企业而言，当系统状态发生变化时都可能会引起影子价格的变化。

(4)影子价格可以说明互补松弛性的经济意义。

根据互补松弛性定理，在得到最优解时，若某种资源未用完(即该约束为严格不等式约束)，其剩余量就是该约束中松弛变量的值(即松弛变量的值大于0)，则该资源的影子价格一定为0。这说明，在得到最优解时，该资源还有剩余，继续买进这种资源是不会带来任何效益的；反之，若某种资源的影子价格大于0，这表明该种资源在生产中已耗费完(即该约束为等式约束)，继续买进这种资源是会带来一定效益的。

(5)影子价格可解释单纯形表中检验数的经济意义。

单纯形表中的检验数为：$\sigma_j = c_j - C_B B^{-1} P_j = c_j - \sum_{i=1}^{m} a_{ij} y_i$，其中 c_j 表示第 j 种产品的价值系数；$\sum_{i=1}^{m} a_{ij} y_i$ 表示生产该种产品所消耗的各种资源的影子价格的总和，即产品的隐含成本。

由于资源有限，当安排生产某产品时，就必然会使其他产品减产甚至不生产，因此只有当价值系数大于隐含成本时，即 $\sigma_j > 0$，表明生产该产品有利，可在计划中安排；否则不能安排生产该产品，而用这些资源生产其他产品会更有利。

影子价格的经济意义，使得它在经济管理中的应用非常广泛，因此它也越来越受到人们的重视。

2.4 对偶单纯形法

2.4.1 对偶单纯形法的基本思路

对偶单纯形法是根据对偶原理和单纯形法的原理设计出来的，是求解线性规划的一种方法，而不是求解对偶问题的单纯形法。

在2.2节中讨论原问题与对偶问题的变量与解之间的对应关系时指出：在原问题的单纯形表中，b 列对应的是原问题的基可行解，而检验数行对应的是对偶问题的基解。通过迭代，当检验数行得到的对偶问题的基解也是可行解时，根据对偶理论可知，原问题与对偶问题都达到最优解。根据对偶问题的对称性，也可以这样考虑：若保持对偶问题的解是基可行解，即 $\sigma_N = c_N - C_B B^{-1} N \leqslant 0$，而原问题在非可行解(即至少存在某个 $(B^{-1}b)'_i < 0$)的基础上，通过迭代达到基可行解，这样也可得到最优解。这就是对偶单纯形法的基本

思路。

单纯形法与对偶单纯形法在基本思路上的主要区别是：

(1)单纯形法是在保证原问题的可行性条件(即 $B^{-1}b\geqslant0$) 下，让 $\sigma_N=c_N-C_BB^{-1}N$ 由有正分量逐渐变为所有分量小于或等于 0(即检验数行得到的是对偶问题的基可行解)；而对偶单纯形法是在保证原问题的最优性条件(即 $\sigma_N\leqslant0$)下，让原问题的解由不可行变为可行的(即让 $B^{-1}b$ 由有负分量逐渐变为所有分量大于或等于 0)。

(2)单纯形法的初始解是基可行解，对偶单纯形法的初始解虽是基解，但是不可行，而且在 $\sigma_N\leqslant0$ 时，不需要引入人工变量，就可进行基变换，使得计算被大大简化。

2.4.2　对偶单纯形法的计算步骤

(1)根据线性规划问题，列出初始对偶单纯形表，b 列的数字可以不是非负的，但检验数全部要求非正。

(2)确定换出变量。

若 b 列的数字全部都是非负的，则已得问题的最优解，停止计算；若 b 列的数字中有负数 b'_j，且 b'_j 所在行的各变量的系数 $a'_{ij}\geqslant0$，则问题无可行解，停止计算；如 b 列的数字中有负数 b'_j，但 b'_j 所在行的各变量的系数 a_{ij} 不全非负，则可按规则 $\min\limits_j\{b'_j\mid b'_j<0\}=b'_l$ 确定对应的基变量 x_l 为换出变量，转入下一步。

(3)确定换入变量。

在对偶单纯形表中，为了保证得到的对偶问题解仍为可行解，故仍需 $\sigma_N\leqslant0$，则按

$$\theta=\min_j\left(\frac{\sigma_j}{a'_{lj}}\mid a'_{lj}<0\right)=\frac{\sigma_k}{a'_{lk}}$$

所对应的列的非基变量 x_k 为换入变量，转入下一步。

(4)以 a'_{lk} 为主元素，用同于单纯形法的主元变换，在表中进行迭代运算，得到一个新的对偶单纯形表。转入步骤(2)。

【例 5】　用对偶单纯形法求解下列线性规划问题。

$$\min Z=9x_1+12x_2+15x_3$$

$$\text{s. t.}\begin{cases}2x_1+2x_2+x_3\geqslant10\\2x_1+3x_2+x_3\geqslant12\\x_1+x_2+5x_3\geqslant14\\x_i\geqslant0,\ i=1,\ 2,\ 3\end{cases}$$

解：先将模型转化为标准形式，再在约束方程的两端同乘-1，则可得

$$\max Z'=-9x_1-12x_2-15x_3$$

$$\text{s. t.}\begin{cases}-2x_1-2x_2-x_3+x_4=-10\\-2x_1-3x_2-x_3+x_5=-12\\-x_1-x_2-5x_3+x_6=-14\\x_i\geqslant0,\ i=1,\ 2,\ \cdots,\ 6\end{cases}$$

建立此问题的初始对偶单纯形表，如表 2-7 的第一部分所示。

第一次迭代，因 $\min\{b_1, b_2, b_3\}=\min\{-10, -12, -14\}=-14$，所以选 x_6 为换出变量。又因为 $\theta=\min\limits_{j}\left(\frac{-9}{-1}, \frac{-12}{-1}, \frac{-15}{-5}\right)=\frac{-15}{-5}=3$，所以选 x_3 为换入变量，则主元素为 x_6 所在的行与 x_3 所在的列的交叉元素 $a_{33}=-5$，作主元变换，结果如表 2-7 的第二部分所示。

由表 2-7 的第二部分可见，对偶问题仍可行(即检验数都小于或等于 0)，但 b 列的数字中仍有负数，故重复上述迭代步骤，结果如表 2-7 的第三、四部分所示。

表 2-7

c_j			-9	-12	-15	0	0	0
C_B	X_B	b	x_1	x_2	x_3	x_4	x_5	x_6
0	x_4	-10	-2	-2	-1	1	0	0
0	x_5	-12	-2	-3	-1	0	1	0
0	x_6	-14	-1	-1	[-5]	0	0	1
$-Z'$		0	-9	-12	-15	0	0	0
θ_j			-9/(-1)	-12/(-1)	-15/(-5)	—	—	–
0	x_4	-36/5	-9/5	-9/5	0	1	0	-1/5
0	x_5	-46/5	-9/5	[-14/5]	0	0	1	-1/5
-15	x_3	14/5	1/5	1/5	1	0	0	-1/5
$-Z'$		42	-6	-9	0	0	0	-3
θ_j			-6/(-9/5)	-9/(-14/5)	—	—	—	-3/(-1/5)
0	x_4	-9/7	[-9/14]	0	0	1	-9/14	-1/14
-12	x_2	23/7	9/14	1	0	0	-5/14	1/14
-15	x_3	15/7	1/14	0	1	0	1/14	-3/14
$-Z'$		501/7	-3/14	0	0	0	-45/14	-33/14
θ_j			-3/(-9)	—	—	—	-45/(-9)	-33/(-1)
-9	x_4	2	1	0	0	-14/9	1	1/9
-12	x_2	2	0	1	0	1	-1	0
-15	x_3	2	0	0	1	1/9	0	-2/9
$-Z'$		72	0	0	0	-1/3	-3	-7/3

观察上述最后一个表可知，b 列的数字没有负数，检验数全部非正，故原问题的最优解为 $X^*=(2, 2, 2, 0, 0, 0)^{\mathrm{T}}$，最优值为 $Z^*=72$。

如该问题的三个约束条件的对偶变量分别为 y_1，y_2，y_3，则对偶问题的最优解为：$Y^*=\left(\frac{1}{3}, 3, \frac{7}{3}\right)$。

2.4.3　对偶单纯形法的进一步说明

(1) 对偶单纯形法是求解一般线性规划的一种方法，而不是求所给问题的对偶问题的方法。

(2) 初始对偶单纯形表中一定要满足对偶问题可行，也就是说检验数要求全部小于或等于 0。

(3) 对偶单纯形法与普通单纯形法的换基顺序不一样，普通单纯形法是先确定换入变量后确定换出变量，对偶单纯形法则是先确定换出变量后确定换入变量。

(4) 普通单纯形法的最小比值是：$\min\limits_{i}\left\{\frac{b'_i}{a'_{ik}} \mid a'_{ik}>0\right\}$，其目的是保证下一个原问题的基本解可行；对偶单纯形法的最小比值是：$\theta=\min\limits_{j}\left(\frac{\sigma_j}{a'_{lj}} \mid a'_{lj}<0\right)$，其目的是保证下一个对偶问题的基解可行。

(5) 对偶单纯形法在确定出基变量时，若不遵循 $b'_l=\min\{b'_i \mid b'_i<0\}$ 规则，任选一个小于零的 b'_i 对应的基变量出基，并不影响计算结果，只是迭代次数可能不一样。

(6) 当变量多于约束条件时，对这样的线性规划问题，用对偶单纯形法计算可以减少计算工作量，因此对变量较少，而约束条件很多的线性规划问题，可先将它变换成对偶问题，然后用对偶单纯形法求解。

(7) 在灵敏度分析及求解整数规划的割平面法中，有时需要用对偶单纯形法，这样可使问题的处理简化。

(8) 对偶单纯形法的局限性主要是，对大多数线性规划问题，很难找到一个初始可行基，因而这种方法在求解线性规划问题时很少单独应用。

2.5　灵敏度分析

在前面讨论线性规划问题时，一般总假定 a_{ij}，c_j，b_i 都是常数。但实际生产中这些系数有时很难确定，因此只能根据经验或历史数据给出它们的估计值或预测值。同时这些系数还是不断变化的，如果按照初始的估计值制定了最优的方案，而在计划实施前或实施中，许多相关条件发生了变化，则决策者就会关心目前执行的方案还是不是最优的，如果不是最优的，该如何修改原订的方案。更进一步，为了所谓“计划不如变化快”，决策者希望预先了解，当各种因素变化时，应该如何作出反应。综上所述，就是要解决下列两个问题：

(1) 当系数 a_{ij}，c_j，b_i 中有一个或几个发生变化时，已求得的线性规划问题的最优解(或最优基)还是不是最优的？

(2) 系数 a_{ij}，c_j，b_i 在什么范围内变化时，线性规划问题的最优解(或最优基)不变。

上述两类问题就是灵敏度分析问题。

显然，当系数 a_{ij}，c_j，b_i 中某一个或几个系数发生变化后，原来已得结果一般会发生变化。当然可以用单纯形法重新再计算，以得到新的最优解。但这样做不仅很麻烦，而且也没有必要。在单纯形法的矩阵描述中，我们已看到单纯形法迭代时，每次运算都与基矩阵 B 有关(可见表 1-15)，因此可以只把发生变化的个别系数，经过一定计算后直接填入原最优单纯形表中，再进行检查和分析，然后按表 2-8 中的几种情况进行处理即可。

表 2-8

原问题	对偶问题	结论或继续计算的步骤
可行解	可行解	原最优单纯形表中的解仍为最优解
可行解	非可行解	在原最优单纯形表中用单纯形法继续迭代
非可行解	可行解	原最优单纯形表中用对偶单纯形法继续迭代
非可行解	非可行解	引进人工变量，编制新的单纯形表

以后为了讨论的简化，总假设系数的变化不是同时的，即每次只有一种系数中的某一个或某一些发生变化，而其他所有系数都保持不变。

2.5.1 单个价值系数 c_j 的变化分析

下面就 c_j 分别是非基变量和基变量的系数两种情况来讨论。

1. c_j 是非基变量 x_j 的系数

由表 1-15 可知，非基变量 x_j 的系数 c_j 发生变化只影响它自己的检验数，但不会影响可行性条件(即 $B^{-1}b \geqslant 0$)和其他所有非基变量的检验数。

因为非基变量 x_j 在表中的检验数是

$$\sigma_j = c_j - C_B B^{-1} P_j$$

当 c_j 变化 Δc_j 时，要保证原最优单纯形表中的最优解不变，则这个检验数仍必须小于或等于零，即

$$\sigma'_j = c_j + \Delta c_j - C_B B^{-1} P_j = \sigma_j + \Delta c_j \leqslant 0$$

则 Δc_j 的可变范围是

$$\Delta c_j \leqslant C_B B^{-1} P_j - c_j = -\sigma_j$$

当 Δc_j 的变化超出上述范围时，即有 $\sigma'_j > 0$，故原最优单纯形表中的最优解就不再是最优的，此时要选择 x_j 为换入变量，再继续用单纯形法迭代以求出新的最优解。

2. c_i 是基变量 x_i 的系数

由表 1-15 可知，基变量 x_i 的系数 c_i 发生变化会影响所有非基变量的检验数，但不会影响可行性条件。

因为所有非基变量的检验数为

$$\sigma_N = C_N - C_B B^{-1} N$$

当 c_i 变化 Δc_i 时，要保证原最优单纯形表中的最优解不变，则所有非基变量的检验数仍必须小于或等于零，即

$$\sigma'_N = C_N - C'_B B^{-1} N = C_N - (C_B + \Delta C_B) B^{-1} N = C_N - C_B B^{-1} N - \Delta C_B B^{-1} N$$
$$= \sigma_N - (0, \cdots, 0, \Delta c_i, 0, \cdots, 0) B^{-1} N = \sigma_N - \Delta c_i a'_{il} \leqslant 0$$

则 Δc_i 的可变范围是

$$\max_l \left\{ \frac{\sigma_l}{a'_{il}} \mid a'_{il} > 0 \right\} \leqslant \Delta c_i \leqslant \min_l \left\{ \frac{\sigma_l}{a'_{il}} \mid a'_{il} < 0 \right\}。$$

式中：下标 l 属于与非基矩阵 N 对应的变量的下标集合。

当 Δc_i 的变化超出上述范围时，即 σ'_N 有正分量，故原最优单纯形表中的最优解就不再是最优的，此时要按 $\max_j \{\sigma_j \mid \sigma_j > 0\}$ 选择换入变量，再继续用单纯形法迭代以求出新的最优解。

【例 6】　已知某线性规划问题：

$$\max Z = 2x_1 + 3x_2$$
$$\text{s. t.} \begin{cases} x_1 + 2x_2 \leqslant 8 \\ 4x_1 \leqslant 16 \\ 4x_2 \leqslant 12 \\ x_1, x_2 \geqslant 0 \end{cases}$$

的最优单纯形表如表 2-9 所示。

表 2-9

c_j			2	3	0	0	0
C_B	X_B	b	x_1	x_2	x_3	x_4	x_5
2	x_1	4	1	0	0	1/4	0
0	x_5	4	0	0	−2	1/2	1
3	x_2	2	0	1	1/2	−1/8	0
$-Z$		−14	0	0	−3/2	−1/8	0

如基变量 x_1 的系数 c_1 变化 Δc_1，问当 Δc_1 在什么范围内变化时可保证原最优解不变。

解：由题意，表 2-9 可改为表 2-10。

表 2-10

c_j			$2+\Delta c_1$	3	0	0	0
C_B	X_B	b	x_1	x_2	x_3	x_4	x_5
$2+\Delta c_1$	x_1	4	1	0	0	1/4	0
0	x_5	4	0	0	−2	1/2	1
3	x_2	2	0	1	1/2	−1/8	0
$-Z$		$-14-4\Delta c_1$	0	0	−3/2	$-\Delta c_1/4-1/8$	0

若保持原最优解不变，从表 2-10 的检验数行可见应有

$$-\frac{\Delta c_1}{4}-\frac{1}{8}\leqslant 0$$

由此可得 Δc_1 的变化范围为

$$\Delta c_1\geqslant -\frac{1}{2}$$

即 x_1 的价值系数 c_1 可以在$\left[\frac{3}{2},+\infty\right)$之间变化，而不会影响原最优解。

2.5.2　单个资源系数 b_i 的变化分析

由表 1-15 可知，资源系数 b_r 发生变化会影响可行性条件（即不能保证 $B^{-1}b\geqslant 0$），同时会影响到最优解及最优目标值，但不会影响最优性条件（即 $\sigma_N=C_N-C_BB^{-1}N\leqslant 0$）。

当 b_r 变化 Δb_r 时，要保证原最优单纯形表中的最优基不变（此时最优解一定会变），则必须使 $B^{-1}b'\geqslant 0$，即

$$B^{-1}b'=B^{-1}(b+\Delta b)=B^{-1}b+B^{-1}\Delta b=B^{-1}b+B^{-1}\begin{pmatrix}0\\ \vdots\\ \Delta b_r\\ \vdots\\ 0\end{pmatrix}\leqslant 0$$

如记：

$$B^{-1}\begin{pmatrix}0\\ \vdots\\ \Delta b_r\\ \vdots\\ 0\end{pmatrix}=\begin{pmatrix}\bar{a}_{1r}\Delta b_r\\ \vdots\\ \bar{a}_{ir}\Delta b_r\\ \vdots\\ \bar{a}_{mr}\Delta b_r\end{pmatrix}=\Delta b_r\begin{pmatrix}\bar{a}_{1r}\\ \vdots\\ \bar{a}_{ir}\\ \vdots\\ \bar{a}_{mr}\end{pmatrix}$$

则 Δb_r 的可变范围是

$$\max_i\left\{-\frac{\bar{b}_i}{\bar{a}_{ir}}\mid \bar{a}_{ir}>0\right\}\leqslant\Delta b_r\leqslant\min_i\left\{-\frac{\bar{b}_i}{\bar{a}_{ir}}\mid \bar{a}_{ir}<0\right\}$$

当 Δb_r 的变化超出上述范围，即 $B^{-1}b'$有负分量 b'_i 时，原最优单纯形表中的最优解就不再是最优的，此时要按$\min\limits_i\{b'_i\mid b'_i<0\}$选择换出变量，再用对偶单纯形法迭代以求出新的最优解。

【例 7】　在例 6 中要保证原最优单纯形表中的最优基不变，求第一个约束条件右端的资源系数 b_1 的变化范围。

解：利用最优单纯形表 2-9 中的数据，可得

$$B^{-1}b+B^{-1}\begin{pmatrix}\Delta b_1\\ 0\\ 0\end{pmatrix}=\begin{pmatrix}4\\ 4\\ 2\end{pmatrix}+\begin{pmatrix}0 & 1/4 & 0\\ -2 & 1/2 & 1\\ 1/2 & -1/8 & 0\end{pmatrix}\begin{pmatrix}\Delta b_1\\ 0\\ 0\end{pmatrix}=\begin{pmatrix}4\\ 4\\ 2\end{pmatrix}+\begin{pmatrix}0\\ -2\\ 1/2\end{pmatrix}\Delta b_1\geqslant\begin{pmatrix}0\\ 0\\ 0\end{pmatrix}$$

则 Δb_1 的可变范围是

$$\max_i\left\{\begin{matrix}-\frac{2}{1} \\ \frac{2}{2}\end{matrix}\right\}\leqslant \Delta b_r\leqslant \min_i\left\{-\frac{4}{-2}\right\}$$

即

$$-4\leqslant \Delta b_1\leqslant 2。$$

再由 $b_1=8$，得 b_1 的变化范围是[4，10]。

【例 8】 设例 6 是一个合理利用三种资源来生产产品Ⅰ，Ⅱ的问题。则从它的最优表(表 2-9)可知，第一种资源的影子价格为 1.5 元，若从其他处又抽调 6 个单位的第一种资源用于生产产品Ⅰ，Ⅱ。求此时该厂生产产品Ⅰ，Ⅱ的最优方案。

解：先计算 $B^{-1}\Delta b$，然后将结果反映到最优单纯形表 2-9 中，得表 2-11。

$$B^{-1}\Delta b=\begin{pmatrix}0 & 1/4 & 0\\ -2 & 1/2 & 1\\ 1/2 & -1/8 & 0\end{pmatrix}\begin{pmatrix}6\\0\\0\end{pmatrix}=\begin{pmatrix}0\\-12\\3\end{pmatrix}$$

表 2-11

	c_j		2	3	0	0	0
C_B	X_B	b	x_1	x_2	x_3	x_4	x_5
2	x_1	4+0	1	0	0	1/4	0
0	x_5	4−12	0	0	[−2]	1/2	1
3	x_2	2+3	0	1	1/2	−1/8	0
$-Z$		−23	0	0	−3/2	−1/8	0
	θ_j		—	—	(−3/2)/(−2)	—	—

由于表 2-11 中 b 列有负数，故用对偶单纯形法求新的最优解。计算结果见表 2-12。

表 2-12

	c_j		2	3	0	0	0
C_B	X_B	b	x_1	x_2	x_3	x_4	x_5
2	x_1	4	1	0	0	1/4	0
0	x_3	4	0	0	1	−1/4	[−1/2]
3	x_2	3	0	1	0	0	1/4
$-Z$		−17	0	0	0	−1/2	−3/4

即该厂最优生产方案应改为生产 4 件产品Ⅰ，3 件产品Ⅱ，获利 $Z^*=17$。从上表还可看到 $x_3=4$，说明第一种资源还有 4 个单位未被利用。

2.5.3 多个价值系数或资源系数的变化分析

当两个或更多的同一种系数发生变化时，用前面讨论的方法进行灵敏度分析显然不合理，为此，下面介绍一个百分之一百法则。

设保证原问题的最优解(或最优基)不变的某个价值系数(或资源系数)的变化范围是区间[a，b]，则称a，b分别为该系数变化的上、下限。把原问题的模型中该系数的值叫做当前值，则称上限与当前值的差为该系数的允许增加量，称当前值与下限的差为该系数的允许减少量。又称该系数实际增加量(或减少量)除以该系数的允许增加量(或允许减少量)所得到的值为允许增加百分比(或允许减少百分比)。

价值系数的百分之一百法则：对于所有变化的价值系数，当其所有允许增加百分比和减少百分比之和不超过百分之一百时，最优解不变。

资源系数的百分之一百法则：对于所有变化的资源系数，当其所有允许增加百分比和减少百分比之和不超过百分之一百时，其对偶价格不变。

注：对偶价格不等同于影子价格。影子价格是当约束条件右端常数项增加一个单位时，最优目标函数值增加的数量；对偶价格是当约束条件右端常数项增加一个单位时，最优目标函数值改进的数量。由此，在求目标函数的最大值问题中，增加的数量就是改进的数量，即影子价格等于对偶价格；在求目标函数的最小值问题中，改进的数量是减少的数量，即影子价格等于对偶价格的相反数。

【例 9】 在例 6 中如 x_1 的价值系数 c_1 由 2 变为 1.8，x_2 的价值系数 c_2 由 3 变为 3.5，则表 2-9 中的最优解是否变化?

解：例 6 已得到 c_1 可以在$[\frac{3}{2}, +\infty)$之间变化而原最优解不变。同理分析可得 x_2 的价值系数 c_2 可以在[0，4]之间变化而原最优解不变，则有

$$\frac{2-1.8}{2-\frac{3}{2}}+\frac{3.5-3}{4-3}=90\%<100\%$$

所以由百分之一百法则知，原最优解不变。

下面把 c_1 和 c_2 的变化反映到表 2-9，并重新计算检验数，可得表 2-13，可见最优解不变。

表 2-13

c_j			1.8	3.5	0	0	0
C_B	X_B	b	x_1	x_2	x_3	x_4	x_5
1.8	x_1	4	1	0	0	1/4	0
0	x_5	4	0	0	−2	1/2	1
3.5	x_2	2	0	1	1/2	−1/8	0
$-Z$		−14.2	0	0	−3.5/2	−0.1/8	0

用百分之一百法则进行灵敏度分析时，要注意下面几点：

(1)当允许增加量(或减少量)为无穷大时，对于任何一个实际增加量(或减少量)，其允许增加(或减少)的百分比都看做零。

(2)百分之一百法则不能用来讨论当价值系数和资源系数同时变化的情形。遇到这种情形，须把改变后的系数带回表中，重新求解。

(3)百分之一百法则只是一个充分条件，即当其所有允许增加百分比和减少百分比之和不超过100%时，最优解或对偶价格不变；如超过了100%，这时最优解或对偶价格是否变化不能确定。

2.5.4　技术系数 a_{ij} 的变化分析

设 $A=(B\ ,\ N)$，下面根据 a_{ij} 在 A 中所处位置的不同，分两种情况来讨论。

1. 非基变量 x_j 的系数列向量 P_j 的变化

由表1-15可知，非基变量 x_j 的系数列向量 P_j 发生变化只影响它自己的检验数，但不会影响可行性条件(即 $B^{-1}b\geqslant 0$)和其他所有非基变量的检验数。

因为非基变量 x_j 在表中的检验数是

$$\sigma_j=c_j-C_BB^{-1}P_j$$

当 P_j 变化 ΔP_j，要保证原最优单纯形表中的最优解不变，则这个检验数仍必须小于或等于零，即

$$\sigma'_j=c_j-C_BB^{-1}P'_j=c_j-C_BB^{-1}(P_j+\Delta P_j)=\sigma_j-C_BB^{-1}\Delta P_j\leqslant 0,$$

则 ΔP_j 的可变范围是

$$C_BB^{-1}\Delta P_j\geqslant\sigma_j$$

当 ΔP_j 的变化超出上述范围，即有 $\sigma'_j>0$，故原最优单纯形表中的最优解就不再是最优的，此时要选择 x_j 为换入变量，再继续用单纯形法迭代以求出新的最优解。

【例 10】　已知线性规划问题：

$$\max Z=7x_1+3x_2+2x_3$$

$$\text{s.t.}\begin{cases}3x_1+9x_2+x_3+x_4=540\\5x_1+5x_2+2x_3+x_5=450\\9x_1+3x_2+3x_3+x_6=720\\x_j\geqslant 0\quad j=1,\ 2,\ 3,\ 4,\ 5\end{cases}$$

的最优单纯形表如表2-14所示。

如非基变量 x_3 的系数列向量 $P_3=(1,\ 2,\ 3)^{\mathrm{T}}$ 变为 $P'_3=(1,\ 5,\ 3)^{\mathrm{T}}$，则

$$\begin{aligned}\sigma'_3&=c_3-C_BB^{-1}P'_3\\&=2-(0,\ 3,\ 7)\begin{pmatrix}1&-\frac{12}{5}&1\\0&\frac{3}{10}&\frac{-1}{6}\\0&\frac{-1}{10}&\frac{1}{6}\end{pmatrix}\begin{pmatrix}1\\5\\3\end{pmatrix}=-1<0\end{aligned}$$

表 2-14

c_j			7	3	2	0	0	0
C_B	X_B	b	x_1	x_2	x_3	x_4	x_5	x_6
0	x_4	180	0	0	−4/5	1	−12/5	1
3	x_2	15	0	1	1/10	0	3/10	−1/6
7	x_1	75	1	0	3/10	0	−1/10	1/6
$-Z$		−570	0	0	−2/5	0	−3/10	−2/3

故最优解不变。

2. 基变量 x_j 的系数列向量 P_j 的变化

由表 1-15 可知，基变量 x_j 的系数列向量 P_j 发生变化会影响可行性条件(主要是对基 B 和基的逆矩阵 B^{-1} 有影响)，同时还影响最优性条件。一般会产生下面几种情况：

设 B 变为 B'，则 B^{-1} 变为 B'^{-1}，$\sigma_N=C_N-C_BB^{-1}N$ 变为 $\sigma'_N=C_N-C_BB'^{-1}N$。

(1)如 $B'^{-1}b\geqslant 0$，且 $\sigma'_N\leqslant 0$，则基 B' 为最优基，解 $B'^{-1}b$ 为最优解。

(2)如 $B'^{-1}b\geqslant 0$，但 σ'_N 中有正分量，则解 $B'^{-1}b$ 不是最优解，只是基可行解，这时需要用单纯形法继续迭代，以找出新的最优解。

(3)如 $\sigma'_N\leqslant 0$，但 $B'^{-1}b$ 中有负分量，则解 $B'^{-1}b$ 只是基解，这时需要用对偶单纯形法继续迭代，以找出新的最优解。

(4)如 $B'^{-1}b$ 中有负分量，且 σ'_N 中有正分量，则解 $B'^{-1}b$ 只是基解且不能满足对偶可行性，这时需要从头开始计算。

下面用具体的例子来说明。

【例 11】　在例 6 中若原计划生产产品 I 的工艺结构有了改进，这时有关它的技术系数向量变为 $P'_1=(2,5,2)^{\mathrm{T}}$，试分析对原最优计划有什么影响？

解：由题意，可得

$$B'^{-1}b=\begin{pmatrix}0 & 1/5 & 0\\ -2 & 2/5 & 1\\ 1/2 & -1/5 & 0\end{pmatrix}\begin{pmatrix}8\\16\\12\end{pmatrix}=\begin{pmatrix}16/5\\12/5\\4/5\end{pmatrix}>0$$

同时可计算出所有非基变量的检验数为

$$\sigma'_N=C_N-C_BB'^{-1}N=(0,\ 0)-(2,\ 0,\ 3)\begin{pmatrix}0 & 1/5 & 0\\ -2 & 2/5 & 1\\ 1/2 & -1/5 & 0\end{pmatrix}\begin{pmatrix}1 & 0\\0 & 1\\0 & 0\end{pmatrix}=(\frac{-3}{2},\ \frac{1}{5})$$

由于 σ'_N 中有正分量，则最优解要改变。

将以上计算结果填入最终表 2-9 中，得到表 2-15，继续用单纯形法迭代的过程及结果见表 2-15 第二部分所示。

表 2-15

c_j			2	3	0	0	0	θ
C_B	X_B	b	x_1	x_2	x_3	x_4	x_5	
2	x_1	16/5	1	0	0	1/5	0	16
0	x_5	12/5	0	0	−2	[2/5]	1	6
3	x_2	4/5	0	1	1/2	−1/5	0	—
$-Z$		−44/5	0	0	−3/2	1/5	0	
2	x_1	2	1	0	1	0	−1/2	
0	x_4	6	0	0	−5	1	5/2	
3	x_2	2	0	1	−1/2	0	1/2	
$-Z$		−10	0	0	−1/2	0	−1/2	

表 2-15 表明原问题和对偶问题的解都是可行解。所以表中的结果已是最优解。

【例 12】 假设例 6 的产品Ⅰ的技术系数向量变为 $P'_1=(4,\ 5,\ 2)^{\mathrm{T}}$，试问该厂应如何安排最优生产方案？

解： 方法与例 11 相同，计算可得

$$B'^{-1}b=\begin{pmatrix}0 & 1/5 & 0\\ -2 & 6/5 & 1\\ 1/2 & -2/5 & 0\end{pmatrix}\begin{pmatrix}8\\16\\12\end{pmatrix}=\begin{pmatrix}16/5\\76/5\\-12/5\end{pmatrix}$$

$$\sigma'_N=C_N-C_BB'^{-1}N=(0,\ 0)-(2,\ 0,\ 3)\begin{pmatrix}0 & 1/5 & 0\\ -2 & 6/5 & 1\\ 1/2 & -2/5 & 0\end{pmatrix}\begin{pmatrix}1 & 0\\ 0 & 1\\ 0 & 0\end{pmatrix}=\left(\frac{-3}{2},\ \frac{4}{5}\right)$$

可见 $B'^{-1}b$ 中有负分量，且 σ'_N 中有正分量，这时需要从头开始计算。(请读者自己考虑)

2.5.5 增加新变量的灵敏度分析

【例 13】 分析在原最优计划的基础上是否应该增加一种新产品。

设在例 6 对应的问题中，该厂除了生产产品Ⅰ，Ⅱ外，现有一种新产品Ⅲ。已知生产产品Ⅲ，每件需消耗三种原材料的数量分别为 2，6，3；每件可获利 5 元。问该厂是否应生产该产品？若生产产品Ⅲ，如何安排生产可使该厂的利润最大？

解： 该类问题的分析步骤为

(1) 计算新产品在原线性规划问题的最优单纯形表中的检验数。

设生产产品Ⅲ为 x'_3 件，其技术系数向量 $P'_3=(2,\ 6,\ 3)^{\mathrm{T}}$，然后计算原最优单纯形表中对应 x'_3 的检验数：

$$\sigma'_3=c_3-C_BB^{-1}P'_3=5-(2,\ 0,\ 3)\begin{pmatrix}0 & 1/4 & 0\\ -2 & 1/2 & 1\\ 1/2 & -1/8 & 0\end{pmatrix}\begin{pmatrix}2\\6\\3\end{pmatrix}=1.25>0$$

说明安排生产产品Ⅲ是有利的。

(2)计算产品Ⅲ在原最优单纯形表中对应 x'_3 的列向量。

$$B^{-1}P'_3=\begin{pmatrix}0 & 1/4 & 0\\ -2 & 1/2 & 1\\ 1/2 & -1/8 & 0\end{pmatrix}\begin{pmatrix}2\\6\\3\end{pmatrix}=\begin{pmatrix}3/2\\2\\1/4\end{pmatrix}$$

并将(1),(2)中的计算结果填入最优单纯形表,得到表 2-16。

表 2-16

c_j			2	3	0	0	0	5
C_B	X_B	b	x_1	x_2	x_3	x_4	x_5	x'_3
2	x_1	4	1	0	0	1/4	0	3/2
0	x_5	4	0	0	−2	1/2	1	[2]
3	x_2	2	0	1	1/2	−1/8	0	1/4
$-Z$		−14	0	0	−3/2	−1/8	0	1. 25

由于 b 列的数字没有变化,故原问题的解是可行解。但检验数行中有 $\sigma'_3=1.25>0$,说明目标函数值还可以改善。

(3) 利用单纯形法迭代,找出新的最优解。

以 x'_3 为换入变量,x_5 为换出变量,进行迭代,计算过程及结果见表 2-17。

表 2-17

c_j			2	3	0	0	0	5
C_B	X_B	b	x_1	x_2	x_3	x_4	x_5	x'_3
2	x_1	1	1	0	3/2	−1/8	−3/4	0
5	x'_3	2	0	0	−1	1/4	1/2	1
3	x_2	3/2	0	1	3/4	−3/16	−1/8	0
$-Z$		−33/2	0	0	−1/4	−7/16	−5/8	0

由表 2-17 可见新的最优解为 $x_1=1$,$x_2=1.5$,$x'_3=2$。总的利润为 16. 5。比原计划增加了 2. 5。

2. 5. 6 增加新约束条件的灵敏度分析

增加新的约束条件,是指原本对某种资源没有限制,但情况变化后,需要对它有所限制,或是为了提高质量而又增加了一道工序。有时在问题的讨论中,为了计算简便,会将某些次要约束暂不考虑,把主要约束构成的问题的最优解求出后,再一一地将暂未考虑的次要约束加入其中考虑。

当增加一个新的约束条件,原可行域只可能缩小或保持不变,因此,可把原最优解代入这个新的约束条件中，若能满足该约束，则原最优解仍为新问题的最优解。否则，需要再求新的最优解。

【例 14】 在例 6 中，若增加一个新的资源约束条件：$4x_1+7x_2\leqslant 24$，问原有的最优解还是最优的吗？若不是，求出新的最优解。

解：由表 2-9 知，原最优解为 $x_1=4$，$x_2=2$，将其代入新增约束条件的左端，有 $4x_1+7x_2=4\times4+7\times2=30>24$，故原最优解要发生变化。在新增约束条件中增加松弛变量 x_6，将其转化为等式约束：$4x_1+7x_2+x_6=24$，然后将其加入表 2-9，并指定 x_6 为基变量，则可得到表 2-18。

表 2-18

	c_j		2	3	0	0	0	0
C_B	X_B	b	x_1	x_2	x_3	x_4	x_5	x_6
2	x_1	4	1	0	0	1/4	0	0
0	x_5	4	0	0	−2	1/2	1	0
3	x_2	2	0	1	1/2	−1/8	0	0
0	x_6	24	4	7	0	0	0	1
$-Z$		−14	0	0	−3/2	−1/8	0	0

因为 x_1，x_2 为基变量，所以应将表 2-18 中的 a_{41}，a_{42} 位置上的数字化为 0，则可得 2-19。

表 2-19

	c_j		2	3	0	0	0	0
C_B	X_B	b	x_1	x_2	x_3	x_4	x_5	x_6
2	x_1	4	1	0	0	1/4	0	0
0	x_5	4	0	0	−2	1/2	1	0
3	x_2	2	0	1	1/2	−1/8	0	0
0	x_6	−6	0	0	−7/2	−1/8	0	1
$-Z$		−14	0	0	−3/2	−1/8	0	0

由表 2-19 知，$b'_4=-6$，$\sigma_N\leqslant 0$，故下面需用对偶单纯形法迭代，其中 x_6 为换出变量，由 $\theta=\min\left\{\frac{-3/2}{-7/2},\ \frac{-1/8}{-1/8}\right\}=\frac{3}{7}$知，$x_3$ 为换入变量，则主元为−7/2，则主元变换可得表 2-20，可见已得到新的最优解。

表 2-20

c_j			2	3	0	0	0	0
C_B	X_B	b	x_1	x_2	x_3	x_4	x_5	x_6
2	x_1	4	1	0•	0	1/4	0	0
0	x_5	52/7	0	0	0	4/7	1	−4/7
3	x_2	8/7	0	1	0	−1/7	0	1/7
0	x_3	12/7	0	0	1	1/28	0	−2/7
−Z		−80/7	0	0	0	−1/14	0	−3/7

2.6　软件求解结果分析

在 1.9 节，已经介绍了四种可求解线性规划的软件操作方法，本章主要是针对软件求解结果中有关灵敏度分析的内容进行一些分析说明。

2.6.1　“管理运筹学”2.0 软件求解结果分析

由 1.9 节可知，用“管理运筹学”2.0 软件求解例 22 中的线性规划模型的结果如图 2-1 所示。

(1)相差值：该数值表示相应决策变量的目标系数需要改进的数量，使得该变量的值可能从 0 变为正数，当决策变量的值已为正数时，相差值为零。

例如由图 2-1 知，$x_1=0$，x_1 的相差值为 2.4，则只有当产品 1 的利润再提高 2.4 元，即达到 6+2.4=8.4(元)时，产品 1 才可能生产，即 x_1 的值可能从 0 变为正数。

对于求目标最小化的线性规划问题，所谓的改进实际上是要求使其对应决策变量的目标系数减少其相差值。

(2)松弛/剩余变量：该数值表示还有多少资源没有被使用。如果为零，表示与之相对应的资源已经全部用完；反之，表示与之相对应的资源还有剩余。

例如由图 2-1 知，劳动力资源已全部使用完，但原料还剩余有 363.867 磅没被使用。

(3)对偶价格：该数值表示当约束条件右端常数项增加一个单位时，最优目标函数值改进的数量。

例如由图 2-1 知，劳动力资源已全部使用完，每小时的劳动力资源的对偶价格为 1.4 元，即再增加 1 小时的劳动力，可使总利润增加 1.4 元。而原料还剩余 363.867 磅没被使用，原料的对偶价格必定为 0，即增加 1 磅原料也不会使总利润增加。因此，为了提高公司的利润，公司可考虑再增加劳动力资源的投入。

(4)目标函数系数范围：表示相应的目标函数系数在下限值和上限值之间变化时，问

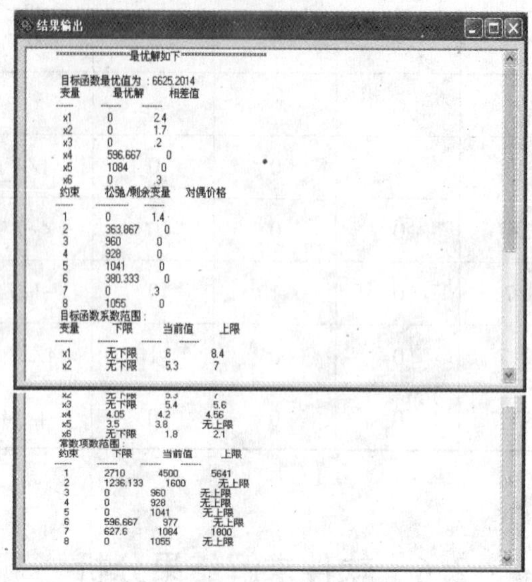

图 2-1

题的最优解不变。当前值指的是目标函数中变量的当前系数值。

例如由图 2-1 知，变量 x_1 的系数 c_1 的变化范围为$(-\infty, 8.4]$，c_1 的当前值为 6，当 c_1 从 6 变为 8 时，可知最优解不变，即当 $x_1=x_2=x_3=x_6=0$，$x_4=596.667$，$x_5=1084$ 时，有最大利润，由于 $x_1=0$，故最大利润仍是 6625.2014。同理，可见变量 x_4 的系数 c_4 的变化范围为$[4.05, 4.56]$，c_4 的当前值为 4.2，当 c_4 从 4.2 变为 4.5 时，可知最优解不变，即当 $x_1=x_2=x_3=x_6=0$，$x_4=596.667$，$x_5=1084$ 时，有最大利润，但最大利润变为

$$6\times0+5.3\times0+5.4\times0+4.5\times596.667+3.8\times1084+1.8\times0=6804.2015$$

(5)常数项范围：表示相应的约束条件右端常数项在下限值和上限值之间变化时，该约束条件的对偶价格不变。

例如由图 2-1 知，劳动力资源系数 b_1 的变化范围为$[2710, 5641]$，b_1 的当前值为 4500，当 b_1 从 4500 变为 4000 时，可知劳动力资源的对偶价格不变。

注：上述的目标函数系数范围和常数项范围，都是在有且仅有一个系数变化，而其他系数都保持不变的情况下得出的。

下文中和前面符号意义相同的，不再一一具体解释。

2.6.2 Excel 求解结果分析

由 1.9 节可知，用 Excel 软件求解例 22 中的线性规划模型的结果有三个图。下面只就"运算结果报告"和"敏感性报告"两个图进行说明。

图 2-2 中的"型数值"，前半部分分别表示对应资源等约束条件中的松弛/剩余变量的数值，后半部分分别表示对应变量的非负约束条件中的松弛/剩余变量的数值。

图 2-3 中的"可变单元格"栏中的"终值"给出最优解，"递减梯度"给出的是相应变量的

Microsoft Excel 11.0 运算结果报告
工作表 [新建 Microsoft Excel 工作表.xls]Sheet1
报告的建立: 2008-4-7 1:59:06

目标单元格 (最大值)

单元格	名字	初值	终值
$J$2	利润	#VALUE!	6625.2

可变单元格

单元格	名字	初值	终值
$J$5	产品1产量	0	0
$J$6	产品2产量	0	0
$J$7	产品3产量	0	0
$J$8	产品4产量	0	596.6666667
$J$9	产品5产量	0	1084
$J$10	产品6产量	0	0

约束

单元格	名字	单元格值	公式	状态	型数值
$J$3	劳动力	4500	$J$3<=$H$3	到达限制值	0
$J$4	原料	1236.133333	$J$4<=$H$4	未到限制值	363.8666667
$J$5	产品1产量	0	$J$5<=$B$6	未到限制值	960
$J$6	产品2产量	0	$J$6<=$C$6	未到限制值	928
$J$7	产品3产量	0	$J$7<=$D$6	未到限制值	1041
$J$8	产品4产量	596.6666667	$J$8<=$E$6	未到限制值	380.3333333
$J$9	产品5产量	1084	$J$9<=$F$6	到达限制值	0
$J$10	产品6产量	0	$J$10<=$G$6	未到限制值	1055
$J$5	产品1产量	0	$J$5>=0	到达限制值	0
$J$6	产品2产量	0	$J$6>=0	到达限制值	0
$J$7	产品3产量	0	$J$7>=0	到达限制值	0
$J$8	产品4产量	596.6666667	$J$8>=0	未到限制值	596.6666667
$J$9	产品5产量	1084	$J$9>=0	未到限制值	1084
$J$10	产品6产量	0	$J$10>=0	到达限制值	0

图 2-2

目标函数系数在当前值的基础上还差该数值大小，才可能使该变量的值从 0 变为正数，即“递减梯度”数值的绝对值就是前面所讲的“相差值”。“约束”栏中的“终值”给出的是达到最优时，资源的实际使用量值，“拉格朗日乘数”给出的值意义同前面所讲的“对偶价格”。

Microsoft Excel 11.0 敏感性报告
工作表 [新建 Microsoft Excel 工作表.xls]Sheet1
报告的建立: 2008-4-7 1:59:06

可变单元格

单元格	名字	终值	递减梯度
$J$5	产品1产量	0	-2.399999619
$J$6	产品2产量	0	-1.700004069
$J$7	产品3产量	0	-0.199997648
$J$8	产品4产量	596.6666667	0
$J$9	产品5产量	1084	0.300000111
$J$10	产品6产量	0	-0.300004125

约束

单元格	名字	终值	拉格朗日乘数
$J$3	劳动力	4500	1.399999936
$J$4	原料	1236.133333	0

图 2-3

2.6.3　Lindo 软件求解结果分析

由 1.9 节可知，用 Lindo 软件求解例 23 中的线性规划模型的结果如图 2-4 所示。

(1)“ Lp Optimum found at step 2 ”表示 lindo 在(用单纯形法)两次迭代后得到最优解；

(2)“Objective function Value 1) -0.6666667”表示最优目标值为-0.6666667；

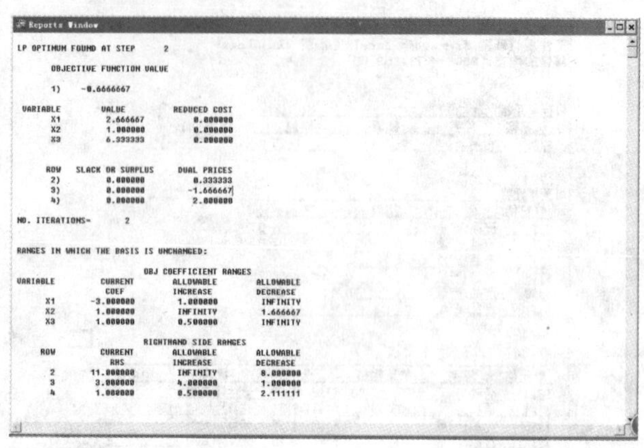

图 2-4

(3)“Value”给出最优解中各变量的值，即 $x_1=2.666667$，$x_2=1$，$x_3=6.333333$；

(4)“Slack or surplus”给出松弛\剩余变量的值；

(5)“ Reduced Cost”意义同前面所讲的“相差值”；

(6)“Dual prices” 意义同前面所讲的“对偶价格”；

(7)“Ranges in which the Basis is Unchanged”给出当某个目标函数的价值系数和约束条件的右端项在什么范围内变化(此时假定其他系数保持不变)时，最优基将仍然保持不变。

(8)“Infinity” 表示的是正无穷。

(9)“Allowable Increase”、“Allowable Decrease”分别表示允许增加量和允许减少量。

例如为保持最优解不变，变量 x_1 的系数 c_1 的变化范围为

$$(-3-\infty,\ -3+1]=(-\infty,\ -2]；$$

为保持最优基不变，资源系数 b_2 的变化范围为

$$[3-1\ ,\ 3+4]=[2\ ,\ 7]。$$

注：Matlab 求解结果分析就不再叙述。

由以上分析我们看到，用上述四种软件求解线性规划模型是非常方便的，而且可以得到内容丰富的结果输出，对实际问题的分析十分有利。

讨论、思考题

1. 每一个线性规划问题都能找到对应的有意义的对偶问题吗？

2. 如线性规划原问题有无穷多最优解，则对偶问题有多少个最优解？

3. 能否从线性规划问题的最优单纯形表中得到对偶问题的检验数？若能，试举例加以说明。

4. 对偶单纯形法与单纯形法的区别有哪些？

5. 能用对偶单纯形法求解的线性规划问题具有哪些特征？

6. 灵敏度分析包括哪些类型，进行灵敏度分析有何现实意义？

本章小结

本章介绍了对偶问题的概念，对偶理论及对偶问题的最优解的经济含义，揭示了互为对偶的两个线性规划问题的内在联系，并在此基础上介绍了求解一般线性规划问题的新方法——对偶单纯形法，及利用互补松弛性求解的方法。除此之外，还介绍了当线性规划问题的某些系数变化及增加变量或增加约束的灵敏度分析方法。

本章学习要求如下：

(1)了解对偶问题的实际背景，掌握写出对偶问题的一般原则。

(2)理解对偶理论的基本结论，能利用互补松弛性求解线性规划问题。

(3)了解影子价格在经济管理中的应用。

(4)理解对偶单纯形法的原理，掌握对偶单纯形法的计算步骤，能运用对偶单纯形法的迭代规则求解一般线性规划问题。

(5)掌握单纯形法和对偶单纯形法的区别，清楚它们的适用条件及适用范围。

(6)理解灵敏度分析的意义，能讨论当线性规划问题的某些系数发生变化及增加变量或增加约束时，最优基或最优解的变化情况。

习　题

1. 选择题

(1) 对偶问题有5个变量4个约束，则原问题有(　　)。

A. 4个约束5个变量　　B. 5个约束4个变量

C. 5个约束5个变量　　D. 4个约束4个变量

(2)互为对偶的两个线性规划问题的解之间的关系为(　　)。

A. 原问题有最优解，对偶问题可能无最优解

B. 对偶问题有可行解，原问题也有可行解

C. 若最优解存在，则最优解相同

D. 对偶问题无有可行解，原问题也无可行解

(3)如果决策变量数相等的两个线性规划的最优解相同，则两个线性规划(　　)。

A. 约束条件相同　　B. 最优目标函数值相等

C. 以上结论都不对　　D. 目标函数相同

(4)对偶单纯形法的最小比值规则是为了保证(　　)。

A. 使原问题保持可行　　B. 逐步消除原问题不可行性

C. 逐步消除对偶问题不可行性　　D. 使对偶问题保持可行

2. 填空题

(1)线性规划的约束条件个数与其对偶问题的__________相等；而若线性规划的约束条件是方程则对偶问题的__________。

(2)如原问题有可行解且目标函数值无界，则其对偶问题__________；反

之，对偶问题有可行解且目标函数值无界，则其原问题____________。

(3)线性规划的右端常数项其对偶问题的____________；线性规划的第 i 个约束条件为方程则其对偶问题____________。

3. 写出线性规划问题的对偶问题

(1) $\max Z=6x_1-2x_2+3x_3$

$$\text{s.t.}\begin{cases}2x_1-x_2+2x_3\leqslant 2\\x_1+4x_3\leqslant 4\\x_1,\ x_2,\ x_3\geqslant 0\end{cases}$$

(2) $\min Z=2x_1+2x_2+4x_3$

$$\text{s.t.}\begin{cases}2x_1+3x_2+5x_3\geqslant 2\\3x_1+x_2+7x_3\leqslant 3\\x_1+4x_2+6x_3\leqslant 5\\x_1,\ x_2,\ x_3\geqslant 0\end{cases}$$

(3) $\max Z=-5x_1+2x_2$

$$\text{s.t.}\begin{cases}x_1+2x_2=5\\-x_1+x_2\leqslant -3\\2x_1+3x_2\leqslant 5\\x_1,\ x_2\geqslant 0\end{cases}$$

(4) $\min Z=10x_1+10x_2$

$$\text{s.t.}\begin{cases}5x_1+2x_2\geqslant 5\\x_1+4x_2\geqslant 3\\x_1+3x_2\geqslant 2\\8x_1+2x_2\geqslant 4\\x_1,\ x_2\ \text{为自由变量}\end{cases}$$

4. 试用对偶理论讨论下列问题与它的对偶问题是否有最优解

(1) $\max Z=2x_1+2x_2$

$$\text{s.t.}\begin{cases}-x_1+x_2+x_3\leqslant 2\\-2x_1+x_2-x_3\leqslant 1\\x_1,\ x_2,\ x_3\geqslant 0\end{cases}$$

(2) $\min Z=-x_1+2x_2+x_3$

$$\text{s.t.}\begin{cases}2x_1-x_2+x_3\geqslant -4\\x_1+2x_2=6\\x_1,\ x_2,\ x_3\geqslant 0\end{cases}$$

5. 已知线性规划问题

$$\min Z=x_1+x_2+x_3+x_4$$

$$\text{s.t.}\begin{cases}x_1+x_2\geqslant 5\\x_2+x_3\geqslant 3\\x_3+x_4\geqslant 2\\x_1+x_4\geqslant 4\\x_1,\ x_2,\ x_3,\ x_4\geqslant 0\end{cases}$$

(1)写出对偶问题。

(2)用单纯形法解对偶问题，并根据最优单纯形表给出原问题的最优解。

(3)说明这样做和直接求解原问题有何不同。

6. 用对偶单纯形法解线性规划问题

(1) $\min Z=x_1+x_2$

$$\text{s.t.}\begin{cases}2x_1+x_2\geqslant 4\\x_1+7x_2\geqslant 7\\x_1,\ x_2\geqslant 0\end{cases}$$

(2) $\min Z=5x_1+2x_2+4x_3$

$$\text{s.t.}\begin{cases}3x_1+x_2+2x_3\geqslant 4\\6x_1+3x_2+5x_3\geqslant 10\\x_1,\ x_2,\ x_3\geqslant 0\end{cases}$$

(3) $\min Z=2x_1+3x_2+4x_3$

$$\text{s.t.}\begin{cases}x_1+2x_2+x_3\geqslant 3\\2x_1-x_2+3x_3\geqslant 4\\x_1,\ x_2,\ x_3\geqslant 0\end{cases}$$

(4) $\max Z=x_1+2x_2+5x_3$

$$\text{s.t.}\begin{cases}2x_1+2x_2+x_3\leqslant 3\\2x_1-x_2+3x_3\geqslant 2\\x_1,\ x_2,\ x_3\geqslant 0\end{cases}$$

7. 已知线性规划

$$\min Z=c_1x_1+c_2x_2+c_3x_3$$

$$\text{s.t.}\begin{cases}a_{11}x_1+a_{12}x_2+a_{13}x_3\geqslant b_1\\a_{21}x_1+a_{22}x_2+a_{23}x_3\geqslant b_2\\x_1,\ x_2,\ x_3\geqslant 0\end{cases}$$

(1)写出它的对偶问题；

(2)将其化为标准形式，再写出对偶问题；

(3)引入人工变量，把问题化为下列等价模型，再写出它的对偶问题。

$$\max Z=c_1x_1+c_2x_2+c_3x_3-M(x_6+x_7)$$

$$\text{s.t.}\begin{cases}a_{11}x_1+a_{12}x_2+a_{13}x_3-x_4+x_6=b_1\\a_{21}x_1+a_{22}x_2+a_{23}x_3-x_5+x_7=b_2\\x_1,\ \cdots,\ x_7\geqslant 0\end{cases}$$

试说明上面三个对偶问题是完全一致的。由此，可以得出什么样的一般结论？

8. 已知线性规划问题

$$\max Z=20x_1+12x_2+10x_3$$

$$\text{s.t.}\begin{cases}8x_1+4x_2+7x_3\leqslant 600\\x_1+3x_2+3x_3\leqslant 400\\x_1,\ x_2,\ x_3\geqslant 0\end{cases}$$

的最优单纯形表如表 2-21 所示。

表 2-21

c_j			20	12	10	0	0
C_B	X_B	b	x_1	x_2	x_3	x_4	x_5
20	x_1	10	1	0	9/20	3/20	−1/5
12	x_2	130	0	1	17/20	−1/20	2/5
$-Z$		−1760	0	0	−9.2	−2.4	−0.8

(1)求使最优基 c_2 的变化范围保持不变。如果 c_2 从 12 变成 5，最优基是否变化，如果变化，求出新的最优基和最优解。

(2)对 c_1 进行灵敏度分析，求出 c_1 由 20 变为 40 时的最优基和最优解。

(3)对变量 x_3 在第二个约束中的系数 $a_{23}=3$ 进行灵敏度分析，求出 a_{23} 从 3 变为 1 时新的最优基和最优解。

(4)增加一个新的变量 x_6，它在目标函数中的系数 $c_6=18$，在约束条件中的系数列向量为 $P_6=(5\ ,2)^{\mathrm{T}}$，求新的最优基和最优解。

(5)增加一个新的约束 $2x_1-x_3\geqslant 30$，求新的最优基和最优解。

(6)设变量 x_1 在约束条件中的系数向量由$\begin{pmatrix}8\\1\end{pmatrix}$变为$\begin{pmatrix}3\\5\end{pmatrix}$，求出新的最优基和最优解。

9. 某工厂用甲、乙、丙三种原料生产 A、B、C、D 四种产品，每种产品消耗原料定额以及三种原料的数量如表 2-22 所示。

表 2-22

产　品	A	B	C	D	原料数量(吨)
对原料甲的单耗(吨/万件)	3	2	1	4	2400
对原料乙的单耗(吨/万件)	2	—	2	3	3200
对原料丙的单耗(吨/万件)	1	3	—	2	1800
单位产品的利润(万元/万件)	25	12	14	15	

(1)求使总利润最大的生产计划和按最优生产计划生产时三种原料的耗用量和剩余量。

(2)求四种产品的利润在什么范围内变化，最优生产计划不会变化。

(3)求三种原料的影子价格和四种产品的机会成本，并解释最优生产计划中有的产品不安排生产的原因。

(4)在最优生产计划下，哪一种原料更为紧缺？如果甲原料增加 120 吨，这时紧缺程度是否有变化？

10. 某厂生产甲、乙、丙三种产品，已知有关数据如表 2-23 所示，试分别回答下列问题。

表 2-23

产　品	甲	乙	丙	原材料拥有量
原 料 A	6	3	5	40
原 料 B	3	4	6	30
利　润	4	2	5	

(1) 建立线性规划模型，求使该厂获利最大的生产计划。

(2) 若产品甲、乙的单件利润不变，则产品丙的利润在什么范围内变化时，上述最优解不变。

(3) 若原材料 A 市场紧缺，除拥有量外一时无法购进，而原材料 B 如数量不足可去市场购买，单价为 0. 5，问该厂应否购买，以购进多少为宜；

11. 某厂生产Ⅰ、Ⅱ、Ⅲ三种产品，分别经过 A、B、C 三种设备加工。已知生产单位各种产品所需的设备台时、设备的现有加工能力及每件产品的预期利润如表 2-24 所示。

表 2-24

产　品	Ⅰ	Ⅱ	Ⅲ	原材料拥有量
设 备 A	1	2	1	100
设 备 B	10	4	6	600
设 备 C	2	2	5	300
单件产品利润(元)	10	6	4	

(1) 求获利最大的产品生产计划。

(2) 产品Ⅰ的利润在多大范围内变化时，原最优计划保持不变。

12. 已知线性规划问题

$$\max Z = 50x_1 + 100x_2$$

$$\text{s. t.} \begin{cases} x_1 + x_2 \leqslant 300 & \text{（设备台时约束）} \\ 2x_1 + x_2 \leqslant 400 & \text{（原料 A 的约束）} \\ x_2 \leqslant 250 & \text{（原料 B 的约束）} \\ x_1,\ x_2 \geqslant 0 \end{cases}$$

使用“管理运筹学”软件，得到的计算机解如图 2-5 所示。

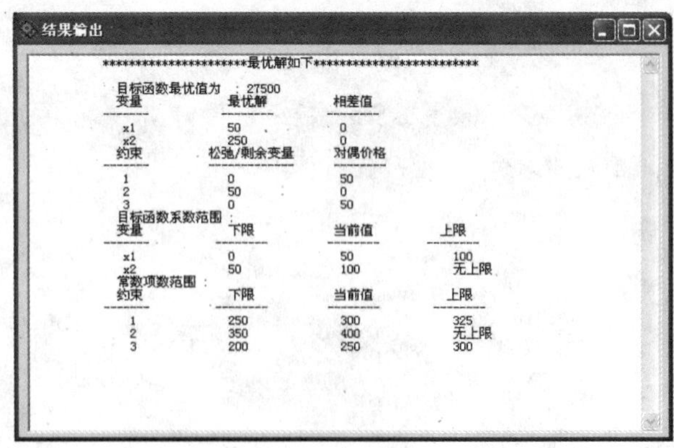

图 2-5

请回答下列问题：

(1) 最优生产计划是什么？此时最优目标值即最大利润为多少？

(2) 哪些资源已用完？哪些资源还有剩余？其松弛变量的值各为多少？

(3) 三种资源的对偶价格各为多少？请说明这些对偶价格的含义。

(4) 目标函数中 x_1 的系数 c_1 在什么范围内变化时，最优生产计划不变？

(5) 目标函数中 x_2 的系数 c_2 从 100 减少到 80，最优生产计划变不变，为什么？

(6) 设备台时从 300 增加到 400，总利润会增加多少？这时最优生产计划变不变？

(7) 原料 A 从 400 增加到 420，总利润会不会增加？这时最优生产计划变不变？

(8) 当 c_1 从 50 增加到 80，c_2 从 100 减少到 80，最优生产计划变不变？请用百分之一百法则进行判断。

(9) 原料 A 从 400 减少到 350，原料 B 从 250 增加到 295，用百分之一百法则能否判断对偶价格是否变化？如不变化，求出此时的最大利润。

第3章　运输问题

人们在从事生产活动中，不可避免地要进行物资调运工作。若某时期内将生产基地的煤、钢铁、粮食等各类物资，分别运到需要这些物资的地区，根据各地的生产量和需要量及各地之间的运输费用，如何制定一个运输方案，使总的运输费用最小。这样的问题称为运输问题。

运输问题是一类重要而特殊的线性规划问题。美国学者 Hitchcock 是最早研究这类问题的，后来 Koopman 对之展开了详细的讨论。因为它是线性规划问题，所以当然可用单纯形法求解，但用单纯形法求解大型运输问题时，会遇到计算量和存储量两方面的困难。由于运输问题的特殊结构，人们找到了一种比单纯形法更简单，更有效的解法——表上作业法。

【关键词汇】

运输问题(Transportation Problem)

产销平衡(Balance Between the Total Amount Available at the Sources and the Total Demanded by the Destinations)

运输表(Transportation Tableau)

闭回路(Closed Circuit)

位势(Potential)

西北角法(The Northwest Corner Method)

最小元素法(The Minimum Cell Cost Method)

3.1　运输问题的数学模型及特征

3.1.1　运输问题的数学模型

运输问题的一般提法是：假设某类物资有 m 个产地 A_1，A_2，A_3，…，A_m，产量分别为 a_1，a_2，…，a_m；有 n 个销地(需求地)B_1，B_2，…，B_n，销量分别为 b_1，b_2，…，b_n。如已知从产地 A_i 到销地 B_j 的单位物资的运价为 c_{ij}，求使总运输费用最小的调运方案。

为了方便，可把上述已知条件归结为如表3-1所示的表格。

设 $x_{ij}(i=1, 2, \cdots, m; j=1, 2, \cdots, n)$为从产地 A_i 到销地 B_j 的运量，则

当总产量与总销量相等，即 $\sum_{i=1}^{m} a_i = \sum_{j=1}^{n} b_j$ 时，称为产销平衡的运输问题。其数学模型为

表 3-1　　运输问题的信息表

产地＼销地	B_1	B_2	…	B_n	产　量
A_1	c_{11}	c_{12}	…	c_{1n}	a_1
A_2	c_{21}	c_{22}	…	c_{2n}	a_2
⋮	⋮	⋮		⋮	⋮
A_m	c_{m1}	c_{m2}	…	c_{mn}	a_m
销　量	b_1	b_2	…	b_n	

$$\min Z = \sum_{i=1}^{m} \sum_{j=1}^{n} c_{ij} x_{ij}$$

$$\text{s. t.} \begin{cases} \sum_{j=1}^{n} x_{ij} = a_i \quad i = 1, \cdots, m \\ \sum_{i=1}^{m} x_{ij} = b_j \quad j = 1, \cdots, n \\ x_{ij} \geqslant 0, \quad i = 1, \cdots, m;\ j = 1, \cdots, n \end{cases} \tag{3-1}$$

当总产量大于总销量，即 $\sum_{i=1}^{m} a_i > \sum_{j=1}^{n} b_j$ 时，称为产销不平衡的运输问题。其数学模型为

$$\min Z = \sum_{i=1}^{m} \sum_{j=1}^{n} c_{ij} x_{ij}$$

$$\text{s. t.} \begin{cases} \sum_{j=1}^{n} x_{ij} \leqslant a_i \quad i = 1, 2, \cdots, m \\ \sum_{i=1}^{m} x_{ij} = b_j \quad j = 1, 2, \cdots, n \\ x_{ij} \geqslant 0,\ i = 1, 2, \cdots, m;\ j = 1, 2, \cdots, n \end{cases} \tag{3-2}$$

当总产量小于总销量，即 $\sum_{i=1}^{m} a_i < \sum_{j=1}^{n} b_j$ 时，也称为产销不平衡的运输问题。其数学模型为

$$\min Z = \sum_{i=1}^{m}\sum_{j=1}^{n} c_{ij}x_{ij}$$

$$\text{s.t.}\begin{cases}\sum_{j=1}^{n} x_{ij} = a_i & i=1,\ \cdots,\ m\\ \sum_{i=1}^{m} x_{ij} \leqslant b_j & j=1,\ \cdots,\ n\\ x_{ij} \geqslant 0, & i=1,\ \cdots,\ m;\ j=1,\ \cdots,\ n\end{cases} \tag{3-3}$$

下面主要讨论产销平衡的运输问题(3-1)，对于产销不平衡的运输问题(3-2)和(3-3)，将在3.3节讨论。

3.1.2 运输问题的特征

下面我们不加证明地给出一些结论。

由产销平衡运输问题的模型(3-1)可见，它具有以下特征：

(1)它是一个有 $m+n$ 个等式约束，mn 个变量的线性规划模型。

(2)约束条件的系数矩阵具有如下形式。

$$\begin{array}{c}x_{11}\ x_{12}\cdots\ x_{1n}x_{21}\ x_{22}\cdots\ x_{2n}\cdots\ x_{m1}\ x_{m2}\cdots\ x_{mn}\\ \begin{bmatrix}1 & 1 & \cdots 1 & & & & & & & & \\ & & & 1 & 1 & \cdots & 1 & & & & \\ & & & & & & \ddots & & & & \\ & & & & & & & 1 & 1 & \cdots & 1\\ 1 & & & 1 & & & \cdots & 1 & & & \\ & 1 & & & 1 & & \cdots & & 1 & & \\ & & \ddots & & & \ddots & & & & \ddots & \\ & & 1 & & & 1 & \cdots & & & & 1\end{bmatrix}\end{array}$$

(3)约束条件的系数矩阵和增广矩阵的秩相等，等于 $m+n-1$。

(4)运输问题有 $m+n-1$ 个基变量。

(5)它必有可行解，也必有最优解。

事实上，$x_{ij} = \dfrac{a_i b_j}{\sum_{i=1}^{m} a_i}$，　$i=1,\ 2,\ \cdots,\ m$；$j=1,\ 2,\ \cdots,\ n$ 就是模型(3-1)的可行解。

并且由 $Z = \sum_{i=1}^{m}\sum_{j=1}^{n} c_{ij}x_{ij} \geqslant 0$ 可知，模型(3-1)的目标函数有下界，故有最优解。

定义　凡能排成如下形式：

$$x_{i_1j_1},\ x_{i_1j_2},\ x_{i_2j_2},\ x_{i_2j_3},\ \cdots,\ x_{i_sj_s},\ x_{i_sj_1}$$

$$(i_1,\ i_2,\ \cdots,\ i_s \text{ 互不相同},\ j_1,\ j_2,\ \cdots,\ j_n \text{ 互不相同})$$

的一组变量的集合称为一个闭回路。其中的变量称为闭回路的顶点。

例如，x_{11}，x_{12}，x_{32}，x_{33}，x_{43}，x_{41} 和 x_{11}，x_{31}，x_{35}，x_{25}，x_{23}，x_{43}，x_{42}，x_{12} 都是闭回路。如把闭回路的顶点在表中画出，并且把相邻两个变量用一条直线连起来(称为闭回路

的边)，则上面的两个闭回路分别如表 3-2，表 3-3 所示。

可见闭回路有以下特点：

① 闭回路是一条封闭折线，它的每一条边或者是水平的，或者是垂直的。

② 闭回路的每一个顶点都是转角点。

③ 闭回路的每一条边有且仅有两个顶点。

(6) $m+n-1$ 个变量 $x_{i_1j_1}$，$x_{i_2j_2}$，$\cdots$，$x_{i_{m+n-1}j_{m+n-1}}$ 构成基变量的充要条件是它不含闭回路。

这个结论给了一个求基变量的简单方法，同时也可用来判断一组变量是否可以作为某个运输问题的基变量。这种方法是直接在运价表中进行的，不需要在系数矩阵 A 中去寻找，从而给运输问题求初始基可行解带来极大的方便。

表 3-2

	B_1	B_2	B_3
A_1	x_{11}	x_{12}	
A_2			
A_3		x_{32}	x_{33}
A_4	x_{41}		x_{43}

表 3-3

	B_1	B_2	B_3	B_4	B_5
A_1	x_{11}	x_{12}			
A_2			x_{23}		x_{25}
A_3	x_{31}				x_{35}
A_4		x_{42}	x_{43}		

下文称基变量在运输平衡表中相应的格子为基格，非基变量由于值为 0，故不填入表中，所以称非基变量对应的格子为空格。

3.2　表上作业法

表上作业法实际上是单纯形法在求解运输问题时的一种简化方法，由于其实质是单纯形法，只是具体计算和术语有所不同，故有如下的解题步骤：

(1)找出初始基可行解(即初始调运方案)。

(2)求各非基变量的检验数，即在表上计算空格的检验数，判别是否达到最优解。若非基变量的检验数全都非负，则得到最优解，停止计算；否则，转入下一步。

(3)确定换入变量和换出变量，找出新的基可行解。

(4)重复(2)，(3)直到得到最优解为止。

为了使计算方便，下面将平衡运输问题的有关关系汇总到一个表中，如表 3-4 所示：表格中间部分，每一个格子的左下角填的是运价，右上角填的是运量。

表 3-4 产销平衡运价表

产地 \ 销地	B_1	B_2	…	B_n	产 量
A_1	x_{11} c_{11}	x_{12} c_{12}	…	x_{1n} c_{1n}	a_1
A_2	x_{21} c_{21}	x_{22} c_{22}	…	x_{2n} c_{2n}	a_2
…	…	…	…	…	…
A_m	x_{m1} c_{m1}	x_{m2} c_{m2}	…	x_{mn} c_{mn}	a_m
销 量	b_1	b_2	…	b_n	

3.2.1 初始可行方案(即初始基可行解)的确定

根据前述讨论知，求运输问题的初始基可行解的方法及步骤为：

(1)在产销平衡运价表中任选一个格子 x_{ij}，令 $x_{ij}=\min\{a_i, b_j\}$，即在尽可能满足销地 B_j 的需求前提下，从产地 A_i 运送最大量的物资，填入相应格子的右上角。

(2)从 a_i 和 b_j 中分别减去 x_{ij}，得到 a_i'和 b_j'。

(3)若 $a_i'=0$，则划去第 i 行(因为此时产地 A_i 的产量全部运送完了)；若 $b_j'=0$，则划去第 j 列(因为此时销地 B_j 的需求全部得到了满足)；若 $a_i'=0$ 且 $b_j'=0$，则只能选择划去第 i 行或第 j 列，不可将第 i 行和第 j 列同时划掉。

(4)如平衡运价表中所有的行和列都被划去，则结束。否则，在剩下的表中再选一个格子，转入(2)。

按上述方法选出的变量的取值满足下列条件：

①所得变量的值都是非负的，且一共有 $m+n-1$ 个变量。

②所有的约束条件都得到了满足。

③所得的变量不会构成闭回路。

因此，所得的解一定是运输问题的基可行解。

上述方法中，对 x_{ij}的选取没加任何限制，故采用不同的规则来选取 x_{ij}，就会产生不同的方法。下面介绍三种方法，分别是：西北角法，最小元素法和伏格尔(Vogel)法。

方法一：西北角法（左上角法）

西北角法是最简单且能最迅速地给出一个初始基可行解的方法。它优先从平衡运价表的左上角的变量开始确定运量，当行或列分配完毕后，再在表中余下部分的左上角确定运量，依此类推，直到右下角元素分配完毕。

【例 1】 设某种货物须从三个产地 A_1，A_2，A_3，运往四个销地 B_1，B_2，B_3，B_4,各产

地的产量，各销地的销量及各产地到各销地的单位运价如表 3-5 所示。试用西北角法确定初始调运方案。

表 3-5

销地 产地	B_1	B_2	B_3	B_4	产 量
A_1	1	3	4	6	10
A_2	3	5	5	3	6
A_3	3	2	1	4	8
销 量	4	6	5	9	24

解：设 $x_{ij}(i=1, 2, 3; j=1, 2, 3, 4)$ 是从产地 A_i 到销地 B_j 的运量，画出产销平衡运价表 3-6，则用西北角法确定初始调运方案的具体过程如下：

第一步：从表中西北角的变量开始，令 $x_{11}=\min\{a_1, b_1\}=\min\{10, 4\}=4$。

第二步：修改 a_1，b_1，即可得 $a'_1=a_1-x_{11}=10-4=6$，$b'_1=b_1-x_{11}=4-4=0$，并将它们分别填入相应的修改值栏。

第三步：因为 $b'_1=0$，故划去(在表 3-6 中用修改值后跟符号"×"表示)第 1 列。

第四步：由于平衡表中还有没被划掉的行和列，因此继续第一步。

表 3-6

销地 产地	B_1	B_2	B_3	B_4	产量 a_i	产量修改值 a_i'	
A_1	4 1	6 3	0 4	6	10	6，0　×	第三次
A_2	3	5	5 5	1 3	6	1，0　×	第五次
A_3	3	2	1	8 4	8	0　×	第六次
销量 b_j	4	6	5	9			
销量修改值 b_j'	0　×	0　×	5 0　×	8 0　×			
	第一次	第二次	第四次	第六次			

以下的过程简述为：

①取左上角元素 x_{12}，令 $x_{12}=\min\{a'_1, b_2\}=\min\{6, 6\}=6$，修改 a'_1，b_2，得 $a''_1=0$，$b'_2=0$，即出现退化情形，这时不能把这一行和这一列同时划去，而只能选择其中一个划去，比如可选择划去第 2 列。

②取左上角元素 x_{13}，令 $x_{13}=\min\{a''_1, b_3\}=\min\{0, 5\}=0$，修改 a''_1，b_3，得 $a'''_1=0$，$b'_3=5$。则划去第 1 行。

③取左上角元素 x_{23}，令 $x_{23}=\min\{a_2, b'_3\}=\min\{6, 5\}=6$，修改 a_2，b'_3，得 $a_2'=6-5=1$，$b''_3=5-5=0$。则划去第 3 列。

④取左上角元素 x_{24}，令 $x_{24}=\min\{a'_2, b_4\}=\min\{1, 9\}=1$，修改 a'_2，b_4，得 $a_2''=0$，$b_4'=9-1=8$。则划去第 2 行。

⑤取左上角元素 x_{34}，令 $x_{34}=\min\{a_3, b'_4\}=\min\{8, 8\}=8$，修改 a_3，b'_4，得 $a'_3=0$，$b_4''=0$。则划去第 3 行(或第 4 列)。

由于这时表中所有元素都被划掉了，因此已完成。此时，填入运量的格子正好是 3+4-1=6 个，且在上述过程中的每一步都保证了 $x_{ij}\geqslant 0$，所有约束条件都得到了满足，且还不构成闭回路，即得到了该运输问题的一个基可行解：

基变量为 $x_{11}=4$，$x_{12}=6$，$x_{13}=0$，$x_{23}=5$，$x_{24}=1$，$x_{34}=8$

非基变量为 $x_{14}=x_{21}=x_{31}=x_{32}=x_{33}=0$

总运费为 82。

方法二：最小元素法

最小元素法的思想是：就近优先运送，即优先考虑最小运价 c_{ij} 对应的变量 x_{ij}，并确定其运量为 $x_{ij}=\min\{a_i, b_j\}$。然后再在剩下的运价中取最小运价对应的变量确定运量并满足约束，依此类推，直到最后得到一个初始基可行解。

【例 2】 用最小元素法求例 1 的初始调运方案。

解：第一步：从产销平衡运价表 3-6 可知，最小运价是 1，对应的变量有 x_{11}，x_{33}，这时只能选择其中一个变量开始确定运量，另一个变量留待下一步讨论。此处可选 x_{11}，则令 $x_{11}=\min\{a_1, b_1\}=\min\{10, 4\}=4$。

第二步：修改 a_1，b_1，即可得 $a'_1=a_1-x_{11}=10-4=6$，$b'_1=b_1-x_{11}=4-4=0$，并将它们分别填入相应的修改值栏。

第三步：因为 $b'_1=0$，故划去(在表 3-7 中用修改值后跟符号“×”表示)第 1 列。

第四步：由于平衡表中还有没被划掉的行和列，因此继续第一步。

以下的过程简述为：

①取剩下的运价中的最小运价 1 对应的变量 x_{33}，令 $x_{33}=\min\{a_3, b_3\}=\min\{8, 5\}=5$，修改 a_3，b_3，得 $a_3'=3$，$b'_3=0$，则划去第 3 列。

②取剩下的运价中的最小运价 2 对应的变量 x_{32}，令 $x_{32}=\min\{a'_3, b_2\}=\min\{3, 6\}=3$，修改 a'_3，b_2，得 $a''_3=0$，$b'_2=3$。则划去第 3 行。

③取剩下的运价中的最小运价 3 对应的变量 x_{12} 和 x_{24}，此处可选 x_{12}，令 $x_{12}=\min\{a'_1, b'_2\}=\min\{6, 3\}=3$，修改 a'_1，b'_2，得 $a_1''=3$，$b''_2=0$。则划去第 2 列。

④取剩下的运价中的最小运价 3 对应的变量 x_{24}，令 $x_{24}=\min\{a_2, b_4\}=\min\{6, 9\}=6$，

修改 a_2，b_4，得 $a_2{}'=0$，$b_4{}'=3$。则划去第 2 行。

⑤取剩下的运价中的最小运价 6 对应的变量 x_{14}，令 $x_{14}=\min\{a''_1,\ b'_4\}=\min\{3,\ 3\}=3$，修改 $a_1{}''$，b'_4，得 $a_1{}'''=0$，$b_4{}''=0$。则划去第 1 行(或第 4 列)。

表 3-7

产地＼销地	B_1	B_2	B_3	B_4	产量 a_i	产量修改值 $a_i{}'$	
A_1	4 1	3 3	4	3 6	10	6，3，0 ×	第六次
A_2	3	5	5	6 3	6	0 ×	第五次
A_3	3	3 2	5 1	4	8	3，0 ×	第三次
销量 b_j	4	6	5	9			
销量修改值 $b_j{}'$	0 ×	3 0 ×	0 ×	3 0 ×			
	第一次	第四次	第二次	第六次			

由于这时表中所有元素都被划掉了，因此已完成。此时，填入运量的格子正好是 3+4-1=6 个，且在上述过程中的每一步都保证了 $x_{ij}\geqslant 0$，所有约束条件都得到了满足，且还不构成闭回路，即得到了该运输问题的一个基可行解：

基变量为 $x_{11}=4$，$x_{12}=3$，$x_{14}=3$，$x_{24}=6$，$x_{32}=3$，$x_{33}=5$

非基变量为 $x_{13}=x_{21}=x_{22}=x_{23}=x_{31}=x_{34}=0$

总运费为 60。

方法三：伏格尔(Vogel)法(元素差额法)

伏格尔法的思想是：考虑产地到销地的最小运价和次小运价之间的差额。先找出所有行、列差额的最大值，然后在这个最大差额对应的行或列中找出最小运价 c_{ij} 对应的变量 x_{ij}，并确定其运量为 $x_{ij}=\min\{a_i,\ b_j\}$。这时必有一列或一行调运完毕，在剩下的运价中再求最大差额，进行第二次调运，依次进行下去，直到最后全部调运完毕，就得到一个初始调运方案。

【例 3】　用伏格尔法求例 1 的初始调运方案。

解：第一步：画出产销平衡运价表，并计算出所有行和列的差额，见表 3-8。

表 3-8

销地 产地	B_1	B_2	B_3	B_4	产量 a_i	行差额					
A_1	4 1	6 3	4	6	10	2	2	5 ×			第三次
A_2	3	5	5	6 3	6	0	1	0	2	3	
A_3	3	0 2	5 1	3 4	8	1	1	1	2	4 ×	第五次
销量 b_j	4	6	5	9							
列差额	2	1	3 ×	1							
	2 ×	1		1							
		1		1							
		3 ×		1							
				1 ×							
	第二次	第四次	第一次	第六次							

第二步：找出所有行和列的差额最大值为 3，它所在的第 3 列中最小运价 1 对应的变量为 x_{33}，令 $x_{33}=\min\{a_3, b_3\}=\min\{8, 5\}=5$，则划去(在表 3-8 中用差额值后跟符号“×”表示)第 3 列。

第三步：重新计算剩下的所有行和列的差额，并找出最大差额为 2，它对应着第 1 行和第 1 列，而第 1 行和第 1 列中最小运价 1 对应的变量为 x_{11}，令 $x_{11}=\min\{a_1, b_1\}=\min\{10, 4\}=4$，则划去第 1 列。

第四步：重新计算剩下的所有行和列的差额，并找出最大差额为 5，它所在的第 1 行中最小运价 3 对应的变量为 x_{12}，令 $x_{12}=\min\{a_1', b_2\}=\min\{6, 6\}=6$，则观察剩余的运价知，应划去第 1 行。

下面同理可得：

最大差额为 3　　对应最小运价 2 处的变量 $x_{32}=0$　　划去第 2 列

最大差额为 4　　对应最小运价 4 处的变量 $x_{34}=3$　　划去第 3 行

最大差额为 3　　对应最小运价 3 处的变量 $x_{24}=6$　　划去第 4 列

由于这时表中所有元素都被划掉了，因此已到了该运输问题的一个基可行解(可见是个退化的基可行解)：

基变量为 $x_{11}=4$，$x_{12}=6$，$x_{24}=6$，$x_{32}=0$，$x_{33}=5$，$x_{34}=3$

非基变量为 $x_{13}=x_{14}=x_{21}=x_{22}=x_{23}=x_{31}=0$

总运费为57。

综上可知，三种方法各有优缺点，具体为：

(1)西北角法的规则是人为的一种规定，完全没考虑运价的大小，因此求出的初始调运方案往往离最优方案较远。但它容易操作，特别适合计算机编程计算，因而仍然受到实际工作者的喜爱。

(2)最小元素法虽然考虑了运价的大小，但是它只考虑了局部运输费用最小，有时为了节省某一处的运费，而使其他处的运费变大。另外，当问题的规模很大时，每次搜索最小运价这个工作量也很可观。但手工计算中、小型规模的问题时，最小元素法提供的初始调运方案比西北角法的要好得多。

(3)元素差额法对最小元素法进行了改进，用元素差额法求得的基本可行解更接近最优解，但是计算量太大，不利于手工计算。

3.2.2 最优性检验

由于一般运输问题的目标是求最小值，故它的最优判别准则是：当所有非基变量(即表中格子右上角没填数字的，也称为空格)的检验数都大于或等于0，则运输方案最优(即为最优解)；否则，就不是最优，需要调整。下面介绍三种求检验数的方法：闭回路法、位势法和运价矩阵法。

1. 闭回路法

闭回路法求某一非基变量 x_{ij} 的检验数的方法是：在当前给定的调运方案(基可行解)中，以该非基变量 x_{ij} 为起点找一条闭回路，要求该闭回路上的其他顶点都是基变量，并由起点 x_{ij} 开始，分别给顶点编号(或在顶点上依次交替标上代数符号"+"和"-"，顺时针或逆时针都行)，称编号为奇数的顶点为奇点，编号为偶数的顶点为偶点，则非基变量 x_{ij} 的检验数 σ_{ij} 等于所有奇点处的运价总和与所有偶点处的运价总和的差(也即：以这些符号分别乘以相应的运价的代数和)。

【例4】 用闭回路法检验例3所得的初始调运方案。

解：由例3的结果知，此时非基变量有：x_{13}，x_{14}，x_{21}，x_{22}，x_{23}，x_{31} 由于从 x_{13} 出发的闭回路为：x_{13}，x_{33}，x_{32}，x_{12}，所以

$$\sigma_{13}=c_{13}-c_{33}+c_{32}+c_{12}=4-1+2-3=2$$

同理可得：

从 x_{14} 出发的闭回路为 x_{14}，x_{34}，x_{32}，x_{12}， 所以 $\sigma_{14}=6-4+2-3=1$；

从 x_{21} 出发的闭回路为 x_{21}，x_{11}，x_{12}，x_{32}，x_{34}，x_{24}， 所以 $\sigma_{21}=3-1+3-2+4-3=4$；

从 x_{22} 出发的闭回路为 x_{22}，x_{32}，x_{34}，x_{24}， 所以 $\sigma_{22}=5-2+4-3=4$；

从 x_{23} 出发的闭回路为 x_{23}，x_{33}，x_{34}，x_{24}， 所以 $\sigma_{23}=5-1+4-3=5$；

从 x_{31} 出发的闭回路为 x_{31}，x_{32}，x_{12}，x_{11}， 所以 $\sigma_{31}=3-2+3-1=3$。

可见，所有的非基变量的检验数都是非负的，故该方案即为最优方案。

2. 位势法

位势法求检验数是根据对偶理论推导出来的一种方法。

因为产销平衡运输问题 (3-1)有 $m+n$ 个约束条件，前 m 个是关于产地的产量约束，

后 n 个关于销地的销量约束。则可知它的对偶问题应具有 $m+n$ 个变量，对应可设为：γ_1，γ_2，…，γ_m，η_1，η_2，…，η_n，则运输问题（3-1）的对偶问题为

$$\max W = \sum_{i=1}^{m} a_i\gamma_i + \sum_{j=1}^{n} b_j\eta_j$$
$$\text{s.t.}\begin{cases}\gamma_i + \eta_j \leqslant c_{ij} \quad i = 1,\ 2,\ \cdots,\ m;\ j = 1,\ 2,\ \cdots,\ n \\ \gamma_i,\ \eta_j \text{ 无约束}\end{cases} \tag{3-4}$$

又称对偶变量 γ_i，η_j（i=1，2，…，m；j=1，2，…，n）为位势。

由单纯形法的检验数计算公式及对偶理论可得，平衡运输问题（3-1）中任意变量 x_{ij} 的检验数为

$$\sigma_{ij}=c_{ij}-C_BB^{-1}P_{ij}=c_{ij}-YP_{ij} \tag{3-5}$$

式中：$Y=C_BB^{-1}$ 为与基 B 对应的对偶变量。

又由运输问题（3-1）的对偶问题（3-4）可知 $Y=(\gamma_1,\ \gamma_2,\ \cdots,\ \gamma_m,\ \eta_1,\ \eta_2,\ \cdots,\ \eta_n)$，将其代入式（3-5），可得

$$\begin{aligned}\sigma_{ij} &= c_{ij} - YP_{ij} \\ &= c_{ij} - (\gamma_1,\ \gamma_2,\ \cdots,\ \gamma_m,\ \eta_1,\ \eta_2,\ \cdots,\ \eta_n)\ (0,\ \cdots,\ 0,\ 1,\ 0,\ \cdots,\ 0,\ 1,\ 0,\ \cdots,\ 0)^{\mathrm{T}} \\ &= c_{ij} - (\gamma_i + \eta_j)\end{aligned} \tag{3-6}$$

故，如能知道对偶变量 γ_i，η_j（i=1，2，…，m；j=1，2，…，n）的值，就可由式（3-6）求出所有变量的检验数。但从对偶问题（3-4）可知，求对偶变量的值是非常麻烦的。但在单纯形法的讨论中，我们知道所有基变量的检验数都是等于 0 的，因此如设基变量为：$x_{i_1j_1}$，$x_{i_2j_2}$，…，$x_{i_{m+n-1}j_{m+n-1}}$，则可得如下方程组：

$$\begin{cases}\sigma_{i_1j_1}=c_{i_1j_1}-(\gamma_{i_1}+\eta_{j_1})=0 \\ \sigma_{i_2j_2}=c_{i_2j_2}-(\gamma_{i_2}+\eta_{j_2})=0 \\ \quad\cdots\cdots\cdots\cdots \\ \sigma_{i_{m+n-1}j_{m+n-1}}=c_{i_{m+n-1}j_{m+n-1}}-(\gamma_{i_{m+n-1}}+\eta_{j_{m+n-1}})=0\end{cases} \quad \text{即} \quad \begin{cases}c_{i_1j_1}=\gamma_{i_1}+\eta_{j_1} \\ c_{i_2j_2}=\gamma_{i_2}+\eta_{j_2} \\ \quad\cdots\cdots\cdots\cdots \\ c_{i_{m+n-1}j_{m+n-1}}=\gamma_{i_{m+n-1}}+\eta_{j_{m+n-1}}\end{cases}$$

这是一个具有 $m+n-1$ 个方程，$m+n$ 个未知变量的方程组，则必有一个自由变量，因此位势不唯一。实际计算中，一般可任选 γ_i 或 η_j 并令其值为 0，就可得到所有的 γ_i，η_j（i=1,2，…，m；j=1，2，…，n）的一组值，再由式（3-6）就可计算出所有非基变量的检验数。

注意到不同的基变量组$\{x_{ij}\}$或自由变量取不同的值，得到位势也是不同的。但对同一组基变量来说，所求得的检验数是唯一的。

【例 5】 用位势法检验例 3 所得的初始调运方案。

解：为简化书写过程，我们可在表 3-8 的基础上，把行差额和列差额所在的行和列改为填写对应的位势，如表 3-9 所示。同时将按式（3-6）得到的所有非基变量的检验数用符号"[ ]"标注并填入相应格子的左上角。过程及结果如表 3-9 所示。

表 3-9

销地 产地	B_1	B_2	B_3	B_4	产量 a_i	γ_i
A_1	4 1	6 3	[2] 4	[1] 6	10	$\gamma_1=0$
A_2	[4] 3	[4] 5	[5] 5	6 3	6	$\gamma_2=-2$
A_3	[3] 3	0 2	5 1	3 4	8	$\gamma_3=-1$
销量 b_j	4	6	5	9		
η_j	$\eta_1=1$	$\eta_2=3$	$\eta_3=2$	$\eta_4=5$		

3. 运价矩阵法

以所有从产地到销地的运价作为元素按序构成运价矩阵，先在运价矩阵中将基变量对应的运价用小括号括起来，然后进行“行加”运算，使得处于同一列的括号中的数字一致，然后进行“列减”运算，使得括号中的数字均为 0，则括号里的数字 0 就是相应基变量的检验数，而没有加括号的数字就是相应非基变量的检验数。

【例 6】　用位势法检验例 3 所得的初始调运方案。

解：先写出运价矩阵，并将运价矩阵中基变量对应的运价用小括号括起来，然后进行“行加”和“列减”运算，过程及结果如下所示：

$$\begin{pmatrix}(1) & (3) & 4 & 6\\ 3 & 5 & 5 & (3)\\ 3 & (2) & (1) & (4)\end{pmatrix}\xrightarrow{\text{行加}}\begin{pmatrix}(1) & (3) & 4 & 6\\ 5 & 7 & 7 & (5)\\ 4 & (3) & (2) & (5)\end{pmatrix}\xrightarrow[\text{列减}]{}\begin{pmatrix}(0) & (0) & 2 & 1\\ 4 & 4 & 5 & (0)\\ 3 & (0) & (0) & (0)\end{pmatrix}$$

可见，运价矩阵法求得的检验数与闭回路法、位势法算得一样，但操作更简单。

【例 7】　用位势法检验例 2 所得的初始调运方案。

解：同例 6 的方法，可得

$$\begin{pmatrix}(1) & (3) & 4 & (6)\\ 3 & 5 & 5 & (3)\\ 3 & (2) & (1) & 4\end{pmatrix}\xrightarrow{\text{行加}}\begin{pmatrix}(1) & (3) & 4 & (6)\\ 6 & 8 & 8 & (6)\\ 4 & (3) & (2) & 5\end{pmatrix}\xrightarrow[\text{列减}]{}\begin{pmatrix}(0) & (0) & 2 & (0)\\ 5 & 5 & 6 & (0)\\ 3 & (0) & (0) & -1\end{pmatrix}$$

可见，$\sigma_{34}=-1<0$，故用最小元素法得到的初始调运方案不是最优的，需要继续调整调运方案。

3.2.3　调运方案的调整(即基可行解的改进)

当某个非基变量的检验数小于零时，可知当前的基可行解不是最优解，即总运费还可以下降，这时就需调整运量，改进原运输方案。由于表上作业法实质上是单纯形法求解运输问题的一种简化，故改进运输方案的步骤是：

(1)确定换入变量：选择 $\sigma_{kl}=\min\{\sigma_{ij}\mid\sigma_{ij}<0,\ 1\leqslant i\leqslant m\ ;\ 1\leqslant j\leqslant n\}$ 对应的非基变量 x_{kl} 作为换入变量。

(2)确定换出变量：从换入变量 x_{kl} 出发作一条闭回路，分别给顶点编号(或标上符号"+"和"−")(作法同前)，则规定调整量 θ 为

$$\theta = \min\{\text{该闭回路上所有偶点的运量 } x_{ij}\}$$
$$= \min\{\text{该闭回路上所有标负号的顶点的运量 } x_{ij}\} = x_{rt}$$

则选择 x_{rt} 作为换出变量。

(3)调整运量：按下述规则调整，得到一组新的基可行解。

对任意的 $i=1, 2, \cdots, m$； $j=1, 2, \cdots, n$，新的运量计算如下：

$$x_{ij}' = \begin{cases} x_{ij}+\theta \text{，} x_{ij}\text{为闭回路上的奇点} \\ x_{ij}-\theta \text{，} x_{ij}\text{为闭回路上的偶点} \\ x_{ij}\text{，} x_{ij}\text{不在闭回路上} \end{cases} \tag{3-7}$$

以上调整运量的方法称为闭回路法，它既可使总运费下降，又可使新的基本解可行。

【例 8】 用闭回路法对例 2 所得的初始调运方案进行调整并检验它是否为最优解。

解：由例 7 知，有且只有 $\sigma_{34}=-1<0$，故选择 x_{34} 为换入变量。

从 x_{34} 出发的闭回路为：x_{34}，x_{32}，x_{12}，x_{14}，故 $\theta=\min\{x_{32}, x_{14}\}=\min\{3, 3\}=3$
这时可从 x_{32}，x_{14} 中任选一个变量作为换出变量，则由式(3-7)可知，另一变量仍为基变量，但值变为 0，即得新的基可行解

基变量为 $x_{11}'=x_{11}=4$，$x_{12}'=x_{12}+\theta=6$，$x_{14}'=x_{14}-\theta=0$，

$x_{24}'=x_{24}=6$，$x_{33}'=x_{33}=5$，$x_{34}'=x_{34}+\theta=3$

非基变量为 $x_{13}'=x_{13}=0$，$x_{21}'=x_{21}=0$，$x_{22}'=x_{22}=0$，

$x'_{23}=x_{23}=0$，$x_{31}'=x_{31}=0$，$x_{32}'=x_{32}-\theta=0$

此时的总运费为 57。

用运价矩阵检验如下：

$$\begin{pmatrix} (1) & (3) & 4 & (6) \\ 3 & 5 & 5 & (3) \\ 3 & 2 & (1) & (4) \end{pmatrix} \xrightarrow{\text{行加}} \begin{pmatrix} (1) & (3) & 4 & (6) \\ 6 & 8 & 8 & (6) \\ 5 & 4 & (3) & (6) \end{pmatrix} \xrightarrow[\text{列减}]{} \begin{pmatrix} (0) & (0) & 1 & (0) \\ 5 & 5 & 5 & (0) \\ 4 & 1 & (0) & (0) \end{pmatrix}$$

可见，所有非基变量的检验数都是非负的，故该基可行解就是最优解。同时，结合例 6 的结果可知，以表 3-5 为平衡运价表的运输问题的总运费最小的调运方案不唯一。

【例 9】 求以表 3-10 为平衡运价表的运输问题的最优解。

表 3-10

销地 / 产地	B_1	B_2	B_3	B_4	产 量
A_1	5	8	9	2	70
A_2	3	6	4	7	80
A_3	10	12	14	5	40
销 量	45	65	50	30	190

解：用最小元素法求初始基可行解，结果见表3-11。

表3-11

销地 / 产地	B_1	B_2	B_3	B_4	产量 a_i
A_1	5	40 8	9	30 2	70
A_2	45 3	6	35 4	7	80
A_3	10	25 12	15 14	5	40
销量 b_j	45	65	50	30	

用运价矩阵法求非基变量的检验数，有

$$\begin{pmatrix} 5 & (8) & 9 & (2) \\ (3) & 6 & (4) & 7 \\ 10 & (12) & (14) & 5 \end{pmatrix} \xrightarrow{\text{行加}} \begin{pmatrix} 9 & (12) & 13 & (6) \\ (13) & 16 & (14) & 17 \\ 10 & (12) & (14) & 5 \end{pmatrix} \xrightarrow[\text{列减}]{} \begin{pmatrix} -4 & (0) & -1 & (0) \\ (0) & 4 & (0) & 11 \\ -3 & (0) & (0) & -1 \end{pmatrix}$$

因为 $\min\{\sigma_{11}，\sigma_{13}，\sigma_{31}，\sigma_{34}\}=\min\{-4，-1，-3，-1\}=-4$，所以这个初始基可行解不是最优解，同时选 x_{11} 为换入变量。因从 x_{11} 出发的闭回路是：x_{11}，x_{12}，x_{32}，x_{33}，x_{23}，x_{21} 则调整量为 $\theta=\min\{x_{12}，x_{33}，x_{21}\}=\min\{40，15，45\}=15$，选 x_{33} 为换出变量。在 x_{11} 的闭回路上 x_{11}，x_{32}，x_{23} 分别加上15，x_{12}，x_{33}，x_{21} 分别减去15，并且 x_{33} 的值0不再标在格子右上角，其余变量的值都不变，调整后得到一组新的基可行解，见表3-12。

表3-12

销地 / 产地	B_1	B_2	B_3	B_4	产量 a_i
A_1	15 5	25 8	[3] 9	30 2	70
A_2	30 3	[0] 6	50 4	[7] 7	80
A_3	[1] 10	40 12	[4] 14	[−1] 5	40
销量 b_j	45	65	50	30	

重新求出所有非基变量的检验数，并标注在表3-12相应格子里的左上角。可见 $\sigma_{34}=$

$-1<0$，说明还没有得到最优解，则选 x_{34} 为换入变量，则在从 x_{34} 出发的闭回路 x_{34}，x_{14}，x_{12}，x_{32} 上，给 x_{34}，x_{12} 分别加上 $\theta=\min\{x_{14}, x_{32}\}=30$，给 x_{14}，x_{32} 分别减去 θ，选 x_{14} 为换出变量。并且 x_{14} 的值 0 不再标在格子右上角，其余变量不变，调整后得到一组新的基可行解，见表 3-13。且将求出的所有非基变量的检验数标注在表 3-13 相应格子里的左上角。

表 3-13

产地＼销地	B_1	B_2	B_3	B_4	产量 a_i
A_1	15 5	55 8	[3] 9	[1] 2	70
A_2	30 3	[0] 6	50 4	[7] 7	80
A_3	[1] 10	10 12	[4] 14	30 5	40
销量 b_j	45	65	50	30	

由表 3-13 可知，所有非基变量的检验数都非负，因而得到最优解，用矩阵形式表示如下：

$$X=\begin{bmatrix}15 & 55 & 0 & 0\\30 & 0 & 50 & 0\\0 & 10 & 0 & 30\end{bmatrix}$$

最小运费为

$$Z=\sum_{i=1}^{3}\sum_{j=1}^{4}C_{ij}x_{ij}=5\times15+8\times55+3\times30+4\times50+12\times10+5\times30=1075$$

又由 $\sigma_{22}=0$ 知，最优解不唯一。

3.2.4 表上作业法计算过程中需注意的问题

(1) 在表上作业法计算过程中，运量调整(即得到新的基可行解)后必须重新计算所有非基变量的检验数。

(2) 由于产销平衡的运输问题必定存在最优解。因此当某个非基变量(空格)的检验数为 0 时，该问题有无穷多最优解。

(3) 用表上作业法求解运输问题出现退化时，在相应格子的右上角一定要填数字 0，以标注此格为数字格。

(4) 出现退化的两种情况。

①在确定初始基可行解的各个供需关系时，若在(i, j)格填入某数字后，出现产地 A_i 的产量全部用完，同时销地 B_j 的销量也得到全部的满足，这时为了保证在产销平衡表上

有 $m+n-1$ 个数字格(即要保证有 $m+n-1$ 个基变量)，则在产销平衡表上只能选择划去第 i 行或第 j 列。而没被划掉的列或行在下次确定运量时，必有一个格子对应的运量为0，即得到退化基可行解。

②用闭回路法调整时，若在闭回路上出现两个和两个以上偶点处的运量达到最小值，这时只能选择其中一个顶点对应的变量作为换出变量。而另一个顶点对应的变量经调整后，其值为0，这时必须将数字0标注在该顶点所在格子的右上角，以表明它是基变量。

(5)出现退化解后，可继续对运输方案进行改进调整时，这时可能在某闭回路的偶顶点上有取值为0的数字格，这时应取调整量 $\theta=0$。

3.3　运输问题的扩展

3.3.1　目标极大化的运输问题

当运输问题的目标追求极大化时，有下面两种求解方法。

(1)将极大化问题转化为极小化问题来处理。

设极大化问题的运价矩阵为 $C=(c_{ij})_{m\times n}$，则构造一个矩阵 $C'=(M-c_{ij})_{m\times n}$，数 M 是一个很大的正数(一般令 $M=\max\{c_{ij}\mid i=1,2,\cdots,m;j=1,2,\cdots,n\}$)。则以 C' 为运价矩阵的运输问题的目标函数为 $\min Z=\sum_{i=1}^{m}\sum_{j=1}^{n}c'_{ij}x_{ij}=\sum_{i=1}^{m}\sum_{j=1}^{n}(M-c_{ij})x_{ij}$，故当以 C' 为运价矩阵的极小化问题达到最优解时，原极大化问题也在该解处达到最优。

【例10】　已知从产地 A_i 到销地 B_j 的吨公里利润如表3-14所示，问如何安排运输方案可使总利润最大。

表3-14

销地 产地	B_1	B_2	B_3	产　量
A_1	2	5	8	7
A_2	9	10	5	9
A_3	8	12	4	12
销　　量	9	10	9	28

解： 取 $M=\max\{c_{ij}\mid i,j=1,2,3\}=c_{32}=12$，则得到以 $c'_{ij}=M-c_{ij}$ 作为“运价”的目标极小化运输问题的平衡运价表(表3-15)。用最小元素法求初始方案，并计算所有非基变量的检验数，将数据填入表3-15的相应位置。可见，所有非基变量的检验数都是非负的，故得到最优运输方案，则原问题的最大利润为 $Z=8\times7+9\times9+6\times8+5\times0+12\times10+4\times2=265$。

表 3-15

销地 / 产地	B_1	B_2	B_3	产量
A_1	[10] 10	[11] 7	7 4	7
A_2	9 3	[3] 2	0 7	9
A_3	[0] 4	10 0	2 8	12
销　量	9	10	9	

(2) 不需转化极大化问题，直接处理。

采用西北角法、最大元素法或伏格尔法求初始运输方案(此时伏格尔法中的差额是最大元素与次大元素的差)，以“所有非基变量的检验数 $\sigma_{ij} \leq 0$”为最优性准则，如上例，用最大元素法求得初始运输方案，并计算出所有非基变量的检验数，将数据填入表 3-16 的相应位置。

表 3-16

销地 / 产地	B_1	B_2	B_3	产　量
A_1	[−10] 2	[−11] 5	7 8	7
A_2	9 9	[−3] 10	0 5	9
A_3	[0] 8	10 12	2 4	12
销　量	9	10	9	

可见，所有非基变量的检验数都是非正的，故得到最优运输方案，且结果与第一种方法相同。

3.3.2 产销不平衡运输问题

当总产量与总销量不相等 $\left(即 \sum_{i=1}^{m} a_i \neq \sum_{j=1}^{n} b_j \right)$ 时，称为不平衡运输问题。这类运输问题在实际中常常碰到，它的求解思路是将不平衡问题转化为平衡问题求解。

1. 产大于销 $\left(\text{即} \sum_{i=1}^{m} a_i > \sum_{j=1}^{n} b_j\right)$

对于产大于销(即供过于求)的运输问题(3-2)，可通过虚拟一个销地 B_{n+1} 的方法将它转化为平衡问题，则销地 B_{n+1} 的销量为 $b_{n+1} = \sum_{i=1}^{m} a_i - \sum_{j=1}^{n} b_j$。同时，假设各产地 A_i 到 B_{n+1} 的单位运价为零，即 $c_{i,n+1}=0\ (i=1,\ 2,\ \cdots,\ m)$，这相当于将产地 A_i 没运完的物资就地存起来。则模型(3-2)转化为平衡问题：

$$\min Z = \sum_{i=1}^{m} \sum_{j=1}^{n+1} c_{ij} x_{ij}$$

$$\text{s. t.} \begin{cases} \sum_{j=1}^{n+1} x_{ij} = a_i & i = 1,\ 2,\ \cdots,\ m \\ \sum_{i=1}^{m} x_{ij} = b_j & j = 1,\ 2,\ \cdots,\ n+1 \\ x_{ij} \geqslant 0, & i = 1,\ 2,\ \cdots,\ m;\ j = 1,\ 2,\ \cdots,\ n+1 \end{cases}$$

2. 销大于产 $\left(\text{即} \sum_{i=1}^{m} a_i < \sum_{j=1}^{n} b_j\right)$

对于销大于产(即供不应求)的运输问题(3-3)，可通过虚拟一个产地 A_{m+1} 的方法将它转化为平衡问题，则产地 A_{m+1} 的产量为 $a_{m+1} = \sum_{j=1}^{n} b_j - \sum_{i=1}^{m} a_i$。同时，假设产地 A_{m+1} 到各销地 B_j 的单位运价为零，即 $c_{m+1,j}=0\ (j=1,\ 2,\ \cdots,\ n)$，则模型(3-3)转化为平衡问题：

$$\min Z = \sum_{i=1}^{m+1} \sum_{j=1}^{n} c_{ij} x_{ij}$$

$$\text{s. t.} \begin{cases} \sum_{j=1}^{n} x_{ij} = a_i & i = 1,\ 2,\ \cdots,\ m+1 \\ \sum_{i=1}^{m+1} x_{ij} = b_j & j = 1,\ 2,\ \cdots,\ n \\ x_{ij} \geqslant 0, & i = 1,\ 2,\ \cdots,\ m+1;\ j = 1,\ 2,\ \cdots,\ n \end{cases}$$

注：(1)上述两种情形将不等式化为等式的过程，等价于加入松弛变量 $x_{1,n+1}$，$x_{2,n+1}$，$\cdots$，$x_{m,n+1}$ 及 $x_{m+1,1}$，$x_{m+1,2}$，$\cdots$，$x_{m+1,n}$，因松弛变量在目标函数中的系数为零，故目标函数不变。

(2)用最小元素法求产销不平衡运输问题的初始方案时，应先以原运价表为主进行调运，最后考虑虚拟的产地或销地对应的格子的调运。

3.3.3 无运输线路的运输问题

在实际问题中，有时候会存在从产地 A_i 到销地 B_j 无运输线路的情况，即 $x_{ij} \equiv 0$。为了便于用表上作业法来求解该类问题，可以规定从 A_i 到 B_j 的单位运价为 $c_{ij}=M$，其中 M 是一个非常大的正数。

【例 11】 已知某种货物要从三个产地 A_1，A_2，A_3 运往四个销地 B_1，B_2，B_3，B_4。已

知每件产品的运价为 0.2 元/公里，A_1 到 B_2，A_3 到 B_2 均无运输线路，其他数据如表 3-17 所示。试求最优调运方案。

表 3-17 **里程表** 公里

产地＼销地	B_1	B_2	B_3	B_4	产量
A_1	200	—	100	300	700
A_2	300	100	400	200	800
A_3	100	—	300	500	500
销　量	450	650	500	300	1900＼2000

解：因为 $\sum_{i=1}^{3} a_i = 2000 > \sum_{j=1}^{4} b_j = 1900$，所以在这个不平衡问题中要虚拟一个销量为 $b_5 = 2000-1900 = 100$ 的销地 B_5，$c_{i5} = 0$（$i=1$，2，3）将其转化为平衡问题。又因为 A_1 到 B_2，A_3 到 B_2 均无运输线路，所以令 $c_{12}=c_{32}=M$，则可得表 3-18。

表 3-18

产地＼销地	B_1	B_2	B_3	B_4	B_5	产量
A_1	40	M	20　500	60　150	0　50	700
A_2	60	20　650	80	40　150	0	800
A_3	20　450	M	60	100	0　50	500
销　量	450	650	500	300	100	

用伏格尔法求初始调运方案，并填入表 3-18 中。用运价矩阵法计算检验数

$$\begin{pmatrix} 40 & M & (20) & (60) & (0) \\ 60 & (20) & 80 & (40) & 0 \\ (20) & M & 60 & 100 & (0) \end{pmatrix} \xrightarrow{\text{行加}} \begin{pmatrix} 40 & M & (20) & (60) & (0) \\ 80 & (40) & 100 & (60) & 20 \\ (20) & M & 60 & 100 & (0) \end{pmatrix}$$

$$\xrightarrow{\text{列减}} \begin{pmatrix} 20 & M-40 & (0) & (0) & (0) \\ 60 & (0) & 80 & (0) & 20 \\ (0) & M-40 & 40 & 40 & (0) \end{pmatrix}$$

因为所有检验数非负，故已得最优运输方案：

产地 A_1运 500 件到销地 B_3，运 150 件到销地 B_4；产地 A_2运 650 件到销地 B_2，运 150 件到销地 B_4；产地 A_3运 450 件到销地 B_1。产地 A_1和产地 A_3各剩余 50 件。总运费为(20×500+60×150+0×50+20×650+40×150+20×450+0×50) = 47000 元。

3.3.4　需求量不确定的运输问题

【例 12】　在表 3-19 给出的运输问题中，假定 B_1的需要量是 20 到 60 之间，B_2的需要量是 50 到 70，试求极小化问题的最优解。

表 3-19

	B_1	B_2	B_3	B_4	产量 a_i
A_1	5	9	2	3	60
A_2	—	4	7	8	40
A_3	3	6	4	2	30
A_4	4	8	10	11	50
销量 b_j	20	60	35	45	160 \ 180

解：(1)因总产量为 180，若按 B_1，…，B_4的最低需求量 20+50+35+45 = 150，这时问题属于产大于销的类型；但若按 B_1，…，B_4的最高需求是 60+70+35+45 = 210，这时问题属于销大于产的类型。

(2)因 B_1和 B_2的需要量不确定，但它们的最低需求必须满足，为此需将 B_1与 B_2各分成两部分 B_1^1，B_1^2 和 B_2^1，B_2^2，其中 B_1^1，B_1^2 的需求量分别是 20 与 40，B_2^1，B_2^2 的需求量分别是 50 与 20。

(3) 对于销大于产的问题，必须虚拟一个产地 A_5，产量是 210-180 = 30，同时须注意 A_5的产量只能供应 B_1^2 和 B_2^2，则 A_5到 B_1^2 和 B_2^2 的运价为零，到其他销地的运价均为 M。则可得如下的产销平衡表 3-20。

表 3-20

	B_1^1	B_1^2	B_2^1	B_2^2	B_3	B_4	产量 a_i
A_1	5	5	9	9	2	3	60
A_2	M	M	4	4	7	8	40
A_3	3	3	6	6	4	2	30
A_4	4	4	8	8	10	11	50
A_5	M	0	M	0	M	M	30
销量 b_j	20	40	50	20	35	45	210

用表上作业法计算，得到如表 3-21 所示的最优方案。

表 3-21

	B_1^1	B_1^2	B_2^1	B_2^2	B_3	B_4	a_i
A_1					35	25	60
A_2			40				40
A_3	0		10			20	30
A_4	20	30					50
A_5		10		20			30
b_j	20	40	50	20	35	45	210

表中 $x_{31}^1=0$ 是基变量，说明这组解是退化基可行解，空格处对应的变量是非基变量。B_1，B_2，B_3，B_4实际收到产品数量分别是 50，50，35 和 45 个单位。

3.3.5 转运问题

在实际生活中，许多物资的调运不是直接由产地运到销地，而会出现下面几种情况：

(1)产地和销地之间没有直达的线路，物资由产地运到销地时必须经过若干中转站。

(2) 产地和销地之间虽然有直达的线路，但按直达线路运输的成本比经过若干中转站到达的成本还高。

(3)某些产地既可输出物资，又可接纳部分物资；某些销地既可接纳物资，又可输出部分物资，即产地和销地都具有双重身份。

含有以上情况的运输问题，统称转运问题。

解决转运问题的思路，仍是要先将其转化为产销平衡的运输问题，再用表上作业法求解。为此，需作如下假设：

(1)根据具体问题给出最大的可能中转量 D，其中 $D \geqslant \max\left\{\sum_{i=1}^{m} a_i,\ \sum_{j=1}^{n} b_j\right\}$；

(2)原产地 A_i 视为产地时其产量改为 a_i+D，视为销地时其销量为 D，

(3)原销地 B_j 视为销地时其销量改为 a_i+D，视为产地时其产量为 D；

(4)原中转站 T_k 视为产地和销地时，其产量和销量均为 D；

(5) 产地 A_i(B_j 或 T_k)到销地 A_i(B_j 或 T_k)的运价为 0，即自己到自己的运价为 0。

【例 13】 已知某物资每天的产量、销量及单位运价(元/吨)如表 3-22 所示。

表 3-22

加工厂＼销地	B_1	B_2	B_3	B_4	产量
A_1	3	11	3	10	7
A_2	1	9	2	8	4
A_3	7	4	10	5	9
销 量	3	6	5	6	20

如果假定：这些物资在三个加工厂之间，在四个销地之间及产地、销地和四个纯粹的中转站之间都可相互调运，且相应的运价如表 3-23 所示。问在考虑到产销地之间直接运输和非直接运输的各种可能方案的情况下，如何将三个厂每天生产的产品运往销售地，使总的运费最少。

表 3-23

项目		产地			中间转运站				销地			
		A_1	A_2	A_3	T_1	T_2	T_3	T_4	B_1	B_2	B_3	B_4
产地	A_1	0	1	3	2	1	4	3	3	11	3	10
	A_2	1	0	—	3	5	—	2	1	9	2	8
	A_3	3	—	0	1	—	2	3	7	4	10	5
中转运站	T_1	2	3	1	0	1	3	2	2	8	4	6
	T_2	1	5	—	1	0	1	1	4	5	2	7
	T_3	4	—	2	3	1	0	2	1	8	2	4
	T_4	3	2	3	2	1	2	0	1	—	2	6
销地	B_1	3	1	7	2	4	1	1	0	1	4	2
	B_2	11	9	4	8	5	8	—	1	0	2	1
	B_3	3	2	10	4	2	2	2	4	2	0	3
	B_4	10	8	5	6	7	4	6	2	1	3	0

解：从表 3-23 可看出，从 A_1 到 B_2 每吨产品的直接运费为 11 元，如从 A_1 经 A_3 运往 B_2，每吨运价为 3+4=7 元，从 A_1 经 T_2 运往 B_2 只需 1+5=6 元，而从 A_1 到 B_2 运费最少的路径是从 A_1 经 A_2、B_1 到 B_2，每吨产品的运费只需 1+1+1=3 元。可见，这个问题中从每个产地到各销地之间的运输方案是很多的。为了把这个问题仍当做一般的产销平衡运输问题来处理，可以这样处理：

（1）由于问题中所有产地、中转运站、销地都既可以看做产地，又可以看做销地。因此把整个问题当做有 11 个产地和 11 个销地的扩大的运输问题。

（2）对扩大的运输问题建立产销平衡运价表。方法是将表 3-22 中无运输线路的对应运价用任意大的正数 M 代替，自己到自己的运价定为 0 。

(3) 所有中间转运站的产量等于销量。由于运费最少时不可能出现一批物资来回倒运的现象，所以每个转运站的转运数不超过 20 吨。可以规定 T_1，T_2，T_3，T_4的产量和销量均为 20 吨。

(4)扩大的运输问题中原来的产地与销地因为也有转运站的作用，所以三个厂每天的产量改成 27，24，29 吨，销量均为 20 吨；四个销售点的每天销量改为 23，26，25，26 吨，产量均为 20 吨。

则可写出扩大的运输问题的产销平衡运价表(表 3-24)，故用表上作业法求解即可(请读者自行计算）。

表 3-24

产地＼销地	A_1	A_2	A_3	T_1	T_2	T_3	T_4	B_1	B_2	B_3	B_4	产量
A_1	0	1	3	2	1	4	3	3	11	3	10	27
A_2	1	0	M	3	5	M	2	1	9	2	8	24
A_3	3	M	0	1	M	2	3	7	4	10	5	29
T_1	2	3	1	0	1	3	2	2	8	4	6	20
T_2	1	5	M	1	0	1	1	4	5	2	7	20
T_3	4	M	2	3	1	0	2	1	8	2	4	20
T_4	3	2	3	2	1	2	0	1	M	2	6	20
B_1	3	1	7	2	4	1	1	0	1	4	2	20
B_2	11	9	4	8	5	8	M	1	0	2	1	20
B_3	3	2	10	4	2	2	2	4	2	0	3	20
B_4	10	8	5	6	7	4	6	2	1	3	0	20
销　量	20	20	20	20	20	20	20	23	26	25	26	

3.4　运输模型的应用举例

运输模型是线性规划模型的一种特例，在生产实践中有着广泛的应用。一些看似与运输问题无关的问题，经过整理变形，却可得到类似平衡运输问题的表格，即可转化为用运输问题的表上作业法求解。下面举例加以说明。

【例 14】 现有四项工作要指派给甲、乙两人完成，要求每人完成两项工作。已知两人完成各项工作的时间(小时)如表 3-25 所示，问如何安排工作才能使总的工作时间最少。

表 3-25

	A	B	C	D
甲	15	20	9	10
乙	12	16	10	12

解：将甲和乙分别看做是产量均为 2 的产地，四项工作 A，B，C，D 分别看做是销量均为 1 的销地，则该问题就转化为了如表 3-26 所示的平衡运输问题。

表 3-26

	A	B	C	D	产　量
甲	15	20	9	10	2
乙	12	16	10	12	2
销　量	1	1	1	1	

用表上作业法可求得最优的工作分配是：甲完成工作 C 和 D，乙完成工作 A 和 B，总的工作时间为 $Z=47$(小时)。

【例 15】　某种物资要从甲、乙两地运往三个销地，有关数据如表 3-27 所示。若假定产地甲、乙都允许存储该物资，同时三个销地也都允许缺货，则如何安排调运方案可使总的支付费用最低？

表 3-27

产地＼销地	1	2	3	产　量	存储费/单价
甲	3	11	7	200	7
乙	4	5	2	200	4
销　量	100	50	150		
缺货费/单价	3	5	8		

解：先虚拟一个销地 4，令 $c_{14}=7$，$c_{24}=4$，即从甲、乙两地运送物资到销地 4 时相当于把物资分别存储在甲、乙两地，故销地 4 的销量为甲、乙两地的总产量 400；再先虚拟一个产地丙，令 $c_{31}=3$，$c_{32}=5$，$c_{33}=8$，$c_{34}=0$，即从丙运送物资到销地 1，2，3 相当于销地 1，2，3 缺货，故产地丙的产量为销地 1，2，3 的总销量 300。则该问题的平衡运价表如表 3-28 所示。

表 3-28

销地 产地	1	2	3	4	产量
甲	3	11	7	7	200
乙	4	5	2	4	200
丙	3	5	8	0	300
销量	100	50	150	400	700

用表上作业法可求得最优的调运方案：产地甲调运 100 单位物资到销地 1，剩下 100 单位物资存储，产地乙分别调运 50，150 单位物资到销地 2 和销地 3。销地 1，2，3 都得到满足，不缺货。总的支付费用为 100×3+100×7+50×5+150×2＝1550。

【例 16】 某工厂在 4~7 月需供应某产品 15，25，20，10(吨)，现知该厂每月的生产能力和产品的单位成本如表 3-29 所示。若当月生产的产品不在当月使用，每吨产品须付存储费 3 元/月。又设 6 月底仓库必须全部清空，则该如何安排生产，可使这四个月总的生产费用最少？

表 3-29

月　份	4	5	6	7
生产能力/吨	25	18	22	16
单位成本	7	5	8	5

解：设用 c_{ij} 表示第 i 月生产第 j 月使用的产品的实际成本，即 c_{ij} 为第 i 月的单位生产成本与存储费之和。同时当 $i>j$ 时，令 $c_{ij}=M$，则原问题就转化为了如表 3-30 所示的“运输问题”。

可见，这是个“产大于销”的不平衡问题，需要再虚拟一个销地，将其转化为平衡问题求解，具体求解请读者自行计算。

表 3-30

月　份	4	5	6	7	产　量
4	7	10	13	M	25
5	M	5	8	M	18
6	M	M	8	M	22
7	M	M	M	5	16
销　量	15	25	20	10	70 \ 81

3.5　软件操作实践及案例建模分析

运输问题是一类特殊的线性规划问题，因此 1.9 节涉及的软件都是可以用来求解运输问题的，在此，不再一一详细叙述，只对需要改变或注意的事项进行说明。

下面用具体案例来说明“管理运筹学”2.0，Excel，Lindo 及 Matlab 软件求解运输问题的主要过程。

3.5.1　“管理运筹学”2.0 软件求解运输问题

在“管理运筹学”2.0 软件中当然可以用线性规划程序来求解运输问题，它的优点是输出信息多，可以进行灵敏度分析，可知最优解不变时，单位运价的不变范围；也可知产量、销量的对偶价格，及它们各自在什么范围内变化时可使其对偶价格不变。但缺点是不仅输入很麻烦，而且线性规划程序相对复杂，解决不了规模大的运输问题。为此，求解运输问题时要用“管理运筹学”2.0 软件中的“运输问题”子模块，它不仅输入简单(输入数据有：产地数、销地数、产地的产量、销地的销量、各产地到各销地的单位运价)，而且不平衡运输问题可以直接求解，无需先转化为平衡运输问题。

【例 17】　某公司从产地 A_1，A_2将产品运往销地 B_1，B_2，B_3，各产地的产量、各销地的销量以及从各产地到各销地的单位运价如表 3-31 所示。问如何调运可使总的运费最少？

表 3-31

产地＼销地	B_1	B_2	B_3	产　量
A_1	13	15	12	75
A_2	11	29	22	45
销　量	53	36	65	154＼120

解：设 x_{ij}为从 i 个产地运往第 j 个销地的运量($i=1，2；j=1，2，3$)，则可得此运输问题的线性规划模型：

$$\min Z=13x_{11}+15x_{12}+12x_{13}+11x_{21}+29x_{22}+22x_{23}$$

$$\text{s. t.}\begin{cases}x_{11}+x_{12}+x_{13}=75 & \text{(产地 } A_1 \text{ 的产量条件)}\\ x_{21}+x_{22}+x_{23}=45 & \text{(产地 } A_2 \text{ 的产量条件)}\\ x_{11}+x_{21}\leqslant 53 & \text{(需求地 } B_1 \text{ 的销量条件)}\\ x_{12}+x_{22}\leqslant 36 & \text{(需求地 } B_2 \text{ 的销量条件)}\\ x_{13}+x_{23}\leqslant 65 & \text{(需求地 } B_3 \text{ 的销量条件)}\\ x_{ij}\geqslant 0，i=1，2；j=1，2，3 \end{cases}$$

下面用“管理运筹学”2.0 软件求解上述线性规划问题。

在“管理运筹学”2.0主窗口中点击“运输问题”模块按钮，在弹出的界面中再点击“新建”按钮，然后输入相关数据，输入完毕，点击“解决”按钮，就可得该运输问题的最优解。

下面给出该例的两种求解方式的部分界面:

(1)不转化为平衡运输问题求解(图3-1、3-2)。

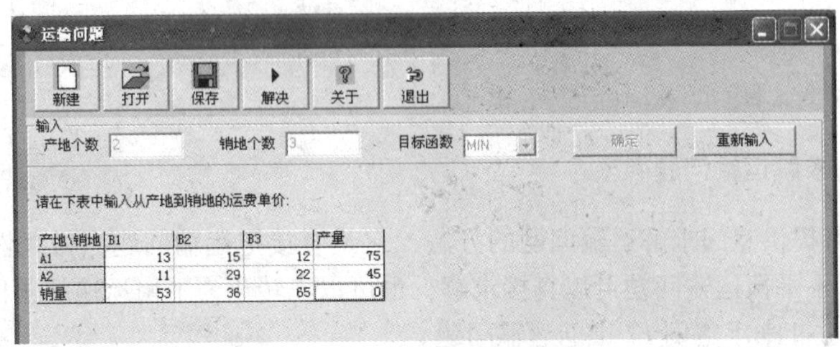

产地\销地	B1	B2	B3	产量
A1	13	15	12	75
A2	11	29	22	45
销量	53	36	65	0

图3-1　数据界面

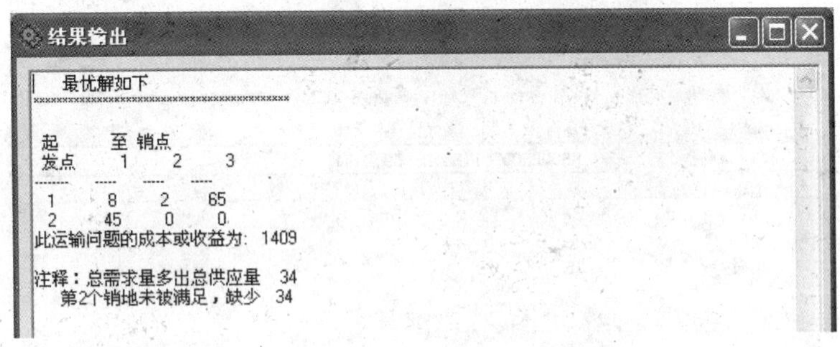

图3-2　输出结果界面

(2)转化为平衡运输问题求解(图3-3、3-4)。

输入

产地个数 3　销地个数 3　目标函数 MIN　确定　重新输入

请在下表中输入从产地到销地的运费单价:

产地\销地	B1	B2	B3	产量
A1	13	15	12	75
A2	11	29	22	45
A3	0	0	0	34
销量	53	36	65	0

图3-3　数据界面

从图3-2和图3-4可见，输出结果信息是完全一致的。即得到最优调运方案为：从产地A_1运往销地B_1，B_2，B_3的物资数量分别为8，2，65；从产地A_2运往销地B_1，B_2，B_3的物资数量分别为45，0，0，可见产地A_1，A_2的产量已全部运完，销地B_1，B_3的销量已全部满足，而销地B_2还未得到满足，还差34个单位。

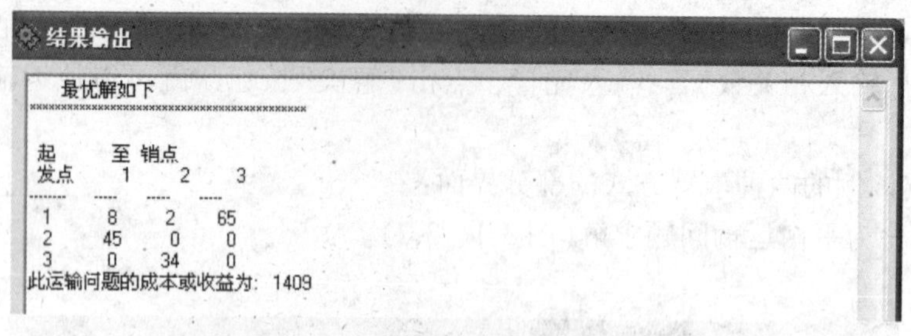

图 3-4　输出结果界面

3.5.2　Excel 求解运输问题

Excel 没有提供专门求解运输问题的方法，它是直接把运输问题当做线性规划问题来求解的，故对不平衡运输问题可以直接求解，也可以先转化为平衡运输问题再求解。

下面用 Excel 来求解例 17 中的运输问题。

先将例 17 中的不平衡运输问题转化为平衡运输问题，再将数据输入 Excel，如图 3-5 所示。

Microsoft Excel - Book1

B14　=SUMPRODUCT(B3:D5,B9:D11)

	A	B	C	D	E	F	G	H	I
4	A2	11	29	22	45				
5	A3	0	0	0	34				
6	销量	53	36	65					
7									
8	产地\销地	B1	B2	B3	产量				
9	A1				0				
10	A2				0				
11	A3				0				
12	销量	0	0	0					
13									
14	总运费	0							

图 3-5

其中，决策变量对应的单元格是 B9：D11，目标单元格是 B14，其计算公式为“=SUMPRODUCT(B3：D5，B9：D11)”。

产量列各单元格分别对应产量约束的左边表达式，其计算公式分别为

E9：=SUM(B9：D9)　　E10：=SUM(B10：D10)　　E11：=SUM(B11：D11)

销量行各单元格分别对应销量约束的上边表达式，其计算公式分别为

B12：=SUM(B9：B11)　C12：=SUM(C9：C11)　　D12：=SUM(D9：D11)

“规划求解参数”对话框的设置如图 3-6 所示。

点击“选项”按钮，在弹出的“规划求解选项”对话框中选择“采用线性模型”和“假定非负”复选框，再点击“确定”按钮，回到“规划求解参数”对话框，再点击“求解”按钮，

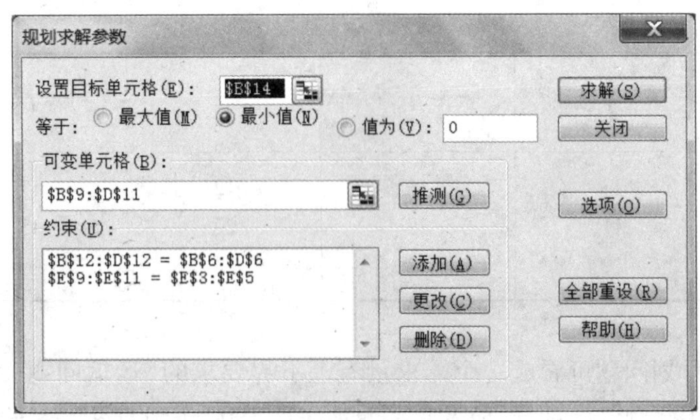

图 3-6

可得求解结果，如图 3-7 所示。

	A	B	C	D	E
1					
2	产地\销地	B1	B2	B3	产量
3	A1	13	15	12	75
4	A2	11	29	22	45
5	A3	0	0	0	34
6	销量	53	36	65	
7					
8	产地\销地	B1	B2	B3	产量
9	A1	8	2	65	75
10	A2	45	0	0	45
11	A3	0	34	0	34
12	销量	53	36	65	
13					
14	总运费	1409			

敏感性报告 1 / 极限值报告 1 / Sheet1 / Sheet2 / Sheet3

就绪

图 3-7

可见，求解结果同“管理运筹学”2.0 软件计算的一样。由于 Excel 是直接把运输问题当做线性规划问题来求解的，故如需灵敏度分析结果，可在弹出的“规划求解结果”框中选择右边列出的三个报告中的相应部分即可，此处不再详述。

3.5.3　Lindo 软件求解运输问题

Lindo 软件也是直接把运输问题看做线性规划问题来求解的，故对不平衡运输问题可以直接求解，也可以先转化为平衡运输问题再求解。

【例 18】　某工厂有三个车间，现生产四种产品 A，B，C，D。根据订货和市场预测，这四种产品的需求量如下：产品 A 最少 300 件，最多 600 件；产品 B 最少 100 件，产品 C 最多 300 件，产品 D 只需要 700 件。如车间 3 除了不能生产产品 B 外，三个车间均能生产所有产品，它们的生产能力和单位生产成本如表 3-32 所示。问怎样安排生产可使总成本最小？

表 3-32

车间＼产品	A	B	C	D	生产能力
1	13	15	12	17	1000
2	11	29	22	15	400
3	19	12	23	—	500

解：该生产计划问题可看成一个需求量有上下界要求的"运输问题"。因为三个车间的总生产能力为 1900 件，所以产品 B 最多只能生产 1900-(300+700)= 900 件，则各产品的最大需求量和最小需求量如表 3-33 所示。

表 3-33

产　品	A	B	C	D
最小需求量	300	100	0	700
最大需求量	600	900	300	700

可见，最大需求量为 2500>总生产能力 1900，故这是一个"销大于产"的不平衡运输问题，则虚拟一个生产能力为 2500-1900=600 的车间 4。由于最小需求是必须满足的，故产品 A 要一分为二地来看，下面用 A_1 表示产品 A 的必须满足的那一部分，用 A_2 表示产品 A 的不一定要满足的那一部分。产品 B 不需要这样处理，原因在于满足 A，C，D 的最大需求量之后，剩余的生产能力 1900-(600+300+700)= 300 是可以满足 B 的最小需求量的。又因为车间 3 不能生产产品 B，虚拟的车间 4 也是不能满足 A_1 和 D 的，故可设这几处的成本为 M(M 是很大的正数)，则可得表 3-34 所示的"平衡运价表"。

表 3-34

车间＼产品	A_1	A_2	B	C	D	生产能力
1	13	13	15	12	17	1000
2	11	11	29	22	15	400
3	19	19	12	23	M	500
4	M	0	0	0	M	600
需求量	300	300	900	300	700	2500

上述"运输问题"的线性规划模型为

$$\min Z=13x_{11}+13x_{12}+15x_{13}+12x_{14}+17x_{15}+11x_{21}+11x_{22}+29x_{23}+22x_{24}+15x_{25}$$
$$+19x_{31}+19x_{32}+12x_{33}+23x_{34}+Mx_{35}+Mx_{41}+Mx_{45}$$

$$\text{s. t.}\begin{cases}x_{11}+x_{12}+x_{13}+x_{14}+x_{15}=1000\\x_{21}+x_{22}+x_{23}+x_{24}+x_{25}=400\\x_{31}+x_{32}+x_{33}+x_{34}+x_{35}=500\\x_{41}+x_{42}+x_{43}+x_{44}+x_{45}=600\\x_{11}+x_{21}+x_{31}+x_{41}=300\\x_{12}+x_{22}+x_{32}+x_{42}=300\\x_{13}+x_{23}+x_{33}+x_{43}=900\\x_{14}+x_{24}+x_{34}+x_{44}=300\\x_{15}+x_{25}+x_{35}+x_{45}=700\\x_{ij}\geqslant 0,\ i=1,\ 2,\ 3,\ 4;\ j=1,\ 2,\ 3,\ 4,\ 5\end{cases}$$

下面用 Lindo 软件求解上述线性规划问题。

打开 Lindo 软件，输入上述线性规划模型，由于 M 是很大的正数，故在此取 $M=10000$。输入模型的界面如图 3-8 所示。

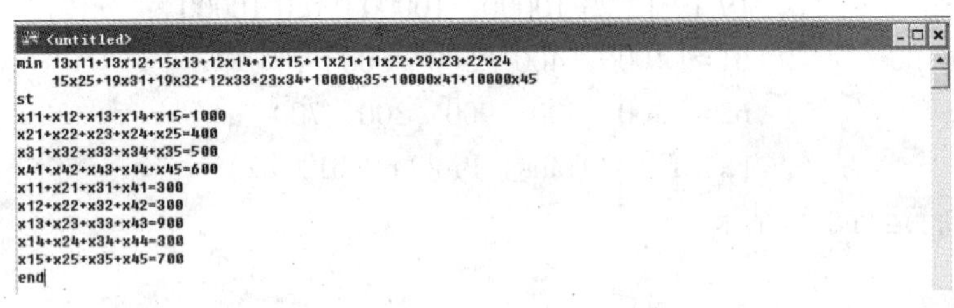

图 3-8

点击“Slove”按钮，求解结果如图 3-9 所示。

由图 3-9 可知，安排车间 2 生产产品 A 400 件，车间 3 生产产品 B 500 件，车间 1 生产产品 C 300 件和产品 D 700 件，不仅可使需求得到满足，还可使总成本最小。

3.5.4　Matlab 软件求解运输问题

Matlab 软件中没有自带的专门求解运输问题的函数，但由于运输问题是具有特殊结构的线性规划问题，因而可以调用 linprog( ) 函数来求解。但观察例 8 就可知，当问题的规模达到一定程度，这样求解是非常不方便的。为此，文献[12]中提供了一个专门求解运输问题的函数——Trans_ Prog( ) 函数，无论是平衡还是不平衡运输问题，该函数都适用。该函数的调用形式为

[x, fv] = Trans_ Prog(c, b1, b2)

式中，输入参数为 c——运价矩阵；b1——产量列向量；b2——销量列向量。

输出参数为 x——最优运量矩阵；fv——最优运输总费用。

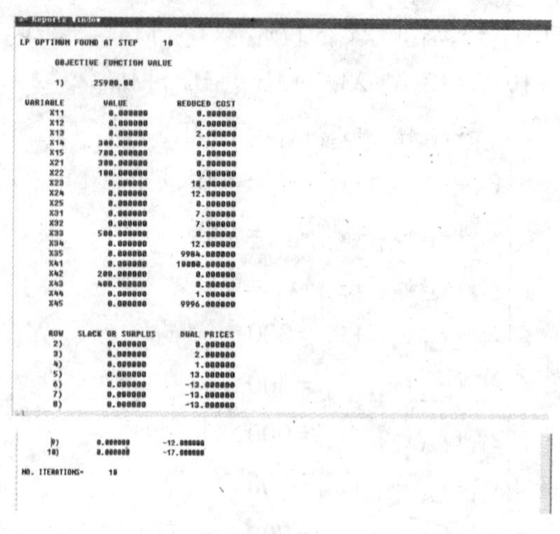

```
LP OPTIMUM FOUND AT STEP      10

      OBJECTIVE FUNCTION VALUE

      1)      25900.00

 VARIABLE        VALUE          REDUCED COST
      X11         0.000000          0.000000
      X12         0.000000          0.000000
      X13         0.000000          2.000000
      X14       300.000000          0.000000
      X15       700.000000          0.000000
      X21       300.000000          0.000000
      X22       100.000000          0.000000
      X23         0.000000         18.000000
      X24         0.000000         12.000000
      X25         0.000000          0.000000
      X31         0.000000          7.000000
      X32         0.000000          7.000000
      X33       500.000000          0.000000
      X34         0.000000         12.000000
      X35         0.000000       9984.000000
      X41         0.000000      10000.000000
      X42       200.000000          0.000000
      X43       400.000000          0.000000
      X44         0.000000          1.000000
      X45         0.000000       9996.000000

      ROW   SLACK OR SURPLUS     DUAL PRICES
       2)         0.000000          0.000000
       3)         0.000000          2.000000
       4)         0.000000          1.000000
       5)         0.000000         13.000000
       6)         0.000000        -13.000000
       7)         0.000000        -13.000000
       8)         0.000000        -13.000000
       9)         0.000000        -12.000000
      10)         0.000000        -17.000000

 NO. ITERATIONS=      10
```

图 3-9

例如，对例 8 中的"运输问题"，取 $M=10000$，可在 Matlab 的命令窗口中输入如下程序：

```
c=[13 13 15 12 17; 11 11 29 22 15; …
19 19 12 23 10000; 10000 0 0 0 10000];
b1=[1000   400   500   600]';
b2=[300   300   900   300   700]';
[x, fv]= Trans_ Prog(c, b1, b2)
```

请读者自行运行求得结果。

讨论、思考题

1. 对平衡运输问题，试给出一种新的求初始调运方案的方法。

2. 求解运输问题时，运输问题的基变量有何特点？

3. 用最小元素法或伏格尔法求运输问题的初始调运方案时，为什么按照一定的步骤产生的一组变量不会构成闭回路，其取值非负，且总数为 $m+n-1$ 个？

4. 怎样理解运输问题中的非基变量的检验数？

5. 何时平衡运输问题有无穷多最优解？是以例 10 中表 3-14 为例加以说明，并给出 3 个最优解。

6. 试给出一种新的求最大值运输问题的方法。

7. 运输问题是一类特殊的线性规划问题，故可用同样的思路进行灵敏度分析，考虑：

(1) 如运输问题的单位运价表的第 i 行的元素 c_{ij} 都加上一个常数 k，则最优解是否发生变化？目标函数值怎么变化？

(2) 如运输问题的单位运价表的第 r 列的元素 c_{ir} 都加上一个常数 k，则最优解是否发生变化？目标函数值怎么变化？

8. 总结书中所涉及运输问题建模的规律。

本章小结

本章在分析运输问题特征的基础上，先介绍了求解运输问题的表上作业法。接着对平衡运输问题进行了扩展，介绍了各类非平衡运输问题转化为平衡运输问题的方法。最后还通过具体的实例，介绍把一些看似与运输问题无关的问题转化为用运输问题的表上作业法求解。

本章学习要求如下：

(1)了解运输问题的数学模型，能建立有关问题的运输模型。

(2)掌握求解运输问题的表上作业法。这包括用西北角法、最小元素法、伏格尔法求初始调运方案；用闭回路法、位势法、运价矩阵法求检验数以判别方案是否最优；用闭回路法调整等步骤。

(3)掌握将不平衡的运输问题化成产销平衡问题求解的方法。

习　题

1. 选择题

(1)在产销平衡运输问题中，设产地为 m 个，销地为 n 个，那么解中非零变量的个数(　　)。

A. 不能大于$(m+n-1)$　　B. 不能小于$(m+n-1)$

C. 等于$(m+n-1)$　　D. 不确定

(2) 有 4 个产地 5 个销地的平衡运输问题模型具有特征(　　)。

A. 有 9 个基变量　　B. 有 8 个约束

C. 有 20 个约束　　D. 有 20 个变量

(3)在解运输问题时，若已求得各个空格(即非基变量)的检验数，则选择调整格(即换入变量)的原则是(　　)。

A. 在所有空格中，挑选绝对值最大的正检验数所在的空格作为调整格

B. 在所有空格中，挑选绝对值最小的正检验数所在的空格作为调整格

C. 在所有空格中，挑选绝对值最大的负检验数所在的空格作为调整格

D. 在所有空格中，挑选绝对值最小的负检验数所在的空格作为调整格

(4)某运输问题，如设其总需求量为 Q，总供应量为 G，且 $Q<G$。欲将其化为供需平衡的运输问题，则应(　　)。

A. 使各个供应点的供应总量减少 G-Q

B. 使各个需求点的需求总量增加 G-Q

C. 虚设一个需求量为 G-Q 的需求点，且任一供应点到该虚设需求点的单位运费为充分大

D. 虚设一个需求量为 G-Q 的需求点，且任一供应点到该虚设需求点的单位运费为 0

(5)在运输方案中出现退化现象，是指数字格的数目(　　)。

A. 等于 $m+n$　　B. 大于 $m+n-1$

C. 小于 $m+n-1$　　D. 等于 $m+n-1$

2. 填空题

(1)在运输问题中，每次迭代时，如果有某非基变量的检验数等于零，则该运输问题________。

(2)对产销平衡运输问题，所有结构约束条件都是________。

(3)解极小化不平衡运输问题时，如果销量大于产量，则需要增加一个虚拟______，将问题化为平衡运输问题。

(4)对于有($m+n$)个结构约束条件的产销平衡运输问题，由于________，故只有($m+n-1$)个结构约束条件是线性独立的。

(5)运输问题中求初始基可行解的方法有______、______、______三种常用方法。

3. 用最小元素法和伏格尔法求出下列运输问题的初始调运方案。并判断其是否最优解。如果是，给出最优运输方案和费用值；否则，确定换入变量与换出变量。

(1)运输问题一(表 3-35)。

表 3-35

产地＼销地	1	2	3	产量
甲	3	7	11	20
乙	7	5	2	20
丙	3	5	8	30
销　量	10	40	20	70

(2)运输问题二(表 3-36)。

表 3-36

产地＼销地	1	2	3	产量
甲	5	1	6	12
乙	4	2	0	14
丙	3	5	7	4
销　量	10	9	10	29 \ 30

4. 某货轮有前、中、后三个舱位，结构参数见表 3-37。拟装运三种货物，性能参数见表 3-38。为了航运安全，要求舱位之间载重比例的偏差不超过 8%，以保持船体的平衡。问应如何制定货物的装运方案可使此运输的收益达到最大？

表 3-37

	前舱	中舱	后舱
最大载重量(t)	3000	2000	1500
最大容积(m^3)	4000	5400	1500

表 3-38

货物	数量(件)	体积(米^3/件)	重量(吨/件)	运价(元/件)
A	600	10	8	1500
B	1000	6	5	800
C	800	7	5	500

5. 表 3-39 给出运输问题的产销平衡表和单位运价表。

表 3-39

产地＼销地	B_1	B_2	B_3	产　量
A_1	5	1	8	12
A_2	2	4	1	14
A_3	3	6	7	4
销　量	9	10	11	

(1) 试用表上作业法求其最优调运方案及最小运费。

(2) 如果 $c_{11}=5$ 变为 3，最优解是否改变？若改变，求出新的最优解。

(3) 在原来的问题中，如果从 A_2 到 B_1 的道路被阻，最优解是否会改变？若改变，求出新的最优解。

6. 有 n 项任务，分配给 n 个人去完成，每项任务只需要一个人去做，每个人只做一项任务。第 i 项任务分配给第 j 个人去做所需要的费用为 c_{ij}。应如何分配各项任务，使完成 n 项任务的总费用最小。这个问题称为指派问题(Assignment Problem)。矩阵 $C=[c_{ij}]_{n\times n}$ 称为指派问题的费用矩阵。指派问题是一类特殊的运输问题。用运输问题算法求解以下指派问题，费用矩阵如表 3-40 所示。

表 3-40

任务＼人员	人员 1	人员 2	人员 3
任务 1	12	11	10
任务 2	7	9	16
任务 3	13	6	12

7. 有甲、乙、丙三个城市，每年分别需要从 *A*、*B* 两个煤矿运煤取暖。已知煤矿 *A*、*B* 的年产量及从两煤矿至各城市煤炭运价(元/吨)如表 3-41 所示。由于需求大于产量，经协商，甲城市必要时可少供 0 ~ 30 万吨，乙城市需求量须全部满足，丙城市需求量不少于 100 万吨。试求将甲、乙两矿煤炭全部分配出去，既满足上述条件又使总运费为最低。

表 3-41

产地＼销地	甲(元/吨)	乙(元/吨)	丙(元/吨)	产量(万吨)
A	5	1	8	400
B	2	4	1	420
需求量(万吨)	350	320	240	

8. 某地区有三个化肥厂，各化肥厂的产量、四个产粮区需要该种化肥的需要量及从各化肥厂到各产粮区的每吨化肥的运价如表 3-42 所示。试制定一个使总的运费最少的调拨方案。

表 3-42

化肥厂＼产粮区	甲(元/吨)	乙(元/吨)	丙(元/吨)	丁(元/吨)	产量(万吨)
A	5	7	8	3	8
B	4	9	10	7	7
C	8	4	5	9	3
需求量(万吨)	6	3	6	3	

9. 某玩具公司分别生产三种玩具，每月可供量分别为 1000，2000，2000 件，它们分别被送到甲、乙、丙三个百货商店销售。已知每月百货商店各类玩具预期销售量均为 1500 件，由于经营方面的原因，各商店销售不同玩具的盈利额不同(表 3-43)。又知丙百货商店要求至少供应玩具 *C*1000 件，而拒绝进玩具 *A*。求满足上述条件下使总盈利额为最大的供销分配方案。

表 3-43

玩具＼商店	甲	乙	丙	可供应量(件)
A	5	7	—	1000
B	16	9	10	2000
C	12	4	13	2000

10. 某工厂生产四种设备，已知每个季度的生产能力依次为 40，50，35，30 台。各季度生产一台设备的成本依次为 1.20，1.10，1.25，1.15 万元。如当月生产出的设备在当季度内没销售出去，则存储一个季度需付存储费用 0.15 万元。如已知各季度的销售量分别为 28，22，45，46 台，则如何安排生产，可使总的支付费用最少？

11. 某工厂生产一种设备，由于生产受季节影响，各季度的生产能力及成本各不相同，如表 3-44 所示。该厂规定：每季度分别需要提供 200，300，400，500 台该设备。如生产出来的设备当季度不交货，每台每积压一个季度需存储和维护等费用 0.1 万元。问在完成规定要求的前提下，如何安排生产可使该厂全年的生产总费用最小。

表 3-44

	第 1 季度	第 2 季度	第 3 季度	第 4 季度
生产能力(台)	400	600	500	200
成本(万元/台)	10	10.5	10.3	11

12. 某工厂要安排某种产品 1～4 月份的生产计划，已知工厂各月的生产等情况如表 3-45 所示。问如何安排生产可使该厂的总成本最少？

表 3-45

	1 月	2 月	3 月	4 月
正常生产能力(台)	600	600	600	600
正常生产成本(元/台)	10	12	14	16
加班生产能力(台)	0	200	200	0
加班生产成本(元/台)	15	17	20	23
每月需求量	400	800	900	500
库存费(元/台)	2	2	2	2

13. 某类物资有三个产地 A_1，A_2，A_3，三个销地 B_1，B_2，B_3。该物资既可从产地直接运往销地，也经由两个中转站 T_1，T_2 转运。已知各产、销、中转站之间的单位运价如表

3-46 所示，求最优调运方案。

表 3-46

产地＼销地	B_1	B_2	B_3	中转站 T_1	中转站 T_2	产量
A_1	3	11	10	2	1	7
A_2	1	9	8	3	5	8
A_3	3	4	8	1	—	9
T_1	2	6	7			
T_2	4	5	2			
销量	5	4	10			

14. 某大型农场有土地 1200 亩，现计划种植甲、乙、丙三类作物，播种面积分别为 200，500，500 亩。但由于土壤和水源等情况的不同，需要将土地分类，分别记为 A，B，C，D。如已知各类土地种植不同作物的单位效益如表 3-47 所示。问农场如何安排三类作物的布局，可使总效益最大？

表 3-47　　元/亩

作物类别＼土地类别	A	B	C	D
甲	700	760	350	600
乙	480	900	800	400
丙	500	400	800	500

案　例

案例 5　生产计划问题

某公司在接下来的三个月内需要每月按照销售合同生产出两种产品。这两种产品需要使用相同的设备并投入相同的生产能力。由于每个月可供使用的生产设备和存储设备都会发生变化，故每个月的生产能力、单位生产成本以及单位存储成本都不相同，可以在某些月中多生产一种或多种产品并存储起来以备需要的时候使用。

表 3-48 中给出了每个月在正常时间(Regular Time，RT)和加班时间(Over Time，OT)内的生产能力，合同需求量，及在正常时间和加班时间内的单位产品成本和单位储存成

本。为叙述方便，表 3-48 中将两种产品的相关数据用“/”区分开来，产品 1 在“/”的左边而产品 2 在“/”的右边。

表 3-48

月	最大生产总量		产品 1/产品 2			
	RT	OT	需求量 产品 1/产品 2	单位生产成本(千元/件)		单位储存成本 (千元/件)
				RT	OT	
1	10	3	5/3	15/16	18/20	1/2
2	8	2	3/5	17/15	20/18	2/1
3	10	3	4/4	19/17	22/22	

该公司想要开发一个在正常时间(如果正常时间不够，就使用加班时间)内安排生产每一种产品的计划，目标是在满足合同规定的基础上，3 个月的生产和储存总成本最小，且开始和第三个月结束后的存储都要求为零。

案例 6　车间搬迁问题

某厂在市区有 A，B，C，D，E 五个生产车间，现计划将部分车间搬至甲、乙两处，好处是土地、房租及排污处理等费用都比市区便宜，但这样做会增加车间之间的交通运输费用。要求无论留在市区或甲、乙两地均不能多于 3 个车间。从市区搬至甲、乙两地可节约的费用如表 3-49 所示。

表 3-49　　万元/年

	A	B	C	D	E
搬至甲	150	100	100	200	50
搬至乙	100	200	150	50	150

各车间之间的年运量及地区间的单位运价分别如表 3-50 和 3-51 所示。试为该厂确定一个最优的车间搬迁方案。

表 3-50　　吨/年

	B	C	D	E
	0	1000	1500	50
		1400	1200	0
			0	2000
				800

表 3-51　　元/吨

	甲	乙	市区
甲	50	150	130
乙		50	100
市区			110

案例7 仓库建设问题

某公司有两个工厂 A_1、A_2，四个中转仓库 B_1，B_2，B_3，B_4，六个销地 C_1，C_2，C_3，C_4，C_5和 C_6。各销地可以从两个工厂直接进货，也可以从中转仓库进货，其所需的单位运价如表 3-52 所示。

表 3-52 元/吨

	B_1	B_2	B_3	B_4	C_1	C_2	C_3	C_4	C_5	C_6
A_1	50	50	100	20	80	—	150	200	—	90
A_2	—	20	50	30	20	—	—	—	—	—
B_1					—	130	50	150	—	100
B_2					80	20	50	120	40	—
B_3					—	160	200	—	40	120
B_4					—	—	20	—	40	150

注：表中“—”为不允许调运。

部分销地希望优先从某厂或某中转仓库得到供货：C_1-A_1 或 B_2，C_5-B_2，C_6-A_1 或 B_1。已知工厂 A_1、A_2的每月最大供货量分别为 150000 和 200000 吨；各中转仓库 B_1，B_2，B_3，B_4的每月最大周转量分别为 50000，70000，100000 和 40000 吨；六个销地 C_1，C_2，C_3，C_4，C_5 和 C_6 的每月最低需求分别为 40000，10000，50000，30000，60000 和 25000 吨。

问：(1) 该公司怎样安排供货可使总调运费用最小？

(2) 如增加工厂或某个中转仓库的能力，对总调运费用会产生什么影响？

(3) 在调运费用、工厂或中转仓库能力以及销地的需求量分别在什么范围内变化，不影响总调运费用的变化？

(4) 能否满足所有要求优先供货销地的要求，若都能满足，需增加多少额外的费用？

若现在工厂考虑开设两个新的中转仓库 B_5和 B_6，并扩大 B_2的中转能力。假如最多允许开设 4 个仓库，因此可以关闭原仓库 B_3或 B_4，或两个都关闭。

如设建 B_5，B_6需分别投资 100000 和 60000 元，它们的中转能力分别为每月 40000，20000 吨；扩建 B_2需投资 33000 元，月中转能力比原来增加 15000 吨。关闭原仓库可带来的节约为：关闭 B_3，B_4每用可分别节省 100000，50000 元。

新建仓库 B_5，B_6同两个工厂及各销地之间单位物资的调运费用如表 3-53 所示。

表 3-53　　元/吨

	B_5	B_6	C_1	C_2	C_3	C_4	C_5	C_6
A_1	50	40						
A_2	40	30						
B_5			120	70	—	30	50	80
B_6			—	30	50	50	—	100

要求确定：

(5)应新建哪几座仓库，B_2是否需扩建，B_3，B_4是否需要关闭。

(6)重新确立使总调运费用为最小的供货关系。

第4章　整数规划

在前面讨论的线性规划模型中，所得到的最优解可能是整数，也可能不是整数。但在现实生活中，在求人数、产品个数、投资项目数、设备维修次数等要求最优解是整数时，非整数的解答显然不合乎要求，于是就产生整数规划这一分支。

整数规划问题是要求决策变量取整数的线性规划或非线性规划问题。本章只讨论整数线性规划问题，它是在线性规划的基础上，对部分或全部决策变量的取值加以整数约束而得到的，故认为整数规划问题要比对应的线性规划问题约束更紧，求解更困难。整数规划是离散型优化问题，是数学规划中较弱的一个分支，迄今为止，还没有求解整数规划较好的方法，但是在经济管理中很多实际问题又都可归为整数规划，因此，讨论整数规划的解法就显得很重要。

【关键词汇】

整数规划(Integer Programming)

纯整数规划(Pure Integer Programming)

全整数规划(All Integer Programming)

混合整数规划(Mixed Integer Programming)

0-1 规划(0-1 Programming)

分支定界法(Branch and Bound Algorithm)

割平面法(Cutting Plane Method)

指派问题(Assignment Problem)

匈牙利方法(Hungarian Method)

4.1　整数规划问题

4.1.1　整数规划数学模型的一般形式

定义 1　在一个数学规划问题中，当它的部分或全部决策变量取整数值时，就称为整数规划问题。特殊的，当这个数学规划问题是线性规划问题时，就称为整数线性规划问题。

本章只讨论整数线性规划问题，下文中将整数线性规划问题简记为整数规划。

由定义 1 可得如下整数规划问题的数学模型：

$$\max Z(\text{或 } \min Z) = \sum_{j=1}^{n} c_j x_j$$

$$\text{s.t.} \begin{cases} \sum_{j=1}^{n} a_{ij} x_j = (\leqslant、\geqslant) b_i (i = 1, 2, \cdots, m) \\ x_j \geqslant 0 \ (j = 1, 2, \cdots, n) \text{ 且部分或全部为整数} \end{cases}$$

上述模型中，去掉对变量取整数的要求而得到的线性规划问题，称为整数规划问题的松弛问题。

4.1.2 整数规划的分类及建模举例

根据决策变量取整数的要求不同，整数规划可分为以下几类：

1. 混合整数规划

定义 2 部分决策变量取整数的线性规划问题称为混合整数规划。

【例 1】 某工厂计划在 n 个地点中选择若干个地点建立分厂，以满足 m 个销地的需求。选择建立分厂地点时，需考虑以下因素：①建立分厂 i 的固定成本 f_i；②分厂 i 的预生产能力 t_i；③第 j 个销地的需求量 d_j；④第 i 个分厂到第 j 个销地的单位运价 c_{ij}。问该公司在哪些地点建分厂，可使公司的产品既能满足需求又使得总费用最少？

分析：

变量：既要确定地点又要考虑运送的产品数量，故可设

$y_i=\begin{cases}1, & \text{选择第 } i \text{ 个地点}\\0, & \text{不选择第 } i \text{ 个地点}\end{cases}$，$x_{ij}$表示从第 i 分厂运往第 j 个销地的产品数量；

约束：生产力与需求量的限制。

$$\begin{cases}\sum_{j=1}^{m} x_{ij} \leqslant t_i y_i,\ i=1,\ 2,\ \cdots,\ n\\ \sum_{i=1}^{n} x_{ij} \geqslant d_j,\ j=1,\ 2,\ \cdots,\ m\end{cases}$$

目标：总费用最小，$\min Z = \sum_{i=1}^{n} f_i y_i + \sum_{i=1}^{n}\sum_{j=1}^{m} c_{ij}x_{ij}$

解：设 $y_i=\begin{cases}1, & \text{选择第 } i \text{ 个地点}\\0, & \text{不选择第 } i \text{ 个地点}\end{cases}$，$x_{ij}$表示从第 i 分厂运往第 j 个销地的产品数量，则可建立如下的数学模型：

$$\min Z = \sum_{i=1}^{n} f_i y_i + \sum_{i=1}^{n}\sum_{j=1}^{m} c_{ij}x_{ij}$$

$$\text{s.t.}\begin{cases}\sum_{j=1}^{m} x_{ij} \leqslant t_i y_i,\ i=1,\ 2,\ \cdots,\ n\\ \sum_{i=1}^{n} x_{ij} \geqslant d_j,\ j=1,\ 2,\ \cdots,\ m\\ x_{ij} \geqslant 0,\ y_i = 0 \text{ 或 } 1\end{cases}$$

2. 纯整数规划

定义 3 所有决策变量取整数的线性规划问题称为纯整数规划。

【例 2】 某工厂生产甲、乙两种型号的电器，生产每种电器都需要三道工序，生产每台不同型号的电器在不同工序上所要的工时，每一道工序每周可供使用的时间及甲、乙

的单位收益分别如表 4-1 所示。问工厂如何安排生产可使其收益最大？

表 4-1

	机身制造(小时)	零件装配(小时)	检验包装(小时)	利润(元/台)
甲电器	0.3	0.2	0.3	250
乙电器	0.7	0.1	0.5	400
每周工时	250	100	150	

分析：

变量：设生产甲、乙两种型号的电器分别为 x_1 台，x_2 台。

约束：工时的限制为$\begin{cases}0.3x_1+0.7x_2\leqslant 250\\0.2x_1+0.1x_2\leqslant 100\\0.3x_1+0.5x_2\leqslant 150\end{cases}$

目标：收益最大，$\max Z=250x_1+400x_2$

解：设生产甲、乙两种型号的电器分别为 x_1 台，x_2 台，则该问题的数学模型为

$$\max Z=250x_1+400x_2$$

$$\text{s.t.}\begin{cases}0.3x_1+0.7x_2\leqslant 250\\0.2x_1+0.1x_2\leqslant 100\\0.3x_1+0.5x_2\leqslant 150\\x_1\geqslant 0,\ x_2\geqslant 0,\ \text{且全为整数}\end{cases}$$

3. 全整数规划

定义 4　除了所有决策变量取整数以外，还要求系数 a_{ij} 和常数 b_i 也取整数的线性规划问题称为全整数规划。

【例 3】　某建筑公司承包建设甲、乙两种公寓。甲、乙公寓每栋占地面积分别为 250 平方米，400 平方米。该公司现购进 3000 平方米的建筑用地，要求甲种公寓不超过 8 栋，乙种公寓不超过 4 栋，建甲种、乙种公寓每栋的收益分别为 10 万元和 20 万元。问应如何安排建筑方案可使公司收益最大？

分析：

变量：设建甲种公寓 x_1 栋，乙种公寓 x_2 栋。

约束：建筑用地及公寓数的限制为$\begin{cases}250x_1+400x_2\leqslant 3000\\x_1\leqslant 8\\x_2\leqslant 4\\x_1,\ x_2\geqslant 0\ \text{且为整数}\end{cases}$

目标：总收益最大，$\max Z=10x_1+20x_2$

解：设建甲种公寓 x_1 栋，乙种公寓 x_2 栋，则该问题的数学模型为

$$\max Z = 10x_1 + 20x_2$$

$$\text{s.t.}\begin{cases}250x_1 + 400x_2 \leqslant 3000 \\ x_1 \leqslant 8 \\ x_2 \leqslant 4 \\ x_1,\ x_2 \geqslant 0 \text{ 且为整数}\end{cases}$$

4. 0-1 整数规划(0-1 规划)

定义 5 所有决策变量只能取 0 或 1 的线性规划问题称为 0-1 整数规划。

【例 4】 某人有 A 万元的资金，有 $n(n\geqslant 2)$ 个投资项目可以考虑，假定每个项目最多只能投资一次。其中第 i 个项目需要的投资金额为 a_i 万元，可以获得的收益为 b_i 万元，问此人应如何选择投资项目才能使获得的总收益最大？

分析：

变量：每个项目是否投资，即可设 $x_i=\begin{cases}1, & \text{投资第 } i \text{ 个项目} \\ 0, & \text{不投资第 } i \text{ 个项目}\end{cases}$

约束：总投资金额不超过资金总额的限制，即 $0 < \sum\limits_{i=1}^{n} a_i x_i \leqslant A$

目标：总收益最大，故得 $\max Z = \sum\limits_{i=1}^{n} b_i x_i$

解：设 $x_i=\begin{cases}1, & \text{投资第 } i \text{ 个项目} \\ 0, & \text{不投资第 } i \text{ 个项目}\end{cases}$，则该问题的数学模型为

$$\max Z = \sum_{i=1}^{n} b_i x_i$$

$$\text{s.t.}\begin{cases}0 < \sum\limits_{i=1}^{n} a_i x_i \leqslant A \\ x_i = 0 \text{ 或 } 1 \quad (i=1,\ 2,\ \cdots,\ n)\end{cases}$$

4.2 整数规划的常用解法

4.2.1 整数规划与其松弛问题

将整数规划的数学模型记为(IP)＝{$\max Z=CX$；$AX=b$，$X\geqslant 0$ 且(部分)为整数}。

其对应的松弛(线性规划)模型记为(LP)＝{$\max Z=CX$；$AX=b$，$X\geqslant 0$}。

虽然整数规划比线性规划仅仅多了一个约束，但实际上它们之间有很大的不同，表现在以下几方面：

(1)整数规划的可行域是其对应松弛问题可行域的子集；整数规划问题的可行解是对应松弛问题的可行解；若松弛问题无可行解，则整数规划也无可行解；

(2) 整数规划的最优值小于或等于对应松弛问题的最优值(松弛问题的最优值是原整数规划的目标函数值的上界)；

（3）整数规划的最优解不一定在顶点上达到，而对应松弛问题的最优解在顶点达到（若存在）；

（4）整数规划最优解不一定是对应松弛问题最优解的临近整数解。

下面通过一个实例加以说明。

【例 5】　求解下列整数规划问题。

$$\max Z = x_1 + x_2$$

$$\text{s. t.}\begin{cases}14x_1+9x_2\leqslant 51\\-6x_1+3x_2\leqslant 1\\x_1,\ x_2\geqslant 0\text{ 且为整数}\end{cases}$$

解：首先解其对应的松弛问题：

$$\max Z = x_1 + x_2$$

$$\text{s. t.}\begin{cases}14x_1+9x_2\leqslant 51\\-6x_1+3x_2\leqslant 1\\x_1,\ x_2\geqslant 0\end{cases}$$

用单纯形法可求得最优解：$X^* = \left(\frac{3}{2},\ \frac{10}{3}\right)^{\mathrm{T}}$。

现求整数解，用“舍入取整法”可得到 4 个整数解，即(1，3)、(2，3)、(1，4)、(2，4)。显然(1，3)和(1，4)不满足第二个约束条件，(2，3)和(2，4)不满足第一个约束条件，即它们都不是原整数规划问题的最优解。

由上面分析可知整数规划的可行解肯定都在其松弛问题的可行域内，即整数规划的可行解是由其松弛问题可行域内所有整数点构成的，因此整数规划问题的可行解集合是有限的。据此，可将其松弛问题的可行域内的所有整数点都找出来，其目标函数值最大者对应的整数点即为最优解，此法称为完全枚举法。此方法对变量个数较少，且可行域内的整数点也少的问题是可行的；对变量个数和约束条件的个数都多的问题，利用完全枚举法的计算量可能大得惊人，有些甚至是不可能实现的。

事实上，整数线性规划并不是线性规划，就拿 0-1 规划来说，决策变量取 0 或 1 这个约束条件可以用一个等价的非线性约束：

$$x_i(1-x_i)=0,\ i=1,\ 2,\ \cdots,\ n$$

来替换。故变量限制为整数值实际上是一个非线性约束。

因此求解整数规划比线性规划要困难很多，被认为是 *NP*-困难问题。目前，求解整数规划常用的方法是分枝定界法和割平面法。

4.2.2　分枝定界法

1. 分枝定界法的基本思想及解题步骤

求解整数规划最常用、也比较成功的一种方法是分枝定界法，该方法是由数学家 R. J. Dakin 和 Land Doig 等人于 20 世纪 60 年代初提出来的，它是在隐枚举法或部分枚举法的基础上改进而成的。对于纯整数型或混合型整数规划的求解很适用，并且具有灵活、便于使用计算机求解等优点。

分枝定界法的基本思想：先求解其松弛问题，如它的最优解不符合整数条件，则将其分成几部分，每部分都增加约束条件，逐步缩小可行域，然后在缩小了的可行域中寻找最优的整数解。

分枝定界法的关键是分枝和定界。

(1) 分枝：将没有包含整数解的可行域分枝掉，从而得到越来越小的子域，直到找到最优的整数解(若存在)；

(2) 定界：目标函数值小于下界的分枝就剪掉，表明这个子域已查清楚。

分枝定界法的解题步骤：

第一步：求整数规划对应的松弛问题的最优解。

(1) 若(LP)没有可行解，则(IP)也没有可行解，停止计算。

(2) 若(LP)有最优解，并符合(IP)的整数条件，则(LP)的最优解即为(IP)的最优解，停止计算。

(3)若(LP)有最优解，但不符合(IP)的整数条件，转入第二步。

第二步：初始定界。

把第一步中(3)的最优目标函数值作为上界，用观察法找到(IP)的一个整数可行解，把它的目标函数值作为下界。若观察不到，可令下界为$-\infty$。

第三步：分枝。

在(LP)的最优解中任意选一个非整数解的变量 x_i，分别在松弛问题中加上约束：

$$x_i \leqslant [x_i] \quad \text{和} \quad x_i \geqslant [x_i]+1$$

形成两个新的松弛问题，称为分枝。即将

$$(\mathrm{LP})\quad \max\ Z=CX \quad \text{s.t.}\begin{cases}AX=b\\ X\geqslant 0\end{cases}$$

分为

$$(\mathrm{LP}_1)\quad \max\ Z=CX \quad \text{s.t.}\begin{cases}AX=b\\ x_i\leqslant [x_i]\\ X\geqslant 0\end{cases} \qquad \text{和} \qquad (\mathrm{LP}_2)\quad \max\ Z=CX \quad \text{s.t.}\begin{cases}AX=b\\ x_i\geqslant [x_i]+1\\ X\geqslant 0\end{cases}$$

对每个分枝问题求解，可能出现以下几种可能：

(1)无可行解。说明该枝情况已查明，不需要对该分枝继续分枝，称该分枝为“树叶”，剪掉。

(2)得到整数最优解。则该枝情况已查明，不需要对该分枝继续分枝，该分枝也是“树叶”。

(3) 得到非整数最优解。这时又分两种情况：

① 该最优解对应的目标函数值小于下界，则该分枝不可能含有原问题的整数最优解，称为“枯枝”，须要剪掉。

② 该最优解对应的目标函数值大于下界，则仍要继续对该分枝续分枝，以查明该分

枝内是否有比下界更好的整数最优解。转第四步。

综合上述各种情况，可得如表 4-2 所示的分枝规则。

表 4-2　分枝规则

序号	分枝 1	分枝 2	结果
1	无可行解	无可行解	整数规划无可行解
2	无可行解 (整数解)	整数解 (无可行解)	此整数解就是所求最优解
3	无可行解 (非整数解)	非整数解 (无可行解)	对分枝 2(1) 继续分枝
4	整数解	整数解	较大者作为最优解
5	整数解，目标函数值比分枝 2 的大 (非整数解)	非整数解 (整数解，目标函数值比分枝 1 的大)	分枝 1(2) 的解即为所求最优解
6	整数解 (非整数解，目标函数值比分枝 2 的大)	非整数解，目标函数值比分枝 1 的大 (整数解)	分枝 1(2) 停止分枝(剪掉)，其目标函数值作为新的下界，对分枝 2(1) 继续分枝
7	非整数解	非整数解	对分枝 1 和 2 继续分枝

第四步：修改上、下界。

按照下列两个原则进行：

(1) 在具有非整数解的分枝中，找出目标函数值最大者作为新的上界；

(2) 在已符合整数条件的分枝中，找出目标函数值最大者作为新的下界(若分枝中无整数解，下界不变)。

重复第三步至第四步，直到查清楚各个分枝，最大的下界对应的整数解即为(IP)的最优解。

2. 分枝定界法解题示例

【例 6】　求解下列整数规划问题(IP)。

$$\max Z = 40x_1 + 90x_2$$

$$\text{s. t.} \begin{cases} 9x_1 + 7x_2 \leqslant 56 \\ 7x_1 + 20x_2 \leqslant 70 \\ x_1,\ x_2 \geqslant 0 \text{ 且都为整数} \end{cases}$$

解：第一步：求解对应的松弛问题(LP)。

$$(B)\qquad \max Z=40x_1+90x_2$$
$$\text{s. t.}\begin{cases}9x_1+7x_2\leqslant 56\\7x_1+20x_2\leqslant 70\\x_1,\ x_2\geqslant 0\end{cases}$$

用图解法求解松弛问题(B)，如图 4-1 所示，可求得松弛问题(B)的最优解 $X^{(0)}=(4.81\ ,\ 1.82)^{\mathrm{T}}$，最优值 $z^{(0)}=356$。

第二步：初始定界。

因为 $X^{(0)}=(4.81\ ,\ 1.82)^{\mathrm{T}}$ 是一个非整数解，所以 $z^{(0)}=356$ 是整数规划最优值的上界。(0，0)是其整数可行解，对应目标函数值为 0，作为下界。

第三步：分枝。

分枝时首先要任意选择一个非整数决策变量，在此不妨选择 x_1。由于在松弛问题(B)的最优解中 $x_1=4.81$，于是有$[x_1]=4$、$[x_1]+1=5$。在(B)的基础上，分别增加约束条件 $x_1\leqslant 4$ 和 $x_1\geqslant 5$，分枝形成两个子线性规划(B_1)和(B_2)，如图 4-2 所示，即

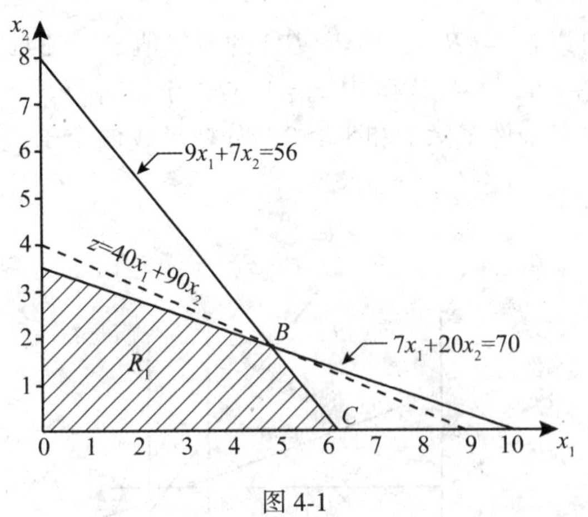

图 4-1

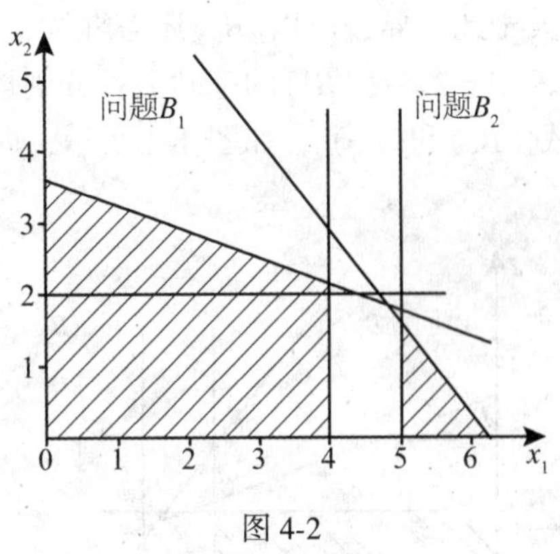

图 4-2

$$(B_1):\quad \max Z=40x_1+90x_2$$
$$\text{s. t.}\begin{cases}9x_1+7x_2\leqslant 56\\7x_1+20x_2\leqslant 70\\x_1\leqslant 4\\x_1,\ x_2\geqslant 0\end{cases}$$

$$(B_2):\quad \max Z=40x_1+90x_2$$
$$\text{s. t.}\begin{cases}9x_1+7x_2\leqslant 56\\7x_1+20x_2\leqslant 70\\x_1\geqslant 5\\x_1,\ x_2\geqslant 0\end{cases}$$

求解(B_1)和(B_2)可得：$X^{(1)}=(4\ ,\ 2.1)^{\mathrm{T}}$，$z^{(1)}=349$；$X^{(2)}=(5\ ,\ 1.57)^{\mathrm{T}}$，$z^{(2)}=341$。

第四步：修改上下界。

因为上述两个分枝中无整数解，所以下界不变，仍为 0。又由于 $z^{(1)}>z^{(2)}$，故上界修改为 349。

第五步：再分枝。

此时还未得到整数解，由于 $z^{(1)}>z^{(2)}$，故优先选择(B_1)进行分枝。在(B_1)的最优解中 $x_2=2.1$，于是有$[x_2]=2$、$[x_2]+1=3$。在(B_1)的基础上，分别增加约束条件 $x_2\leqslant 2$ 和 $x_2\geqslant 3$，分枝形成两个子线性规划(B_3)和(B_4)，如图 4-3 所示。

由图 4-3，求解(B_3)和(B_4)有：$X^{(3)}=(4,\ 2)^{\mathrm{T}}$，$z^{(3)}=340$；$X^{(4)}=(1.42,\ 3)^{\mathrm{T}}$，$z^{(4)}=327$。

第六步：再修改上下界。

因为 $X^{(3)}=(4,\ 2)^{\mathrm{T}}$，$z^{(3)}=340$，所以下界修改为 340。而 $z^{(4)}=327<z^{(1)}=349$，故上界不变，仍为 349。

$$(B_3):\quad \max Z=40x_1+90x_2 \quad \text{s. t.}\begin{cases}9x_1+7x_2\leqslant 56\\7x_1+20x_2\leqslant 70\\x_1\leqslant 4\\x_2\leqslant 2\\x_1,\ x_2\geqslant 0\end{cases}$$

$$(B_4):\quad \max Z=40x_1+90x_2 \quad \text{s. t.}\begin{cases}9x_1+7x_2\leqslant 56\\7x_1+20x_2\leqslant 70\\x_1\leqslant 4\\x_2\geqslant 3\\x_1,\ x_2\geqslant 0\end{cases}$$

第七步：再分枝利用 340 这一下界，可以舍弃(B_4)；由于(B_2)的最优值 $z^{(2)}=341$ 仍然大于此下界，所以(B_2)还需继续分枝。在(B_2)的最优解中 $x_2=1.57$，于是有$[x_2]=1$、$[x_2]+1=2$。在(B_2)的基础上，分别增加约束条件 $x_2\leqslant 1$ 和 $x_2\geqslant 2$，分枝形成两个子线性规划(B_5)和(B_6)，如图 4-4 所示，即

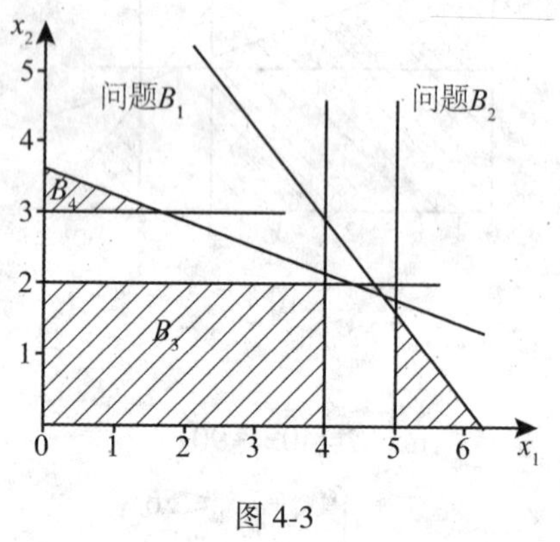

图 4-3

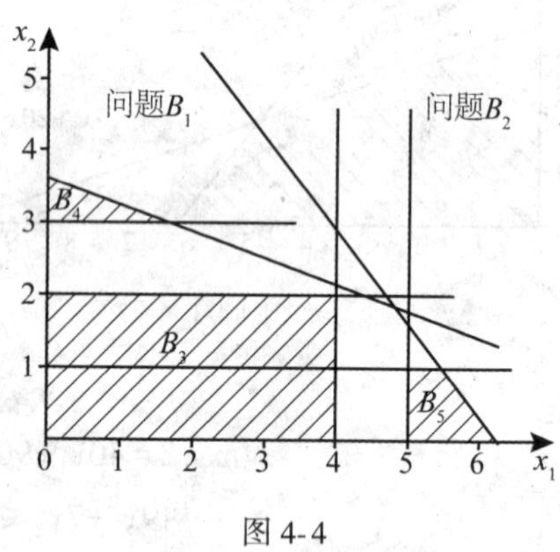

图 4-4

$$(B_5):\quad \max Z=40x_1+90x_2 \quad \text{s. t.}\begin{cases}9x_1+7x_2\leqslant 56\\7x_1+20x_2\leqslant 70\\x_1\geqslant 5\\x_2\leqslant 1\\x_1,\ x_2\geqslant 0\end{cases}$$

$$(B_6):\quad \max Z=40x_1+90x_2 \quad \text{s. t.}\begin{cases}9x_1+7x_2\leqslant 56\\7x_1+20x_2\leqslant 70\\x_1\geqslant 5\\x_2\geqslant 2\\x_1,\ x_2\geqslant 0\end{cases}$$

由图 4-4，求解(B_5)和(B_6)有：$X^{(5)}=(5.44, 1)^{\mathrm{T}}$，$z^{(5)}=308$；($B_6$)没有可行解。

由于 $z^{(5)}=308$ 小于已知的下界 340，所以可以舍弃(B_5)。至此，我们已得到整数规划的最优解 $X^*=(4, 2)^{\mathrm{T}}$，最优值 $z^*=340$。此例的求解过程可用图 4-5 表示。

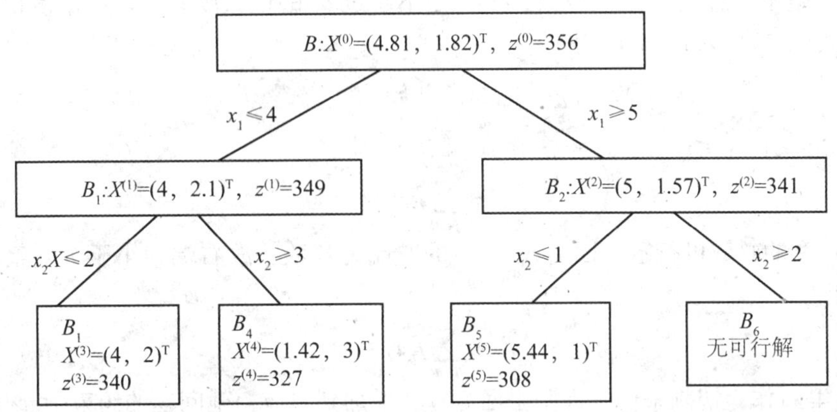

图 4-5 分枝定界法求解过程

4.2.3 割平面法

1. 割平面法的基本思想及解题步骤

割平面法是由数学家 R. E. Gomory 于 1958 年首先提出来的，它是通过生成一系列的平面割掉不包含整数解的可行域来得到最优整数解的一种方法。对于纯整数型或混合型的整数规划的求解都适用。

割平面法的基本思想：先求出对应松弛问题的最优解，如果得到的最优解满足整数条件，即为整数规划的最优解；当得到的解不满足整数条件时，就想办法在问题上增加一个约束条件(割平面)，把包含这个非整数解的一部分可行域从原来的可行域中割掉，但不割掉任何一个整数可行解，缩小可行域，然后求解新的松弛问题。重复以上过程直到在剩下的可行域内找出最优整数解。

割平面法的解题步骤：

第一步：用单纯形法求解(IP)对应的松弛问题(LP)。

(1)若(LP)没有可行解，则(IP)也没有可行解，停止计算。

(2)若(LP)有最优解，并符合(IP)的整数条件，则(LP)的最优解即为(IP)的最优解，停止计算。

(3) 若(LP)有最优解，但不符合(IP)的整数条件，转入第二步。

第二步：构造割平面。

从(LP)的最优解中，任选一个不为整数的分量，将最优单纯形表中该行的系数和右端项分解为整数部分和小数部分之和，并以该行为源行，按下式作割平面方程：

假设基变量 x_r 的值 b_r 不是整数，且含 x_r 的约束方程是

$$x_r + \sum_{j \in R} a_{rj} x_j = b_r \tag{4-1}$$

式中：R 为非基变量的下标集合；a_{rj}是 $B^{-1}P_j$ 的第 r 个分量；b_r 是 b 的第 r 个分量。记作

$$a_{rj} = [a_{rj}] + f_{rj},\ j \in R,\ b_r = [b_r] + f_r \tag{4-2}$$

式中：$[a_{rj}]$是不超过 a_{rj}的最大整数；$[b_r]$是不超过 b_r 的最大整数；f_{rj}和 f_r 是相应的小数部分。将式(4-2)代入式(4-1)得

$$x_r + \sum_{j \in R} [a_{rj}] x_j - [b_r] = f_r - \sum_{j \in R} f_{rj} x_j \tag{4-3}$$

由于 $0<f_r<1$，$0 \leqslant f_{rj}<1$，$x_j \geqslant 0$，由式(4-3)得到

$$f_r - \sum_{j \in R} f_{rj} x_j < 1 \tag{4-4}$$

对于任意的整数可行解，因为式(4-3)的左端为整数，故右端为小于 1 的整数，可将式(4-4)变为

$$f_r - \sum_{j \in R} f_{rj} x_j \leqslant 0 \tag{4-5}$$

将式(4-5)作为切割条件，即割平面方程，增加到对应松弛问题的约束中。

第三步：将所得的割平面方程作为一个新的约束条件加到最优单纯形表中(同时增加一个单位列向量)，用对偶单纯形法求出新的最优解，返回第一步。

割平面法的解题步骤可用框形图表示(图 4-6)。

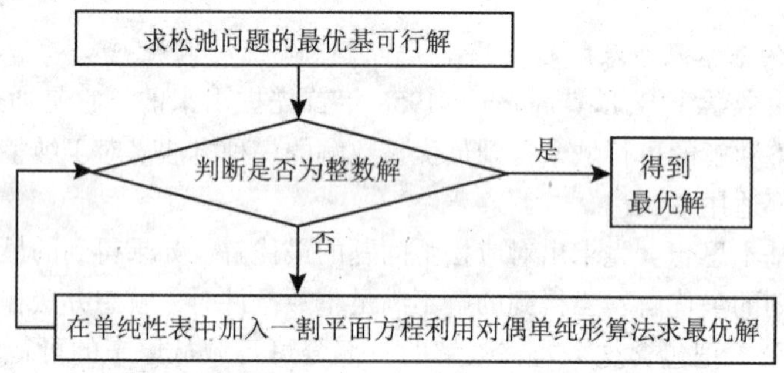

图 4-6　割平面法的基本过程

2. 割平面法解题示例

【例 7】　用割平面法求解下列整数规划问题。

$$\max Z = x_2$$

$$\text{s. t.} \begin{cases} 3x_1 + 2x_2 \leqslant 6 \\ -3x_1 + 2x_2 \leqslant 0 \\ x_1,\ x_2 \geqslant 0 \text{ 且为整数} \end{cases}$$

解：第一步：解对应的松弛问题，利用单纯形法求解。首先将其化为标准形：

$$\max Z = x_2$$

$$(\text{LP})\qquad \text{s. t.} \begin{cases} 3x_1+2x_2+x_3=6 \\ -3x_1+2x_2+x_4=0 \\ x_i \geqslant 0(i=1,\ 2,\ 3,\ 4) \end{cases}$$

利用线性规划中单纯形法得到(LP)的初始单纯形表(表 4-3)和最优单纯形表(表 4-4)。

表 4-3　　**初始单纯形表**

c_j			0	1	0	0
C_B	X_B	b	x_1	x_2	x_3	x_4
0	x_3	6	3	2	1	0
0	x_4	0	−3	2	0	1
$-Z$		0	0	1	0	0

表 4-4　　**最优单纯形表**

c_j			0	1	0	0
C_B	X_B	b	x_1	x_2	x_3	x_4
0	x_1	1	1	0	1/6	−1/6
1	x_2	3/2	0	1	1/4	1/4
$-Z$		−3/2	0	0	−1/4	−1/4

由表得(LP)的最优解为 $X^*=\left(1,\ \frac{3}{2}\right)^{\mathrm{T}}$，但不是整数解。

第二步：引入割平面。

由于 x_2 的值不是整数，以 x_2 所在的行为源行构造割平面，

$$x_2+\frac{1}{4}x_3+\frac{1}{4}x_4=\frac{3}{2} \tag{4-6}$$

将需要的数分解为整数和分数，$\frac{1}{4}=0+\frac{1}{4}$，$\frac{3}{2}=1+\frac{1}{2}$

将式(4-6)变形为

$$\begin{aligned} x_2+\frac{1}{4}x_3+\frac{1}{4}x_4 &= 1+\frac{1}{2} \\ x_2-1 &= \frac{1}{2}-\left(\frac{1}{4}x_3+\frac{1}{4}x_4\right) \end{aligned} \tag{4-7}$$

在整数可行解中，$x_2-1\leqslant 0$，即得割平面方程为

$$\frac{1}{4}x_3+\frac{1}{4}x_4\geqslant\frac{1}{2} \tag{4-8}$$

在式(4-8)中加入松弛变量，可得

$$-\frac{1}{4}x_3-\frac{1}{4}x_4+x_5=-\frac{1}{2} \tag{4-9}$$

将式(4-9)加入最优单纯形表 4-4 中得表 4-5。

表 4-5

c_j			0	1	0	0	0
C_B	X_B	b	x_1	x_2	x_3	x_4	x_5
0	x_1	1	1	0	1/6	−1/6	0
1	x_2	3/2	0	1	1/4	1/4	0
0	x_5	−1/2	0	0	−1/4	−1/4	1
$-Z$		−3/2	0	0	−1/4	−1/4	0

用对偶单纯形法继续迭代，可得新的最优单纯形表，如表 4-6 所示。

表 4-6

c_j			0	1	0	0	0
C_B	X_B	b	x_1	x_2	x_3	x_4	x_5
0	x_1	2/3	1	0	0	−1/3	2/3
1	x_2	1	0	1	0	0	1
0	x_3	2	0	0	1	1	−4
$-Z$		−1	0	0	0	0	−1

由于 $x_1=\frac{2}{3}$仍不是整数解，故重复以上过程，以 x_1 所在的行为源行构造割平面，得割平面方程为

$$\frac{2}{3}x_4+\frac{2}{3}x_5\geqslant\frac{2}{3}$$

加入松弛变量得

$$-\frac{2}{3}x_4-\frac{2}{3}x_5+x_6=-\frac{2}{3}$$

将上述方程加入表 4-6 中得表 4-7。

表 4-7

c_j			0	1	0	0	0	0
C_B	X_B	b	x_1	x_2	x_3	x_4	x_5	x_6
0	x_1	3/2	1	0	0	−1/3	2/3	0
1	x_2	1	0	1	0	0	1	0
0	x_3	2	0	0	1	1	4	0
0	x_6	−2/3	0	0	0	−2/3	−2/3	1
$-Z$		−1	0	0	0	0	−1	0

继续用对偶单纯形法迭代，可得新的最优单纯形表(表 4-8)。

表 4-8

c_j			0	1	0	0	0	0
C_B	X_B	b	x_1	x_2	x_3	x_4	x_5	x_6
0	x_1	1	1	0	0	0	1	−1/2
1	x_2	1	0	1	0	0	1	0
0	x_3	1	0	0	1	0	−5	3/2
0	x_4	1	0	0	0	1	1	−3/2
$-Z$		−1	0	0	0	0	−1	0

最优解 $X^*=(1,\ 1)^{\mathrm{T}}$，最优目标函数值为 $Z=1$。即得到了原整数规划问题的最优解和最优目标函数值。

在具体计算中割平面法收敛得慢，没有分枝定界法效率高，但是它有很重要的理论意义。

4.3 0-1 规划

0-1 规划在整数规划中占有很重要的地位，一方面是因为现实生活中经常遇到各类决策问题，决策者希望模型能解决诸如：是否要参与或选择某些项目(活动)、在什么地点或时间参与等决策问题，解决这类“是、否”、“有、无”或“选、不选”等问题都可以借助于 0-1 规划模型来解决；另一方面利用 0-1 规划还可以把很多非线性规划模型表示成整数规划模型。

0-1 规划是一种特殊形式的整数规划，它的决策变量只取 0 或 1，用 0 可以表示“否、无、不选”，而 1 表示“是、有、选”。由于 0-1 变量的特殊性，有时它也被称为二进制变量或逻辑变量。

4.3.1　需要定义 0-1 变量的问题示例

1. 投资地址的选择问题

【例 8】　某超市要在东、北、南三处分别建立分店，拟议中有 7 个合适地点 $A_i(i=1, 2, \cdots, 7)$ 可供选择，每个地点的投资额为 b_i 元，但总投资额不能超过 C 元，预期收益为 c_i 元。要求：

(1)东区要在 A_1，A_2，A_3 中至多选择两个地点；

(2)北区要在 A_4，A_5 中至少选择一个地点；

(3)南区要在 A_6，A_7 中至少选择一个地点。

问：选择 7 个地点中的哪几个地点可使得收益最大？

分析：

变量：定义 0-1 变量 $x_i=\begin{cases}1, & \text{当 } A_i \text{ 点被选用}\\ 0, & \text{当 } A_i \text{ 点没被选用}\end{cases}$；

约束条件：总投资额的约束条件为 $\sum\limits_{j=1}^{7} b_j x_j \leqslant C$；

目标函数：收益最大化 $\max Z=\sum\limits_{j=1}^{7} c_j x_j$。

解：设 $x_i=\begin{cases}1, & \text{当 } A_i \text{ 点被选用}\\ 0, & \text{当 } A_i \text{ 点没被选用}\end{cases}$

其数学模型如下：

$$\max Z=\sum_{j=1}^{7} c_j x_j$$

$$\text{s.t.}\begin{cases}\sum\limits_{j=1}^{7} b_j x_j \leqslant C\\ x_1+x_2+x_3 \leqslant 2\\ x_4+x_5 \geqslant 1\\ x_6+x_7 \geqslant 1\\ x_j=0 \text{ 或 } 1(j=1, 2, \cdots, 7)\end{cases}$$

2. 相互排斥的约束条件

【例 9】　假设某企业采用空运和船运两种方式运送货物时，容积约束条件分别为

$$5x_1+3x_2 \leqslant 24$$

$$7x_1+4x_2 \leqslant 45$$

分析：显然这两个约束条件是相互矛盾的，为了将互相矛盾的两种选择统一到一个问题中，可以先定义 0-1 变量 $z=\begin{cases}1, & \text{采用船运}\\ 0, & \text{采用空运}\end{cases}$，如此就可以把两个相互矛盾的约束统一为

$$\begin{cases}5x_1+3x_2 \leqslant 24+zM\\ 7x_1+4x_2 \leqslant 45+(1-z)M\end{cases}$$

说明：①M 是充分大的正数。②易验证：当 $z=1$ 时，第一式显然成立而多余，故为第二式船运约束有效；当 $z=0$ 时，第二式显然成立而多余，故为第一式空运约束有效。

推广：n 个约束条件中有且只有 l 个约束条件起作用的情况。

设 n 个约束条件为：$\sum_{j=1}^{m} a_{ij}x_j \leqslant b_i(i=1, 2, \cdots, n)$，定义 0-1 变量 $z_i = \begin{cases} 1, & 第 i 个约束不起作用 \\ 0, & 第 i 个约束起作用 \end{cases}$，就可以把 n 个相互矛盾的约束统一为

$$\begin{cases} \sum_{j=1}^{m} a_{ij}x_j \leqslant b_i + Mz_i \\ y_1 + y_2 + \cdots + y_n = n - l \end{cases}$$

说明：有$(n-l)$个 $z_i=1$，故第一个式有$(n-l)$个约束右端项为 b_i+M，即它们是多余无效的。

3. 含有固定费用的问题

【例 10】 设 x_i 代表产品 i 的产量，如其生产费用为 $C_i(x_i)=\begin{cases} K_i+c_ix_i(x_i>0) \\ 0 \quad\quad (x_i=0) \end{cases}$，其中 K_i 为生产产品 i 的固定费用。为了能统一到一个问题中描述，同样需要定义 0-1 变量 $z_i = \begin{cases} 1, & x_i>0 \\ 0, & x_i=0 \end{cases}$，则可得

$$\min Z = \sum_{i=1}^{n} (c_ix_i + K_iz_i)$$

$$\text{s. t.} \begin{cases} 0 \leqslant x_i \leqslant Mz_i \\ z_i = 0 \text{ 或 } 1 \end{cases}$$

说明：第一个约束表明当 $x_i>0$ 时，$z_i=1$；当 $x_i=0$ 时，$z_i=0$ 就多余，可以略去，只有 $z_i=1$ 才有意义。

4.3.2 0-1 规划的解法

由于 0-1 规划的变量只取 0，1 两个值，很容易想到的方法就是穷举法，即写出 0，1 的所有组合，然后比较函数值得最优解。对于有 n 个变量的 0-1 规划问题，就需要比较 2^n 个目标函数值的大小及所有约束的可行性，显然，当 n 比较大时，是不现实的，这就需要讨论其他的求解方法。本节主要给出隐枚举法和分枝隐枚举法。

1. 隐枚举法

隐枚举法是在完全枚举法(穷举法)的基础上，通过加入一定的条件，较快求得最优解的方法。

(1)隐枚举法的基本思想。

通过设立“过竿”不等式，只检查满足“过竿”不等式条件的 0-1 分量组合就能求出问题的最优解。

“过竿”不等式的一般形式：$Z_{\max} \geqslant c$

(2)隐枚举法的解题步骤。

第一步：先得到问题的某个可行解及目标函数值，从而得到"过竿"不等式。

第二步：依次列出 0-1 分量各种可能的组合，首先判断每种组合对应的函数值是否满足"过竿"不等式，若不满足，则弃之；若满足，再检验其是否满足约束条件，如此重复操作，直至找到最优解。(此步一般在表格中进行)

(3)隐枚举法解题示例。

【例 11】　求解下列 0-1 规划问题。

$$\max Z=3x_1-2x_2+5x_3$$

$$\text{s. t.}\begin{cases}x_1+2x_2-x_3\leqslant 2\ (1)\\x_1+4x_2+x_3\leqslant 4(2)\\x_1+x_2\leqslant 3\ (3)\\4x_2+x_3\leqslant 6(4)\\x_1,\ x_2,\ x_3=0\text{ 或 }1\end{cases}$$

解：第一步：观察可知有可行解(0，0，1)，此时目标值为 $Z=5$，故"过竿"不等式为 $Z_{\max}\geqslant 5$。

第二步：写出 0，1 的所有组合，见表 4-9。

表 4-9

(x_1,x_2,x_3)	基准竿 $z\geqslant 5$	是否满足 满足 ∨	约束条件 (1)	(2)	(3)	(4)	Z 值
(0，0，0)	0		不用验证约束条件				
(0，0，1)	5	∨	−1	1	0	1	5
(0，1，0)	−1		不用验证约束条件				
(1，0，0)	3		不用验证约束条件				
(0，1，1)	3		不用验证约束条件				
(1，0，1)	8	∨	0	2	1	1	8
	$z\geqslant 8$						
(1，1，0)	1		不用验证约束条件				
(1，1，1)	6		不用验证约束条件				

可见，对变量和约束条件都较多的 0-1 规划问题，用隐枚举法求解显然是不可行的。

2. 分枝隐枚举法

分枝隐枚举法是将分枝定界法和隐枚举法相结合而得的一种求解 0-1 规划的方法。

(1)分枝隐枚举法的解题步骤。

第一步：把目标函数转化为极小化，若已是求最小，直接转入第二步。

第二步：把目标函数系数非负化，如果 x_j 的系数为负数，可令 $x'_j=1-x_j$。

第三步：把所有决策变量按其目标函数系数的大小排列(从小到大顺序)。

第四步：令所有变量取0值，检查该解是否可行，如果为可行解即为最优解(因为最小化问题，变量系数又都为正，故0是一个下界)，如果不可行转入第五步。

第五步：按变量的顺序依次令各变量分别取0或1，根据分枝定界法的原理进行剪枝，直至结束。

(2)分枝隐枚举法解题示例。

【例12】 用分枝隐枚举法求解下列0-1规划问题。

$$\max Z=3x_1-2x_2+5x_3$$

$$\text{s. t.}\begin{cases}x_1+2x_2-x_3\leqslant 2\\x_1+4x_2+x_3\leqslant 4\\x_1,\ x_2,\ x_3=0\ 或\ 1\end{cases}$$

解：第一步：目标函数极小化，令 $Z'=-Z$，得

$$\min Z'=-3x_1+2x_2-5x_3$$

$$\text{s. t.}\begin{cases}x_1+2x_2-x_3\leqslant 2\\x_1+4x_2+x_3\leqslant 4\\x_1,\ x_2,\ x_3=0\ 或\ 1\end{cases}$$

第二步：目标函数系数非负化，令 $x'_1=1-x_1$，$x'_3=1-x_3$，得

$$\min Z'=3x'_1+2x_2+5x'_3-8$$

$$\text{s. t.}\begin{cases}x'_1+2x_2+x'_3\leqslant 4\\-x'_1+4x_2-x'_3\leqslant 2\\x'_1,\ x_2,\ x'_3=0\ 或\ 1\end{cases}$$

第三步：把所有决策变量按其目标函数系数从小到大顺序排列，得

$$\min Z'=2x_2+3x'_1+5x'_3-8$$

$$\text{s. t.}\begin{cases}x'_1+2x_2+x'_3\leqslant 4\\-x'_1+4x_2-x'_3\leqslant 2\\x'_1,\ x_2,\ x'_3=0\ 或\ 1\end{cases}$$

第四步：令所有变量取0，验证得该解是可行解。又因为 $x_1'=1-x_1$，$x_3'=1-x_3$，所以原问题的最优解为(1，0，1)，最优值为8。

4.4 指派问题与匈牙利法

在现实生活中，有各种类型的指派问题。指派问题同样是整数规划中的一类重要问题。例如，有 n 份工作需要分配给 n 个人(或部门)来完成；有 n 项合同需要选择 n 个投标公司来承包；有 n 个班级需要安排在 n 间教室上课；n 条航线如何指定 n 艘船去航行等。诸如此类问题，它们的基本要求是在满足特定的指派要求条件下，应如何指派，从而使指派方案的总体效果最优，这类问题就称为指派问题或分配问题。

4.4.1　指派问题的数学模型

由上可知，指派问题具有多样性，因此需要定义指派问题的标准形式：设现有 n 个人被分配去做 n 件工作，规定每个人只能做一件工作，每件工作也只需要一个人去做。已知第 i 个人去做第 j 件工作的效率(时间或费用)为 $c_{ij}(i=1, 2, \cdots, n; j=1, 2, \cdots, n)$，并假设 $c_{ij} \geqslant 0$。问应如何分配才能使总效率(时间或费用)最高？

分析：引入 0-1 变量(决策变量) x_{ij}，

$$x_{ij}=\begin{cases}1, & \text{若指派第 } i \text{ 人做第 } j \text{ 件事} \\ 0, & \text{若不指派第 } i \text{ 人做第 } j \text{ 件事}\end{cases} \quad (i, j=1, 2, \cdots, n)$$

如考虑目标函数最小化问题，则上述标准指派问题的数学模型为

$$\min Z = \sum_{i=1}^{n}\sum_{j=1}^{n} c_{ij}x_{ij}$$

$$\text{s.t.}\begin{cases}\sum\limits_{i=1}^{n} x_{ij} = 1 \quad j = 1, 2\cdots, n(\text{表示每件事必有且只有一个人去做}) \\ \sum\limits_{j=1}^{n} x_{ij} = 1 \quad j = 1, 2, \cdots, n(\text{表示每个人必做且只做一件事}) \\ x_{ij} = 0 \text{ 或 } 1 \quad i, j = 1, 2, \cdots, n\end{cases}$$

观察可知，上述指派问题的数学模型和产销平衡的运输问题的模型很相似，仅仅除了变量有 0-1 取值要求，故可以把指派问题看做一种特殊的运输问题，可以通过表上作业法求解指派问题。同时，由下面定理 1 知，我们在求解产销平衡的运输问题时，也可将运价表中的行或列减去或加上一个常数让运价表中的数字变得更加简单和容易求解。

4.4.2　匈牙利法的基本原理

从上述模型可知，指派问题既是整数线性规划问题，又是一类特殊的运输问题，同时也是 0-1 规划问题的特例。因此可以用整数规划、运输问题、0-1 规划的解法求解指派问题，但是很麻烦，就如同用单纯形法求解运输问题一样是很不合算的。根据指派问题的特征有更简单的计算方法，即匈牙利法。此方法是由美国数学家库恩(W. W. Kuln)在 1955 年提出来的求解指派问题的一种简单算法，他是根据匈牙利数学家康尼格关于矩阵中 0 元素的定理(定理 2)而得的，故此解法又称为匈牙利法。

定义 1　效率矩阵　将指派问题中的效率系数 c_{ij} 排成一个 $n\times n$ 矩阵，称为效率矩阵(或价值系数矩阵)。

$$C=(c_{ij})_{n\times n}=\begin{bmatrix}c_{11} & c_{12} & \cdots & c''_{1n} \\ c_{21} & c_{22} & \cdots & c_{2n} \\ \cdots\cdots & & & \\ c_{n1} & c_{n2} & \cdots & c_{nn}\end{bmatrix}$$

定义 2　将 $n\times n$ 个决策变量 x_{ij} 也排成一个 $n\times n$ 矩阵 $X=(x_{ij})_{n\times n}$，称为决策变量矩阵

(或解矩阵)，即

$$X=\begin{bmatrix} x_{11} & x_{12} & \cdots & x_{1n} \\ x_{21} & x_{22} & \cdots & x_{2n} \\ \vdots & \vdots & & \vdots \\ x_{n1} & x_{n2} & \cdots & x_{nn} \end{bmatrix}$$

此解矩阵的特点是：它是一个 n 个元素为 1，其他元素全为 0 的 $n \times n$ 矩阵，且这 n 个 1 位于不同的行与不同的列中，每种情况都可作为指派问题的一个可行解，故指派问题有 $n!$ 个可行解。

定理 1 设指派问题的效率矩阵为 C，若将该矩阵的某一行(或列)的各个元素都减去同一常数(正负均可)，得到新的矩阵记为 C'，则以 C' 为效率矩阵的新指派问题与原指派问题的最优解相同，但其最优值不同。

推论 若指派问题效率矩阵每一行及每一列分别减去各行及各列的最小元素，则得到的新指派问题与原指派问题有相同的最优解。

注：利用定理 1 或推论 1 可以将原效率矩阵化成与它等价的仅含 0 和正数的新效率矩阵，且新效率矩阵中的 0 元素更多。如果这个 0 元素不断增加的过程能持续下去，当到达某个效率矩阵时，矩阵中足够多的 0 元素最终将使最优解容易得到。

定义 3 在效率矩阵 C 中，有一组处在不同行不同列的零元素，称为独立零元素组，此时其中每个零元素称为独立零元素。

【例 13】 已知

$$C=\begin{bmatrix} 5 & 0 & 2 & 0 \\ 2 & 3 & 0 & 0 \\ 0 & 5 & 6 & 7 \\ 4 & 8 & 0 & 0 \end{bmatrix}$$

则 $\{c_{12}, c_{24}, c_{31}, c_{43}\}$ 是一个独立零元素组，$\{c_{12}, c_{23}, c_{31}, c_{44}\}$ 也是一个独立零元素组，每个 c_{ij} 位置的 0 元素即为独立零元素(具体找独立零元素的方法见下面匈牙利法的步骤)。

由以上分析可知，对应 C 中出现独立零元素的位置，在解矩阵 X 中令 $x_{ij}=1$，其余取 0 值，就得到指派问题的一个最优解，如上例

$$X^1=\begin{bmatrix} 0 & 1 & 0 & 0 \\ 0 & 0 & 0 & 1 \\ 1 & 0 & 0 & 0 \\ 0 & 0 & 1 & 0 \end{bmatrix} \text{ 和 } X^2=\begin{bmatrix} 0 & 1 & 0 & 0 \\ 1 & 0 & 0 & 0 \\ 0 & 0 & 0 & 1 \\ 0 & 0 & 1 & 0 \end{bmatrix}\text{都是最优解。}$$

综上所述，匈牙利法的基本思路是：通过对效率矩阵进行变换，直至能找到 n 个独立零元素，然后将解矩阵 X 中和此时效率矩阵中独立零元素对应位置的元素取为 1，其他元素取为 0，即得到最优解。

但在有些问题中效率矩阵中独立零元素的个数小于 n 个，这样就得不到最优指派方案，需要作进一步的分析，首先给出下述定理(匈牙利数学家康尼格关于矩阵中 0 元素的定理)。

定理 2 效率矩阵 C 中独立零元素的最多个数等于能覆盖所有零元素的最小直线数。

【例 14】　已知效率矩阵 C_1，C_2，C_3 如下：

$$C_1=\begin{bmatrix}5&0&2&0\\2&3&0&0\\0&5&6&7\\4&8&0&0\end{bmatrix}\qquad C_2=\begin{bmatrix}5&0&2&0&2\\3&3&0&0&0\\0&5&5&7&2\\4&8&0&0&4\\0&6&3&6&5\end{bmatrix}\qquad C_3=\begin{bmatrix}7&0&2&0&2\\4&3&0&0&0\\0&3&3&5&0\\6&8&0&0&4\\0&4&1&4&3\end{bmatrix}$$

分别用最少的直线去覆盖各自矩阵中的零元素。

解：可见 C_1 至少需要 4 根，C_2 至少需要 4 根，C_3 至少需要 5 根，因此它们的独立零元素个数分别为 4，4，5。

4.4.3　匈牙利法的求解步骤

第一步：把指派问题的效率矩阵 C 按下述方法变换为 B，使 B 的各行各列中都出现 0 元素，即

(1)把 C 的每行元素都减去该行的最小元素；

(2)再把所得的新效率矩阵的每列元素都减去该列的最小元素。

第二步：进行试指派，以寻求最优解。

在 B 中寻找尽可能多的独立 0 元素，若正好能找出 n 个独立 0 元素，就以这 n 个独立 0 元素对应于解矩阵 X 中的元素为 1，其余为 0，这就得到最优解。

下面给出寻找独立 0 元素的步骤：

①从只有一个 0 元素的行(列)开始，给这个 0 元素加圈，记作◎。然后划去◎所在列(行)的其他 0 元素，记作 $\varnothing$；表示这列所代表的任务已经指派完，不必再考虑了。

②给只有一个 0 元素的列(行)中的 0 元素加圈，记作◎；然后划去◎所在行(列)的 0 元素，记作 $\varnothing$。

③反复进行(1)和(2)两步，直到把尽可能多的 0 元素都被圈出和划掉为止。

④若仍有没有划圈的 0 元素，且同行(列)的 0 元素至少有两个，则从剩有 0 元素最少的行(列)开始，比较这行各 0 元素所在列中 0 元素的数目，选择 0 元素少的那列的这个 0 元素加圈(表示选择性多的要"礼让"选择性少的)。然后划掉同行同列的其他 0 元素。可反复进行，直到所有 0 元素都已圈出和划掉为止。

⑤若◎元素的数目 m 等于矩阵的阶数 n，那么这指派问题的最优解已得到。若 $m<n$，则转入第三步。

第三步：作最少的直线覆盖所有 0 元素。

(1) 对没有◎的行打√号；

(2) 对已打√号的行中所有含 $\varnothing$ 元素的列打√号；

(3) 再对打有√号的列中含◎元素的行打√号；

(4) 重复(2)，(3)直到得不出新的打√号的行、列为止；

(5) 对没有打√号的行画横线，对打√号的列画纵线，这就得到覆盖所有 0 元素的最少直线数 l。l 应等于 m，若不相等，说明试指派过程有误，回到第二步中的(4)，另行试指派；若 $l=m<n$，须再变换当前的效益矩阵，以便找到 n 个独立的 0 元素，为此转第

四步。

第四步：变换矩阵 B 以增加 0 元素。

在没有被直线覆盖的所有元素中找出最小元素，然后打√各行（未被直线覆盖行）都减去这最小元素；打√各列（被直线覆盖列）都加上这最小元素（以保证系数矩阵中不出现负元素）。新系数矩阵的最优解和原问题仍相同。再转回第二步。

4.4.4　匈牙利法求解示例

【例 15】　已知某指派问题的效率矩阵如下，求使得目标函数最小化的指派方案。

$$C=\begin{bmatrix}2&15&13&4\\10&4&14&15\\9&14&16&13\\7&8&11&9\end{bmatrix}$$

解：第一步：变换效率矩阵，使指派问题的效率矩阵经过变换，在各行各列中都出现 0 元素。具体做法是：先将效率矩阵的各行减去该行的最小非 0 元素，再从所得系数矩阵中减去该列的最小非 0 元素。

$$C=\begin{bmatrix}2&15&13&4\\10&4&14&15\\9&14&16&13\\7&8&11&9\end{bmatrix}\begin{matrix}2\\4\\9\\7\end{matrix}\xrightarrow[\text{最右端数}]{\text{行变换}\ \text{每行减去}}\begin{bmatrix}0&13&11&2\\6&0&10&11\\0&5&7&4\\0&1&4&2\end{bmatrix}\xrightarrow[\text{每列最小数}]{\text{列变换}\ \text{每列减去}}\begin{bmatrix}0&13&7&0\\6&0&6&9\\0&5&3&2\\0&1&0&0\end{bmatrix}=B$$

得到的新矩阵 B 中，每行每列都出现零元素。

第二步：进行试指派，寻求最优解。

根据寻找独立零元素的步骤：

(1) 由于第二行、第三行只有一个 0，且不在同一列，先从第二行、第三行开始给这个 0 元素加圈，记作◎，然后划去◎所在列的其他 0 元素，记作 $\varnothing$；即

$$B\Rightarrow\begin{bmatrix}\varnothing&13&7&0\\6&◎&6&9\\◎&5&3&2\\\varnothing&1&0&0\end{bmatrix}$$

(2) 第三列中只有一个 0 元素，给此 0 元素加圈，记作◎；然后划去◎所在行 0 元素，记作 $\varnothing$，即

$$\begin{bmatrix}\varnothing&13&7&0\\6&◎&6&9\\◎&5&3&2\\\varnothing&1&◎&\varnothing\end{bmatrix}$$

(3) 重复(1)、(2)步。第一行只有一个 0 元素，给这个 0 元素加圈，记作◎，即

$$\begin{bmatrix} \varnothing & 13 & 7 & ◎ \\ 6 & ◎ & 6 & 9 \\ ◎ & 5 & 3 & 2 \\ \varnothing & 1 & ◎ & \varnothing \end{bmatrix}$$

由于所有的 0 元素都被圈出和划掉，故第(4)步省略，转入第(5)步；

(5)上一个矩阵中◎元素的数目 m 等于矩阵的阶数 n，表明已得到这个指派问题的最优解。

在解矩阵中把和◎的位置对应的元素取为 1，其他位置都取为 0，即最优解为

$$X^* = \begin{bmatrix} 0 & 0 & 0 & 1 \\ 0 & 1 & 0 & 0 \\ 1 & 0 & 0 & 0 \\ 0 & 0 & 1 & 0 \end{bmatrix}$$

【例 16】　某电脑公司计划把四种新产品分配给四个工厂生产，每个工厂只生产一种产品，每种产品只能让一个工厂生产。四个工厂的单位产品生产成本(元/件)如表 4-10 所示。求最优生产配置方案。

表 4-10

	产品 1	产品 2	产品 3	产品 4
工厂 1	58	69	180	260
工厂 2	75	50	150	230
工厂 3	65	70	170	250
工厂 4	82	55	200	280

解：第一步：变换效率矩阵，使指派问题的效率矩阵经过变换，在各行各列中都出现 0 元素。具体做法是：先将效率矩阵的各行减去该行的最小非 0 元素，再从所得系数矩阵中减去该列的最小非 0 元素。

$$C = \begin{bmatrix} 58 & 69 & 180 & 260 \\ 75 & 50 & 150 & 230 \\ 65 & 70 & 170 & 250 \\ 82 & 55 & 200 & 280 \end{bmatrix} \begin{matrix} 58 \\ 50 \\ 65 \\ 55 \end{matrix} \xrightarrow[\text{最右端数}]{\text{行变换 每行减去}} \begin{bmatrix} 0 & 11 & 122 & 202 \\ 25 & 0 & 100 & 180 \\ 0 & 5 & 105 & 185 \\ 27 & 0 & 145 & 225 \end{bmatrix} \xrightarrow[\text{每列最小数}]{\text{列变换 每列减去}} \begin{bmatrix} 0 & 11 & 22 & 22 \\ 25 & 0 & 0 & 0 \\ 0 & 5 & 5 & 5 \\ 27 & 0 & 45 & 45 \end{bmatrix} = B$$

第二步：进行试指派，寻求最优解。

根据寻找独立零元素的步骤：

(1)由于第一行、第三行、第四行都只有一个 0，但第一行与第三行的 0 在同一列，故先从第一行、第四行开始给这个 0 元素加圈，记作◎，然后划去◎所在列的其他 0 元素，记作 $\varnothing$，即

$$B \Rightarrow \begin{bmatrix} \circledcirc & 11 & 22 & 22 \\ 25 & \varnothing & 0 & 0 \\ \varnothing & 5 & 5 & 5 \\ 27 & \circledcirc & 45 & 45 \end{bmatrix},$$

(2)第三列、第四列中也都只有一个0元素，且位于同一行，故只能任给一个0元素加圈(不妨加第三列，加第四列用同样的方法)，记作◎；然后划去◎所在行0元素，记作$\varnothing$，即

$$\begin{bmatrix} \circledcirc & 11 & 22 & 22 \\ 25 & \varnothing & \circledcirc & \varnothing \\ \varnothing & 5 & 5 & 5 \\ 27 & \circledcirc & 45 & 45 \end{bmatrix}$$

此时所有的0都已被圈出和划掉，但$m=3<n$，转第三步。

第三步：作最少的直线覆盖所有“0”。

(1) 对没有◎的行打√号。

$$\begin{bmatrix} \circledcirc & 11 & 22 & 22 \\ 25 & \varnothing & \circledcirc & \varnothing \\ \varnothing & 5 & 5 & 5 \\ 27 & \circledcirc & 45 & 45 \end{bmatrix} \begin{matrix} \\ \\ \checkmark \\ \\ \end{matrix}$$

(2) 对已打√号的行中所有含$\varnothing$元素的列打√号。

$$\begin{matrix} \begin{bmatrix} \circledcirc & 11 & 22 & 22 \\ 25 & \varnothing & \circledcirc & \varnothing \\ \varnothing & 5 & 5 & 5 \\ 27 & \circledcirc & 45 & 45 \end{bmatrix} \begin{matrix} \\ \\ \checkmark \\ \\ \end{matrix} \\ \begin{matrix} \checkmark & & & \end{matrix} \end{matrix}$$

(3) 再对打有√号的列中含◎ 元素的行打√号。

$$\begin{matrix} \begin{bmatrix} \circledcirc & 11 & 22 & 22 \\ 25 & \varnothing & \circledcirc & \varnothing \\ \varnothing & 5 & 5 & 5 \\ 27 & \circledcirc & 45 & 45 \end{bmatrix} \begin{matrix} \checkmark \\ \\ \checkmark \\ \\ \end{matrix} \\ \begin{matrix} \checkmark & & & \end{matrix} \end{matrix}$$

(4) 到已得不出新的打√号的行、列为止。

(5) 对没有打√号的行画横线，有打√号的列画纵线，即

$$\begin{bmatrix} 0 & 11 & 22 & 22 \\ 25 & 0 & 0 & 0 \\ 0 & 5 & 5 & 5 \\ 27 & 0 & 45 & 45 \end{bmatrix}$$

这就得到覆盖所有0元素的最少直线数l。此时$l=m=3<n$，故须再变换当前的效益矩阵，以找到n个独立的0元素，为此转入第四步。

第四步：变换矩阵B以增加0元素。

在没有被直线覆盖的所有元素中找出最小元素为 5，然后打√各行(未被直线覆盖行)都减去这最小元素；打√各列(被直线覆盖列)都加上这最小元素，0 元素不加(以保证系数矩阵中不出现负元素)。即

$$\begin{bmatrix} 0 & 6 & 17 & 17 \\ 30 & 0 & 0 & 0 \\ 0 & 0 & 0 & 0 \\ 32 & 0 & 45 & 45 \end{bmatrix}$$

新系数矩阵的最优解和原问题仍相同。转入第五步。

第五步：再进行试指派，寻求最优解。重复上面第二步的过程，寻找独立 0 元素(过程略)。

$$\begin{bmatrix} ◎ & 6 & 17 & 17 \\ 30 & \emptyset & ◎ & \emptyset \\ \emptyset & \emptyset & \emptyset & ◎ \\ 32 & ◎ & 45 & 45 \end{bmatrix} \text{或} \begin{bmatrix} ◎ & 6 & 17 & 17 \\ 30 & \emptyset & \emptyset & ◎ \\ \emptyset & \emptyset & ◎ & \emptyset \\ 32 & ◎ & 45 & 45 \end{bmatrix}$$

上面矩阵中◎元素的数目 m 等于矩阵的阶数 n，表明已得到这个指派问题的最优解。在解矩阵中把和◎的位置对应的元素取为 1，其他位置都取为 0，即最优解为

$$X^* = \begin{bmatrix} 1 & 0 & 0 & 0 \\ 0 & 0 & 1 & 0 \\ 0 & 0 & 0 & 1 \\ 0 & 1 & 0 & 0 \end{bmatrix} \text{或} \begin{bmatrix} 1 & 0 & 0 & 0 \\ 0 & 0 & 0 & 1 \\ 0 & 0 & 1 & 0 \\ 0 & 1 & 0 & 0 \end{bmatrix}$$

有两个最优方案：

第一种方案：第一个工厂加工产品 1，第二个工厂加工产品 3，第三个工厂加工产品 4，第四个工厂加工产品 2；

第二种方案：第一个工厂加工产品 1，第二个工厂加工产品 4，第三个工厂加工产品 3，第四个工厂加工产品 2；

单件产品总成本：　$Z=58+150+250+55=513$。

4.4.5　非标准形式的指派问题

在现实生活中，很多指派问题并非是标准形式。解题的一般思路是：先化成标准形式，然后再用匈牙利法求解。

1. 最大化的指派问题

其一般形式为

$$\max Z = \sum_{i=1}^{n} \sum_{j=1}^{n} c_{ij} x_{ij}$$

$$\text{s. t.} \begin{cases} \sum\limits_{i=1}^{n} x_{ij} = 1 & (j = 1, 2, \cdots, n) \\ \sum\limits_{j=1}^{n} x_{ij} = 1 & (i = 1, 2, \cdots, n) \\ x_{ij} = 0, 1 & (i, j = 1, 2, \cdots, n) \end{cases}$$

解题方法：设最大化的指派问题的系数矩阵为 $C=(c_{ij})_{n\times n}$，$k=\max\limits_{i,j=1,2,\cdots,n}\{c_{ij}\}$，令 $B=(b_{ij})_{n\times n}=(k-c_{ij})_{n\times n}$，则以 B 为系数矩阵的最小化指派问题和以 C 为系数矩阵的原最大化指派问题有相同的最优解。

【例 17】 某车间有 4 名员工 A_1，A_2，A_3，A_4，分别操作 4 台机器 B_1，B_2，B_3，B_4。不同员工操作不同机器每小时的产量如表 4-11 所示，求产值最大的指派方案。

表 4-11

员工＼机器	B_1	B_2	B_3	B_4
A_1	10	9	8	7
A_2	3	4	5	6
A_3	2	1	1	2
A_4	4	3	5	6

解：

$$C=(c_{ij})_{n\times n}=\begin{pmatrix}10&9&8&7\\3&4&5&6\\2&1&1&2\\4&3&5&6\end{pmatrix},\ k=\{10,\ 9,\ 8,\ \cdots,\ 3,\ 2,\ 1\}=10$$

$$B=(B_{ij})_{n\times n}=(10-c_{ij})_{n\times n}=\begin{pmatrix}0&1&2&3\\7&6&5&4\\8&9&9&8\\6&7&5&4\end{pmatrix}\to\begin{pmatrix}0&1&2&3\\3&2&1&0\\0&1&1&0\\2&3&1&0\end{pmatrix}\to\begin{pmatrix}0&0&1&3\\3&1&0&0\\0&0&0&0\\2&2&0&0\end{pmatrix}=B'$$

可见，B'中的可圈的独立 0 元素有 $4=n$ 个，如

$$\begin{pmatrix}◎&\emptyset&1&3\\3&1&◎&\emptyset\\\emptyset&◎&\emptyset&\emptyset\\2&2&\emptyset&◎\end{pmatrix}\quad 或\quad \begin{pmatrix}\emptyset&◎&1&3\\3&1&\emptyset&◎\\◎&\emptyset&\emptyset&\emptyset\\2&2&◎&\emptyset\end{pmatrix}$$

所以可得最优指派方案：

$$X^*=\begin{pmatrix}1&0&0&0\\0&0&1&0\\0&1&0&0\\0&0&0&1\end{pmatrix}\quad 或\quad X^*=\begin{pmatrix}0&1&0&0\\0&0&0&1\\1&0&0&0\\0&0&1&0\end{pmatrix}$$

即为产值最大的指派方案，最大产值为 $Z=10+5+1+6=22$。（本题还有其他指派方案，请读者自行讨论）

2. 人数和任务数不相等的指派问题

由于指派问题是一种特殊的运输问题，故可认为此类型的指派问题是一种不平衡的运输问题。可模仿运输问题中的做法，添加虚拟的人或虚拟的任务，使人和任务的数目相

等，并令这些虚拟人完成各项任务的效率都是 0，或令这些虚拟任务被每个人完成的效率都是 0，从而把这类指派问题化成标准形式的指派问题。

解题的方法是：

(1)若人数小于任务数，可虚拟一些“人”，设这些虚拟的“人”做各项任务的费用系数为 0，可理解为这些费用实际上不会发生。

(2)若人数大于任务数，可虚拟一些“任务”，设这些虚拟的“任务”被各个人做的费用系数为 0，可理解为这些事根本没发生。

3. 一个人可做几件任务的指派问题

若某人可同时做 a 项任务，则可将该人看做相同的 a 个“人”来指派。这 a 个“人”做同一项任务的费用系数当然一样。

4. 某项任务不能由某人去做的指派问题

当某项任务不能由某人去做时，可将此人做此项任务的费用取作足够大的正数 M。

4.5　软件操作实践及案例建模分析

下面以案例为基础，分别介绍“管理运筹学”2.0、Excel、Lindo 和 Matlab 软件求解整数线性规划模型的方法。

4.5.1　“管理运筹学”2.0 求解整数规划问题

【例 18】　某电器公司生产 3 种不同型号的电器，每种电器都需要资源：劳动力、金属板、机器设备和隔热板，生产一个电器所需的四种资源的数量、四种资源的总供应量、三种电器的固定生产成本及单位利润如表 4-12 所示。

表 4-12

	电器 1	电器 2	电器 3	供应量
金属板(t)	2	4	8	500
劳动力(人)	2	3	4	300
机器设备(台)	1	2	3	100
隔热板(片)	3	5	7	700
固定成本(千元)	100	150	200	
利润(千元)	3	4	8	

解：设 x_1，x_2，x_3 分别为三种电器的生产数量。因为固定成本只有在生产该种电器时才会产生，所以为了说明固定成本的这种性质，需设

$$y_i=\begin{cases}1, & \text{生产电器 } i\text{，即 } x_i>0\\ 0, & \text{不生产电器 } i\text{，即 } x_i=0\end{cases}$$

则扣除固定成本后的利润最大的目标函数为

$$\max Z=3x_1+4x_2+8x_3-100y_1-150y_2-200y_3$$

下面先写关于四种资源量的限制条件：

$$2x_1+4x_2+8x_3\leqslant 500$$

$$2x_1+3x_2+4x_3\leqslant 300$$

$$x_1+2x_2+3x_3\leqslant 100$$

$$3x_1+5x_2+7x_3\leqslant 700$$

然后，注意到不能出现某电器不投入固定成本就生产的情况，为此要加上以下的约束条件：

$$x_1\leqslant M_1y_1,\quad x_2\leqslant M_2y_2,\quad x_3\leqslant M_3y_3$$

式中：M_1，M_2，M_3 都是充分大的正数，M_1，M_2，M_3 可取同一个值。从三种电器需要的劳动力的情况可知，三种电器的生产数量分别不会超过 150，100，200 个，因此可取$M_1=200$，$M_2=150$，$M_3=300$，即得 $x_1\leqslant 200y_1$，$x_2\leqslant 150y_2$，$x_3\leqslant 300y_3$。

分析上述条件可知，若取 $M_1=M_2=M_3=200$，则当 $y_i=0$，即对电器 i 不投入固定成本时，有 $x_i\leqslant 200y_i=0$，即没有生产电器 i；当 $y_i=1$，即对电器 i 投入固定成本时，有 $x_i\leqslant 200y_i=200$，即最多生产电器 i200 个。这显然是合理的。

综上所述，该问题的整数规划模型为

$$\max Z=3x_1+4x_2+8x_3-100y_1-150y_2-200y_3$$

$$\text{s.t.}\begin{cases}2x_1+4x_2+8x_3\leqslant 500\\2x_1+3x_2+4x_3\leqslant 300\\x_1+2x_2+3x_3\leqslant 100\\3x_1+5x_2+7x_3\leqslant 700\\x_1\leqslant 200y_1\\x_2\leqslant 150y_2\\x_3\leqslant 300y_3\\x_j\geqslant 0\text{ 且为整数，}j=1,2,3\\y_j=0\text{ 或 }1,\ j=1,2,3\end{cases}$$

下面用“管理运筹学”2.0 软件求解上述混合整数线性规划问题。

第一步：在“管理运筹学”2.0 主窗口中点击“整数规划”模块按钮，弹出的界面如图 4-7 所示。根据问题的类型选择相应的子模块，本题可选择“纯整数规划问题”或“混合整数规划问题”。在此，我们选后者。

第二步：点击“新建”按钮，然后按要求在弹出的界面中输入模型中的数据，如图 4-8 所示。

注：输入模型中的数据时，注意变量为整数和为 0-1 变量的选择。

第三步：点击“解决”按钮，得到求解结果，如图 4-9 所示。

由图 4-9 可知，该整数规划模型的最优目标函数值是 200，最优解是：$x_1=100$，$x_2=x_3=0$，$y_1=1$，$y_2=y_3=0$。即生产 100 个电器 1，可得到最大利润 300 千元，且从输出信息

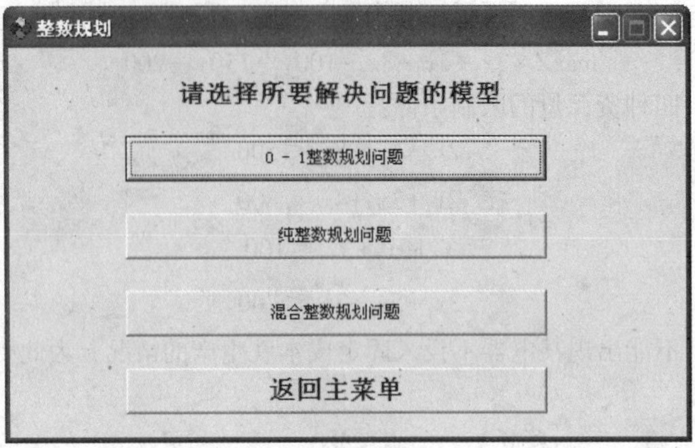

整数规划

请选择所要解决问题的模型

0 - 1整数规划问题

纯整数规划问题

混合整数规划问题

返回主菜单

图 4-7

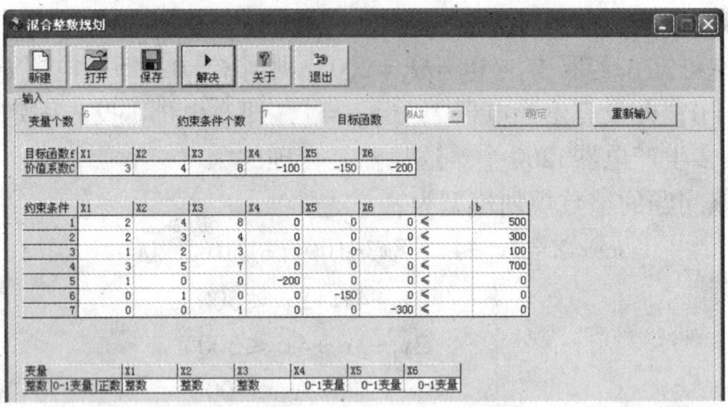

混合整数规划

新建 打开 保存 解决 关于 退出

输入

变量个数 6　约束条件个数 7　目标函数 MAX　确定　重新输入

目标函数f	X1	X2	X3	X4	X5	X6
价值系数C	3	4	8	-100	-150	-200

约束条件	X1	X2	X3	X4	X5	X6		b
1	2	4	8	0	0	0	≤	500
2	2	3	4	0	0	0	≤	300
3	1	2	3	0	0	0	≤	100
4	3	5	7	0	0	0	≤	700
5	1	0	0	-200	0	0	≤	0
6	0	1	0	0	-150	0	≤	0
7	0	0	1	0	0	-300	≤	0

变量	X1	X2	X3	X4	X5	X6
整数 0-1变量 正数	整数	整数	整数	0-1变量	0-1变量	0-1变量

图 4-8

结果输出

```
**********************最优解如下*************************
        目标函数最优值为   :  200
          变量              最优解
        --------          ---------
           x1               100
           x2               0
           x3               0
           x4               1
           x5               0
           x6               0
          约束              松弛/剩余
        --------          ---------
           1                300
           2                100
           3                0
           4                400
           5                100
           6                0
           7                0
```

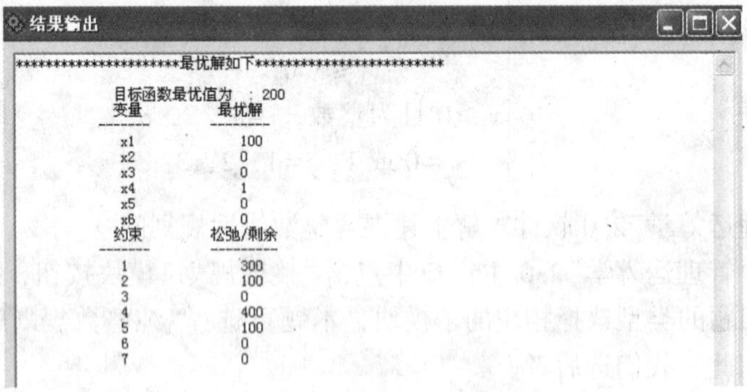

图 4-9

还看到，此时金属板还有 300t 没被使用，劳动力也还多余 100 人，隔热板还剩余 400 片没使用，只有机器设备全部用完。因此，增加机器设备是可能使利润再增加的。

注：用“管理运筹学”2.0 软件求解纯整数规划和 0-1 整数规划问题时，软件已按要求设定好变量的取值要求，不需要再选择。

4.5.2 Excel 求解整数规划问题

Excel 求解各类整数规划问题仍旧是借助"规划求解"宏来实现的。除了在设置约束条件时，要选择关于变量取整数值或取 0-1 值的操作外，其余所有的操作同线性规划一样。

下面用 Excel 来求解例 19 中的整数线性规划问题。

在 Excel 中输入模型中对应的数据，如图 4-10 所示。其中决策变量对应的单元格是 J4：J9，目标单元格是 J3，其计算公式为"=MMULT(B2：G2，J4：J9)"。约束条件所在单元格为 B13：H13，其计算公式分别为

约束 1：B13 =MMULT(B4：G4，J4：J9)　约束 2：C13=MMULT(B5：G5，J4：J9)

约束 3：D13 =MMULT(B6：G6，J4：J9)　约束 4：E13=MMULT(B7：G7，J4：J9)

约束 5：F13 =MMULT(B8：G8，J4：J9)　约束 6：G13 =MMULT(B9：G9，J4：J9)

约束 7：H13 =MMULT(B10：G10，J4：J9)

	A	B	C	D	E	F	G	H	I	J
1	目标系数							右端项		
2		3	4	8	-100	-150	-200			
3									目标值	#VALUE!
4	系数矩阵	2	4	8	0	0	0	500	x1	
5		2	3	4	0	0	0	300	x2	
6		1	2	3	0	0	0	100	x3	
7		3	5	7	0	0	0	700	y1	
8		1	0	0	-200	0	0	0	y2	
9		0	1	0	0	-150	0	0	y3	
10		0	0	1	0	0	-300	0		
11										
12		约束1	约束2	约束3	约束4	约束5	约束6	约束7		
13		#VALUE!	#VALUE!	#VALUE!	#VALUE!	#VALUE!	#VALUE!	#VALUE!		

图 4-10

规划求解参数设置见图 4-11，变量取整数值或取 0-1 值的设置方法分别如图 4-12、4-13 所示。

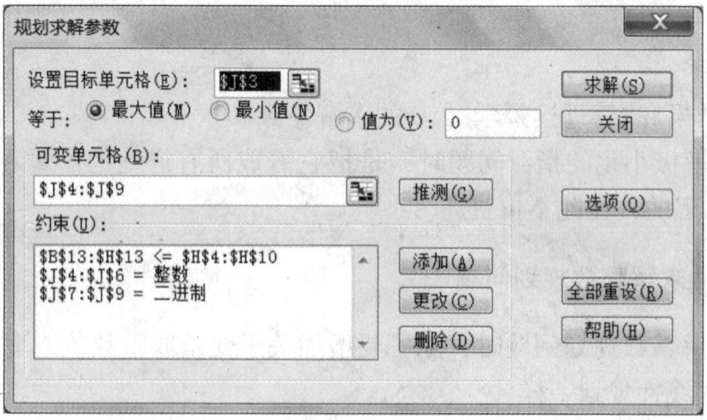

规划求解参数

设置目标单元格(E)：$J$3

等于：◉ 最大值(M)　○ 最小值(N)　○ 值为(V)：0

可变单元格(B)：

$J$4:$J$9

约束(U)：

$B$13:$H$13 <= $H$4:$H$10

$J$4:$J$6 = 整数

$J$7:$J$9 = 二进制

求解(S)　关闭　推测(G)　选项(O)　添加(A)　更改(C)　删除(D)　全部重设(R)　帮助(H)

图 4-11

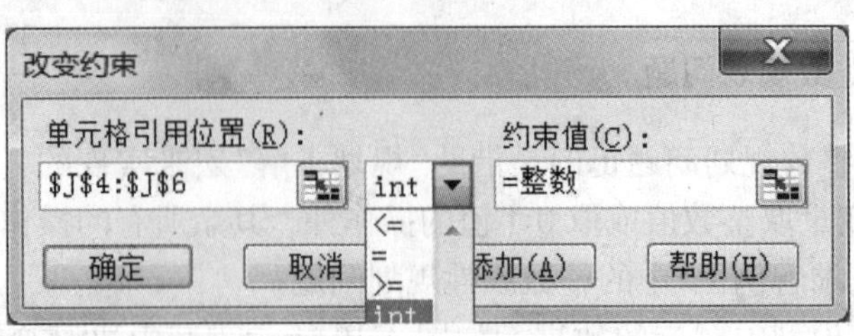

图 4-12

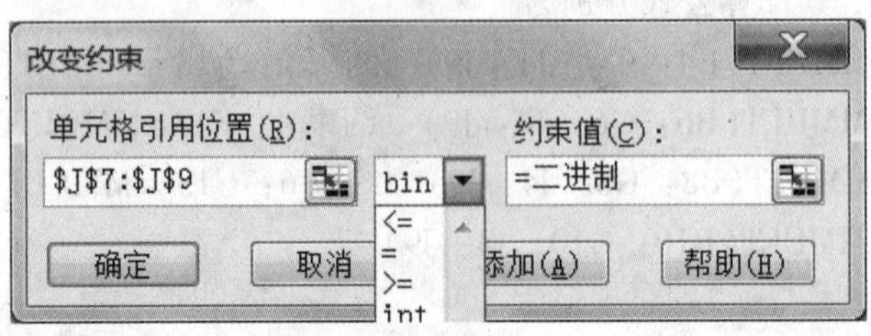

图 4-13

选中“假设非负”和“采用线性模型”，再点击“确定”按钮，回到“规划求解参数”对话框，再点击“求解”按钮，可得求解结果，如图 4-14 所示。

	A	B	C	D	E	F	G	H	I	J
1	目标系数							右端项		
2		3	4	8	-100	-150	-200			
3									目标值	200
4	系数矩阵	2	4	8	0	0	0	500	x1	100
5		2	3	4	0	0	0	300	x2	0
6		1	2	3	0	0	0	100	x3	0
7		3	5	7	0	0	0	700	y1	1
8		1	0	0	-200	0	0	0	y2	0
9		0	1	0	0	-150	0	0	y3	0
10		0	0	1	0	0	-300	0		
11										
12		约束1	约束2	约束3	约束4	约束5	约束6	约束7		
13		200	200	100	300	-100	0	0		

图 4-14

可见，求解结果和“管理运筹学”2.0 的求解一致。

注：Excel 求解极小化的指派问题时，是把它看成所有产地的产量和销地的销量都为 1 的运输问题来求解的，在此不再赘述。

4.5.3　Lindo 软件求解整数规划问题

Lindo 软件求解整数规划问题时，除了要增加关于变量取整数值或取 0-1 值的语句外，其余所有的操作同线性规划一样。

【例 19】　现需从 A，B，C，D，E 个人中挑选 4 个人来完成任务甲，乙，丙，丁。规定一人只能完成一项任务，如已知每人完成各项任务的时间如表 4-13 所示。

表 4-13

任务＼人	A	B	C	D	E
甲	10	2	3	15	9
乙	5	10	15	2	4
丙	15	5	14	7	15
丁	20	15	13	6	8

由于某些原因，规定 A 必须分到一项任务，D 不能承担任务丁。问在满足这些条件的情况下，怎么指派可使完成任务的总时间最少？

解：由题设，这是一个任务数少于人数的指派问题，故需虚拟一项任务戊，又因为 A 必须分到一项任务，所以虚拟任务不能由 A 来做，为此可设 A 完成任务戊的时间为 M，其他人完成任务戊的时间为 0。

因为 D 不能承担任务丁，因此可将 D 完成任务丁的时间改为 M。这里 M 是个充分大的正数。

设 $x_{ij}=\begin{cases}1, & \text{第 } i \text{ 人做任务 } j \\ 0, & \text{第 } i \text{ 人不做任务 } j\end{cases}$，$i=1, 2, \cdots, 5$，　$j=1, 2, \cdots, 5$，则可得该指派问题的数学模型为

$$\min Z=10x_{11}+2x_{12}+3x_{13}+15x_{14}+9x_{15}+5x_{21}+10x_{22}+15x_{23}+2x_{24}+4x_{25}+15x_{31}$$
$$+5x_{32}+14x_{33}+7x_{34}+15x_{35}+20x_{41}+15x_{42}+13x_{43}+Mx_{44}+8x_{45}+Mx_{51}$$

$$\text{s.t.}\begin{cases}x_{11}+x_{12}+x_{13}+x_{14}+x_{15}=1\\x_{21}+x_{22}+x_{23}+x_{24}+x_{25}=1\\x_{31}+x_{32}+x_{33}+x_{34}+x_{35}=1\\x_{41}+x_{42}+x_{43}+x_{44}+x_{45}=1\\x_{51}+x_{52}+x_{53}+x_{54}+x_{55}=1\\x_{11}+x_{21}+x_{31}+x_{41}+x_{51}=1\\x_{12}+x_{22}+x_{32}+x_{42}+x_{52}=1\\x_{13}+x_{23}+x_{33}+x_{43}+x_{53}=1\\x_{14}+x_{24}+x_{34}+x_{44}+x_{54}=1\\x_{15}+x_{25}+x_{35}+x_{45}+x_{55}=1\\x_{ij}=0 \text{ 或 } 1,\ i,\ j=1,\ 2,\ 3,\ 4,\ 5\end{cases}$$

下面用 Lindo 软件求解上述指派问题(也为 0-1 规划问题)。

第一步：打开 Lindo 软件，输入上述线性规划模型，由于 M 是充分大的正数，观察表 4-13的数据，故在此可取 $M=1000$。输入模型的界面如图 4-15 所示。

注：语句“Int　n”表示前 n 个变量为 0-1 变量，“Gin　n”表示前 n 个变量取整数值。

```
<untitled>
min 10x11+2x12+3x13+15x14+9x15+5x21+10x22+15x23+2x24+4x25
   +15x31+5x32+14x33+7x34+15x35+20x41+15x42+13x43+1000x44+8x45
   +1000x51
st
x11+x12+x13+x14+x15=1
x21+x22+x23+x24+x25=1
x31+x32+x33+x34+x35=1
x41+x42+x43+x44+x45=1
x51+x52+x53+x54+x55=1
x11+x21+x31+x41+x51=1
x12+x22+x32+x42+x52=1
x13+x23+x33+x43+x53=1
x14+x24+x34+x44+x54=1
x15+x25+x35+x45+x55=1
end
int 25
```

图 4-15

语句“Int　X”表示变量 X 为 0-1 变量，“Gin　X”表示变量 X 取整数值。

第二步：从“Solve”菜单选择“Solve”命令，或直接点击窗口顶部的工具栏的“Solve”按钮，求解结果如图 4-16 所示。

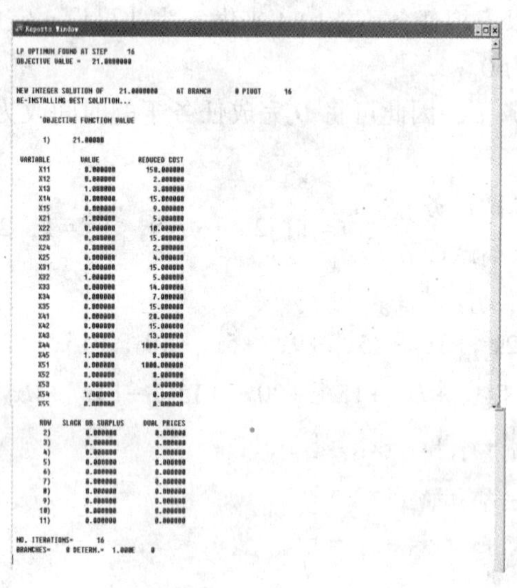

```
Reports Window

LP OPTIMUM FOUND AT STEP      16
OBJECTIVE VALUE =    21.0000000


NEW INTEGER SOLUTION OF    21.0000000     AT BRANCH      0 PIVOT      16
RE-INSTALLING BEST SOLUTION...

      OBJECTIVE FUNCTION VALUE

      1)      21.00000

 VARIABLE        VALUE          REDUCED COST
      X11         0.000000        150.000000
      X12         0.000000          2.000000
      X13         1.000000          3.000000
      X14         0.000000         15.000000
      X15         0.000000          9.000000
      X21         1.000000          5.000000
      X22         0.000000         10.000000
      X23         0.000000         15.000000
      X24         0.000000          2.000000
      X25         0.000000          4.000000
      X31         0.000000         15.000000
      X32         1.000000          5.000000
      X33         0.000000         14.000000
      X34         0.000000          7.000000
      X35         0.000000         15.000000
      X41         0.000000         20.000000
      X42         0.000000         15.000000
      X43         0.000000         13.000000
      X44         0.000000       1000.000000
      X45         1.000000          8.000000
      X51         0.000000       1000.000000
      X52         0.000000          0.000000
      X53         0.000000          0.000000
      X54         1.000000          0.000000
      X55         0.000000          0.000000

      ROW   SLACK OR SURPLUS     DUAL PRICES
       2)         0.000000          0.000000
       3)         0.000000          0.000000
       4)         0.000000          0.000000
       5)         0.000000          0.000000
       6)         0.000000          0.000000
       7)         0.000000          0.000000
       8)         0.000000          0.000000
       9)         0.000000          0.000000
      10)         0.000000          0.000000
      11)         0.000000          0.000000

NO. ITERATIONS=      16
BRANCHES=    0 DETERM.=  1.000E    0
```

图 4-16

最优解为 $x_{13}=x_{21}=x_{32}=x_{45}=1$。即 A 完成任务乙，B 完成任务丙，C 完成任务甲，E 完成任务丁，D 轮空。总时间为 5+5+3+8=21。

4.5.4　Matlab 求解整数规划问题

1. 一般整数规划问题

Matlab 中没有专门求解整数规划问题的函数，为此，文献[12]中提供了一个采用分支定界法求解整数规划问题的函数——IP_ Prog( )函数，该函数的调用形式为

[x, fval, exitflag] = IP_ Prog(c, A, b, Aeq, beq)

下面以例 18 中的整数规划问题为例进行介绍。

在命令窗口中，输入：

```
C=[3 4 8 -100 -150  -200];
A=[2 4 8 0 0 0 ; 2 3 4 0 0 0; 1 2 3 0 0 0; 3 5 7 0 0 0; …
      1 0 0 -200 0 0; 0 1 0 0 -150 0; 0 0 1 0 0 -300];
b=[500 300 100 700 0 0 0]';
   [x, fval, exitflag]=IP_ Prog(c, A, b, [], [])
```

请读者自行运行求得结果。

IP_ Prog( )函数对混合整数规划问题的求解也适用。这时只需在 IntConX 参数中指名具有整数约束的变量即可，例如 IntConX=[1 3]表示变量 x_1，x_3 要取整数。一般情况下默认所有变量都取整数。

2. 0-1 规划问题

0-1 规划问题实质上是一种特殊的整数规划问题，故可调用 IP_ Prog( )函数来求解。此外，Matlab 中专门提供了求解 0-1 规划问题的函数 bintprog( )，下面对该函数作个简介。

bintprog( )函数的调用形式为

```
[x, fval, exitflag, output]= bintprog (c, A, b, Aeq, beq, x0, options)
```

bintprog( )函数和 linprog( )函数一样是针对下述形式的问题：

$$\min Z=c'\cdot x$$

$$\text{s.t.}\begin{cases}Ax\leqslant b\\ Aeq\cdot x=Beq\\ x=0,\ 1\end{cases}$$

式中：各参数的意义同 linprog( )函数的一样。需要注意的是，不能用它来求解混合整数规划问题。

【例 20】 设需要指派甲，乙，丙，丁 4 个人来完成任务 A，B，C，D，E。如已知每人完成各项任务的时间如表 4-14 所示。

表 4-14

人 \ 任务	A	B	C	D	E
甲	10	2	4	15	19
乙	25	10	5	2	18
丙	15	5	14	7	15
丁	6	15	13	6	8

由于任务数多于人数，因此规定除其中 1 人可同时完成 2 项任务外，其余的人只能完成剩下的 3 项任务之一。问在满足这些条件的情况下，怎么指派可使完成任务的总时间最少？

解：由于任务数多于人数，故需虚拟一个人，记为戊，他所对应的任务是甲，乙，丙，丁 4 个人中某人完成的第 2 项任务，因此他完成 5 项任务的时间应取为每人完成相应任务所需要的最少时间。由此，可得下列效益矩阵：

$$C=\begin{pmatrix} 10 & 2 & 4 & 15 & 19 \\ 25 & 10 & 5 & 2 & 18 \\ 15 & 5 & 14 & 7 & 15 \\ 6 & 15 & 13 & 6 & 8 \\ 6 & 2 & 5 & 2 & 8 \end{pmatrix}$$

因为指派问题也为 0-1 规划问题，下面调用 bintprog( ) 函数来求解该问题。

在命令窗口中，输入：

```
C=[10 2 4 15 19 25 10 5 2 18 15 5 14 7 15 6 15 13 6…
8 6 2 5 2 8];
Aeq=[1 1 1 1 1 0 0 0 0 0 0 0 0 0 0 0 0 0 0 0 0 0 0 0 0; …
     0 0 0 0 0 1 1 1 1 1 0 0 0 0 0 0 0 0 0 0 0 0 0 0 0; …
     0 0 0 0 0 0 0 0 0 0 1 1 1 1 1 0 0 0 0 0 0 0 0 0 0; …
     0 0 0 0 0 0 0 0 0 0 0 0 0 0 0 1 1 1 1 1 0 0 0 0 0; …
     0 0 0 0 0 0 0 0 0 0 0 0 0 0 0 0 0 0 0 0 1 1 1 1 1; …
     1 0 0 0 0 1 0 0 0 0 1 0 0 0 0 1 0 0 0 0 1 0 0 0 0; …
     0 1 0 0 0 0 1 0 0 0 0 1 0 0 0 0 1 0 0 0 0 1 0 0 0; …
     0 0 1 0 0 0 0 1 0 0 0 0 1 0 0 0 0 1 0 0 0 0 1 0 0; …
     0 0 0 1 0 0 0 0 1 0 0 0 0 1 0 0 0 0 1 0 0 0 0 1 0; …
     0 0 0 0 1 0 0 0 0 1 0 0 0 0 1 0 0 0 0 1 0 0 0 0 1];
beq=[1 1 1 1 1 1 1 1 1 1]';
     [x, fval, exitflag]=bintprog(c, [ ], [ ], Aeq, beq);
```

为了使得指派问题的解的输出形式为矩阵形式，可接着添加语句：

```
x=reshape(x, 5, 5);
favl
x=x'
```

求得指派矩阵为

```
x=0 0 1 0 0
  0 0 0 1 0
  0 1 0 0 0
  1 0 0 0 0
  0 0 0 0 1
```

即最优指派方案为：甲做任务 C，乙做任务 D，丙做任务 B，丁做任务 A 和 E。

总时间为 15+2+5+6+8=36。

注：指派问题也是个特殊的运输问题，因此可采用第 3 章介绍的 Trans_ Prog( ) 函数来求解，在此不再赘述。

讨论、思考题

1. 整数规划问题有什么特点？
2. 在整数规划建模中引入0-1变量有何作用？
3. 在分枝定界法中，若目标函数求最小值时上下界如何确定及修改？
4. 在割平面法的单纯形表中如何判定有多个最优解？
5. 在割平面法的单纯形表中如同时可产生多个割平面，怎样选择？
6. 如何把一个非整数规划化为整数规划？
7. 求解0-1规划得隐枚举法中目标函数有何作用？
8. 各类非标准形式的指派问题如何求解？

本章小结

本章通过整数规划问题的实例，介绍了整数线性规划模型及其几种常见的求解方法——分枝定界法、Gomory割平面法、隐枚举法、分枝隐枚举法及匈牙利法，还就"管理运筹学"2.0、Excel、Lindo和Matlab四种软件求解整数规划问题的方法进行了介绍，并进行了案例建模分析。

本章学习要求如下：

(1)清楚整数线性规划的分类，并能对有关应用问题建立整数线性规划模型。

(2)理解分枝定界法的原理，掌握其求解步骤。

(3)理解Gomory割平面法的原理，掌握其求解步骤。

(4)理解隐枚举法的原理，掌握其求解步骤。

(5)理解匈牙利法的原理，掌握其求解步骤。

(6)掌握非标准形式的指派问题的求解方法。

习　题

1. 填空题

(1)用分枝定界法求极大化的整数规划问题时，任何一个可行解的目标函数值是该问题目标函数值的____________。

(2)在分枝定界法中，若选 $X_r=4/3$ 进行分枝，则构造的约束条件应为__________。

(3)已知整数线性规划问题(IP)，其相应的松弛问题记为(LP)，若问题(LP)无可行解，则问题(IP)____________。

(4) 割平面法和分枝定界法的理论基础都是用____________方法求解整数规划。

(5)用割平面法求解整数规划问题时，若某个约束条件中有不为整数的系数，则需在该约束两端扩大适当倍数，将全部系数化为____________。

(6)求解0-1整数规划和指派问题的专门方法分别是______ ____。

(7)分枝定界法一般每次分枝数量为____________个。

(8)对于有 n 项任务需要有 n 个人去完成的一个分配问题，其解中取值为 1 的变量个数为____________。

2. 选择题

(1)整数规划问题中，变量的取值可能是(　　)。

A. 大于零的非整数　　B. 0 或 1　　C. 整数　　D. 以上三种都可能

(2)在下列整数规划问题中，分枝定界法和割平面法都可以采用的是(　　)。

A. 线性规划　　B. 混合整数规划

C. 0-1 规划　　D. 纯整数规划

(3) 在求解整数规划问题时，可能出现的是(　　)。

A. 唯一最优解　　B. 无可行解　　C. 无界解　　D. 无穷多个最优解

(4)下列说明不正确的是(　　)。

A. 求解整数规划可以采用求解其相应的松弛问题，然后对其非整数值的解四舍五入的方法得到整数解。

B. 用割平面法求解整数规划问题时，必须首先将原问题的非整数的约束系数及右端常数化为整数。

C. 用割平面法求解整数规划时，构造的割平面可能割去一些不属于最优解的整数解。

D. 用分枝定界法求解一个极大化的整数规划问题，当得到多于一个可行解时，通常任取其中一个作为下界。

下列方法中用于求解分配问题的是(　　)。

A. 分枝定界法　　B. 单纯形表　　C. 匈牙利法　　D. 表上作业法

(5)关于分配问题的下列说法正确的是(　　)。

A. 分配问题是一个高度退化的运输问题

B. 可以用表上作业法求解分配问题

C. 从分配问题的效益矩阵中逐行取其最小元素，可得到最优分配方案

D. 匈牙利法所能求解的分配问题，要求规定一个人只能完成一件工作，同时一件工作也只给一个人做。

3. 某种产品现需 2000 件，该产品可利用 A，B，C 设备中的任意一种来加工。有关数据如表 4-15 所示。试对此问题建立整数规划模型并求解。

表 4-15

设备	设备的生产准备结束费(元)	生产成本(元/件)	最大加工数(件)
A	100	10	600
B	300	2	800
C	200	5	1200

4. 某厂要制定一个产品宣传计划，可利用的广告渠道有三种：广播、电视、报纸。市场调研的结果如表 4-16 所示。该厂计划广告费用不超过 16 万元。此外还要求：(1)受到广告影响的妇女至少要有 2 万人；(2)电视广告费用不超过 10 万元；(3)白昼电视至少要订 3 个广告，热门时间至少 2 个广告；(4)广播和报纸上的广告数都须控制在 5 到 10 之间。问该厂如何制订广告计划，可使受到影响的总人数最多？

表 4-16

	电　视		广播	报纸
	白昼时间	热门时间		
每个广告的费用(千元)	8	15	6	3
每个广告影响总人数(万人)	40	90	50	2
每个广告影响妇女数(万人)	30	40	20	1

5. 某公司准备投资 B 万元建民用住宅。可建地点有 7 处：A_1，A_2，…，A_7，已知 A_i 处每幢住宅的造价为 c_i 万元，最多可建 a_i 幢。此外，由于各种原因，决策时需考虑如下三个附加条件：

(1)在 A_1，A_2，A_3 处最多只能选择 2 处建宅。

(2)在 A_4 处建宅就必须同时在 A_5 处建宅；反之，在 A_5 处建宅，在 A_4 处不一定同时建宅。

(3)在 A_6，A_7 中至少要选择 1 处建宅。

问应当在哪几个地点建宅，各建多少幢，才能使建造的住宅幢数最多？试建立该问题的数学模型。

6. 用分支定界法解下列整数规划。

(1) $\max Z=x_1+2x_2$

$$\text{s. t.}\begin{cases}x_1+x_2\leqslant 5\\-x_1+x_2\leqslant 0\\6x_1+2x_2\leqslant 21\\x_1,\ x_2\geqslant 0\text{，且为整数}\end{cases}$$

(2) $\min Z=5x_1-2x_2$

$$\text{s. t.}\begin{cases}3x_1+10x_2\leqslant 50\\7x_1-2x_2\leqslant 28\\x_1,\ x_2\geqslant 0\\x_2\ \text{为整数}\end{cases}$$

7. 用割平面法解下列整数规划。

(1) $\max Z=x_1+x_2$

$$\text{s. t.}\begin{cases}2x_1+x_2\leqslant 6\\4x_1+5x_2\leqslant 20\\x_1,\ x_2\geqslant 0\text{，且为整数}\end{cases}$$

(2) $\min Z=5x_1-x_2$

$$\text{s. t.}\begin{cases}3x_1+x_2\geqslant 9\\x_1+x_2\geqslant 5\\x_1+8x_2\geqslant 8\\x_1,\ x_2\geqslant 0\text{，且为整数}\end{cases}$$

8. 求解下列 0-1 规划问题。

(1) $\max Z=2x_1-x_2+5x_3-3x_4+4x_5$

$$\text{s.t.}\begin{cases}3x_1-2x_2+7x_3-5x_4+4x_5\leqslant 6\\ x_1-x_2+2x_3-4x_4+2x_5\leqslant 0\\ x_i=0\text{ 或 }1(i=1,\ 2,\ 3,\ 4,\ 5)\end{cases}$$

(2) $\max Z=5x_1+3x_2+2x_3+4x_4$

$$\text{s.t.}\begin{cases}-4x_1+x_2+x_3+x_4\geqslant 0\\ -2x_1+4x_2+2x_3+4x_4\geqslant 4\\ x_1+x_2-x_3+x_4\geqslant 1\\ x_i=0\text{ 或 }1(i=1,\ 2,\ 3,\ 4)\end{cases}$$

9. 运用 0-1 变量将下列逻辑关系表示成一般的约束。

(1) $x_1+x_2\leqslant 5$ 或 $x_1+2x_2\geqslant 7$；　　(2) 变量 x 只能取 0、3、7 中的一个；

(3) 变量 x 或等于 0，或大于 30；(4) 若 $x_1\leqslant 2$，则 $x_2\geqslant 1$，否则 $x_2\leqslant 4$；

(5) 四个约束条件至少满足其中 2 个，$x_1+x_2\leqslant 5$，$x_2\leqslant 2$，$x_3\geqslant 2$，$x_3+x_4\geqslant 6$。

10. 某学校要聘请 5 名英语教师给 5 个具有不同英语基础水平的班级上辅导课，劳动报酬为每小时 80 元，各教师辅导各班级所需小时的估计值见表 4-17。问：怎样安排教师上课，可使总费用最少？

表 4-17

教师 \ 班级	*A*	*B*	*C*	*D*	*E*
甲	4	8	7	12	9
乙	9	7	9	7	11
丙	10	6	8	10	7
丁	6	7	14	5	7
戊	9	12	8	6	8

11. 背包问题(Knapsack　Problem)：一个旅行者，为了准备旅行的必需品，要在内装一些最有用的东西，但背包有容量限制，最多只能装 b 公斤的物品，而每件物品只能整个携带，为此旅行者给每件物品规定了一个“价值”以表示其有用的程度，如果共有 n 件物品，第 j 件物品 a_j 公斤，其价值为 c_j。问：携带哪些物品，既可使携带的物品总重量不超过 b 公斤，又可使总价值最大？

12. 某公司要制造小、中、大三种尺寸的金属容器，制造不同尺寸的单个容器所需的金属板、劳动力和机器设备的数量如表 4-18 所示。不考虑固定费用，每种容器售出一只所得的利润分别为 4，5，6 万元。设可使用的金属板有 500 吨，劳动力有 300 人，机器有 100 台，此外不管每种容器制造的数量是多少，都要支付一笔固定的费用：小号是 100 万元，中号为 150 万元，大号为 200 万元。现在要制定一个生产计划，使获得的利润最大。

表 4-18

资源	小号容器	中号容器	大号容器
金属板(吨)	2	4	8
劳动力(人)	2	3	4
机器设备(台)	1	2	3

案　例

案例 8　采矿计划问题

某采矿公司计划在某产矿地连续进行 5 年开采。已知该产矿地 4 个矿区中每年允许开采的矿区数最多为 3 个。若某矿在其中一年不开采，但今后仍计划开采，该年需要支付一定的维护费，否则就不准再开采，只能永远关闭。因为各矿区的矿石质量不一致，故需用某种标度衡量，各矿区的矿石标度、不开采维护费及最大允许开采量如表 4-19 所示：

表 4-19

	矿区 1	矿区 2	矿区 3	矿区 4
不开采的维护费（百万元/年）	60	40	40	60
最大允许开采量（百万吨/年）	2	3	1.5	3
标　度	1.2	0.8	0.7	1.5

每年开采出来的矿石混在一起对外销售，混合后矿石的标度按不同矿石所示标度的比例线性加权计算。如今后 5 年外销的矿石需达到以下标度要求：第 1 年 0.9，第 2 年 0.8，第 3 年 1.2，第 4 年 0.6，第 5 年 1.0。又若混合后矿石每年售价均为 100 元/吨，与混合后矿石的标度无关。每年该公司均应支付总收入的 10%的其他杂费。问：怎样确定该公司今后 5 年的开采计划，可使总利润最大。

案例 9　项目投资问题

某地产公司对其今后三年可能投资的项目进行了一次优选，资料如表 4-20 和表 4-21 所示。

表 4-20

万元

项目名称	建筑面积（万平方米）	2014 年初投资	2015 年初投资	2016 年初投资
A	30	126250	37500	43750
B	20	100000	15000	30000
C	40	64000	24000	12000
D	60	50000	25000	35000
E	75	56000	42000	32000
合计		396250	143500	152750

表 4-21

万元

项目名称	建筑面积（万平方米）	2014 年末产出	2015 年末产出	2016 年末产出
A	30	65000	75000	105000
B	20	30000	100000	73000
C	40	10000	120000	40000
D	60	70000	10000	84000
E	75	32500	67000	50000
合计		207500	372000	352000

该公司在 2013 年末有资本 300000 万元，并要求：

(1) 投资项目的总面积不得低于 150 万平方米，并且要求全部项目都要在 2016 年末竣工验收。

(2)项目 *D* 必须投资。

(3)每年年末所有项目的总产出可以用于下一年年初的投资。

另外，如果公司有剩余的资金可投资到一个每年能回收资金本利 110%的项目。如果公司资金欠缺，可贷款补足，贷款的年利息为 12%，问公司应怎样安排项目的投资，可使 2016 年年末时的总产出达到最大？

案例 10　人力资源计划问题

某公司当前有三类工人，估计以后三年需要这三类工人的人数如表 4-22 所示。

表 4-22　　三类工人的需求　　人

	当前拥有	第一年	第二年	第三年
不熟练	1500	1000	500	0
半熟练	1500	1400	2000	2400
熟练	1500	800	1400	2000

为此该公司考虑通过下列四种途径来满足以上人力需要：

(1)招工：每年招收不熟练、半熟练及熟练工人的人数分别限制为500，800，500人。

(2)培训：每年将一个不熟练工培训成半熟练工培训费是400元，将一个半熟练工培训成熟练工的费用是500元。且每年最多可以培训200个不熟练工，培训不超过该年初熟练工四分之一的半熟练工。

(3)辞退多余人员：辞退一个不熟练工人要付200元，而辞退一个半熟练工或熟练工要付500元。

(4)额外招工：对于每个额外招聘的不熟练工、半熟练工及熟练工，公司要付的额外费用分别为1000，2000，3000元/人年。该公司总共可额外招聘60人。

(5)用短工。三类人员，最多可招收20名短工。每个不熟练工、半熟练工与熟练工的费用分别为500，400，400元/人年。

当前没有招工，现有的工人都已工作一年以上。

由于每年都有自然离职的人员，离职人数比例如表4-23所示。

表 4-23　　离职人数比例

	不熟练	半熟练	熟练
工作不到一年	25%	20%	10%
工作一年以上	10%	5%	5%

问：

(1)若该公司的目标是在满足需要的前提下尽可能减少辞退人员，试给出招工和培训计划。

(2)若该公司的政策是在满足需要的前提下尽可能减少费用，招工和培训计划又如何安排？且此时需要付的额外费用与方案(1)相比，可以减少多少？同时被辞退的人员又将会增加多少？

第 5 章　目标规划

前面几章中讨论的模型都只涉及一个目标，但实际问题一般都很复杂，仅仅只考虑一个目标的优化是行不通的，这时需要同时考虑多个目标的优化，由此，产生了新的研究领域——多目标决策。又因为有时多个目标之间的重要性也各不相同，有轻重、优先之分，甚至有时是相互矛盾的，这些问题都超出前面几章所能解决的范围。为了解决这些问题，1961 年美国运筹学家 A. Charnes 和 W. W. Cooper 提出了目标规划。与传统方法不同，目标规划是通过引入偏差变量，构造达成函数，求解以达成函数为单目标的极小化问题。

目标规划也分为线性目标规划、线性整数目标规划、0-1 目标规划和非线性目标规划等。本章只讨论线性目标规划，简记为目标规划。

【关键词汇】

多目标决策(Multiple Objective Decision)　　偏差变量(Deviational Variables)
达成函数(Achievement Function)　　目标规划(Goal Programming)
目标约束(Goal Constraints)　　绝对约束(Absolute Constraints)
优先因子(Priority Symbol)　　权系数(Weight Number)

5.1　目标规划概述

目标规划(Goal Programming，GP)是在线性规划基础上发展起来的一个运筹学分支，是对线性规划的有益补充。1961 年，A. Charnes 和 W. W. Cooper 提出了目标规划的概念，1965 年 Y. Ijiri 提出目标优先级的概念和目标规划的单纯形法，1976 年 J. P. Ignizio 出版了《目标规划及其发展》一书，系统的归纳和总结了目标规划的理论与方法。此后，运筹学学者们在关于目标规划的基本概念、数学模型和计算方法等方面做了大量工作，使其得到不断地完善和改进，取得了许多应用成果。

5.1.1　目标规划的提出

【例 1】　某企业计划在生产周期内生产 A、B 两种新产品。已知单位产品所需资源数、现有资源可用量及每件产品可获得的收益如表 5-1 所示，如何安排生产计划可使利润最大化。

表 5-1

单位产品所需资源数量 产品 / 资源	A	B	资源可用量
原料 P_1	2	3	24
设备台时 P_2	3	2	26
单位产品的收益	4	3	

解：这就是线性规划中讨论过的问题，设 x_1，x_2 分别表示产品 A、B 的生产数量，则可建立如下的数学模型：

$$\max Z=4x_1+3x_2$$

$$\text{s.t.}\begin{cases}2x_1+3x_2\leqslant 24\\3x_1+2x_2\leqslant 26\\x_1,\ x_2\geqslant 0\end{cases}$$

现实中，决策者根据市场等一系列因素认为：

(1) 根据市场预测，产品 A 的销量不是太好，应减少生产。

(2) 产品 B 的销路较好，应增大生产。

这样建立的数学模型即为

$$\max Z_1=4x_1+3x_2$$

$$\min\ Z_2=x_1$$

$$\max\ Z_3=x_2$$

$$\text{s.t.}\begin{cases}2x_1+3x_2\leqslant 24\\3x_1+2x_2\leqslant 26\\x_1,\ x_2\geqslant 0\end{cases}$$

这就是一个多目标规划问题，用线性规划方法很难找到最优解。决策者可能还需要考虑：

(3) 充分利用设备台时，但不希望加班。

(4) 应尽可能达到并超过计划利润 30。

这些因素怎么转变成数学模型呢？这当然是线性规划无法解决的。

【例 2】　某厂准备生产甲、乙两种产品，已知每件产品消耗的资源数、资源限制及每件产品的收益如表 5-2 所示。试安排生产计划，使总收益最大？

解：分析：如设 x_1、x_2 表示 A、B 两种产品的产量，则可建立如下的线性规划模型：

$$\max Z=x_1+x_2$$

$$\text{s.t.}\begin{cases}10x_1+15x_2\leqslant 40\\x_2\geqslant 7\\x_1,\ x_2\geqslant 0\end{cases}$$

表5-2

产品 / 单位消耗 / 资源	甲	乙	资源可用量
设备时间	10	15	40(不超过)
某配件	0	1	7(必须超过)
每件产品的收益	1	1	

容易看出，约束条件1，2是相互矛盾的，所以该线性规划问题根本没有可行解，就更没有最优解。

在线性规划中，以上两类问题都无法解决。于是就需要一种新方法来解决，这种新方法就是目标规划。

5.1.2　线性规划的不足

从例1和例2可以看出，线性规划主要有以下几方面的不足之处：

(1)线性规划解决的是仅有一个目标的最优化问题。但是，一般的现实问题需要满足多方面的要求，就要建立多个目标(如例1)。

(2)线性规划可行的前提是各约束条件相互兼容。但是，在实际问题中各个约束条件有时可能会互相矛盾(如例2)。

(3)线性规划的所有约束条件没有优先、轻重之分，都处于同等重要的地位。但是，在现实问题中目标或约束有主次之分和层次之分，且在同一层次的又可以有权重之分。

(4)线性规划解的可行性和最优性都是针对于特定的数学模型而言。但是，在现实中决策者要的不是严格数学意义上的最优解，而是可供决策的多种方案，即满意解就可以。

5.1.3　目标规划的基本概念

1. 目标值和偏差变量

目标规划通过引入目标值和偏差变量，可以将目标函数转化为目标约束。

目标值：是指预先给定的某个目标的一个期望值(或理想值)。

实现值或决策值：是指当决策变量选定以后，目标函数的对应值。

偏差变量(事先无法确定的未知数)：是指实现值和目标值之间的差异，记为 d。

正偏差变量：表示实现值超过目标值的部分，记为 d^+。

负偏差变量：表示实现值未达到目标值的部分，记为 d^-。

在一次决策中，实现值不可能既超过目标值又未达到目标值，故有 $d^+ \times d^- = 0$，并规定 $d^+ \geqslant 0$，$d^- \geqslant 0$。事实上：

当完成或超额完成规定的指标，则表示：$d^+ \geqslant 0$，$d^- = 0$。

当未完成规定的指标，则表示：$d^+ = 0$，$d^- \geqslant 0$。

当恰好完成指标时，则表示：$d^+ = d^- = 0$。

所以 $d^+ \times d^- = 0$ 成立。

2. 绝对约束和目标约束

绝对约束(系统约束)：是指必须严格满足的等式或不等式约束。如线性规划中的所有约束条件都是绝对约束，否则无可行解。所以，绝对约束也称为硬约束。

目标约束：是目标规划中特有的，式中有正负偏差变量，没有严格的约束，故也称为是软约束。它是由各个目标转化而来的，反映决策者对达到目标值的期望。

目标约束既可对原目标函数起作用，也可对原约束起作用。

对于绝对约束，把约束左端表达式看作一个目标函数，把约束右端项看做要求的目标值。在引入正、负偏差变量后，可以将目标函数加上负偏差变量 d^-，减去正偏差变量 d^+，使其等于目标值，这样形成的新约束条件，称为目标约束。

比如例 1 中，绝对约束 $2x_1+3x_2 \leqslant 24$，引入偏差变量 d_1^+ 和 d_1^-，可转换为目标约束 $2x_1+3x_2+d_1^- - d_1^+ = 24$。

对于原目标函数，在给定目标值后，将目标函数加上负偏差变量 d^-，减去正偏差变量 d^+，使其等于目标值，也可以得到目标约束。

比如例 1 中，目标函数 $Z_1 = 4x_1+3x_2$，如果计划实现的收益理想值是 30，引入偏差变量 d^+ 和 d^-，可转换为目标约束 $4x_1+3x_2+d^- - d^+ = 30$。

注：为什么每个目标约束都是通过加上负偏差变量，减去正偏差变量而得呢？

事实上：(就以目标函数为例加以说明，绝对约束同理)

(1)当收益小于 30 时，即 $d^+=0$，$d^->0$，有 $4x_1+3x_2+d^-=30$；

(2)当收益大于 30 时，$d^+>0$，$d^-=0$，有 $4x_1+3x_2-d^+=30$；

(3)当收益恰好等于 30 时，$d^+=0$，$d^-=0$，有 $4x_1+3x_2=30$。

实际收益只有上述三种情形之一，故写成一个等式 $4x_1+3x_2+d^- - d^+ = 30$。

3. 达成函数(即目标规划中的目标函数)

达成函数：是一个使总偏差量为最小的目标函数，记为 $\min Z = f(d^+, d^-)$。

一般说来，有以下三种情况，但只能出现其中之一：

(1)要求恰好达到规定的目标值，即正、负偏差变量要尽可能小，则 $\min Z = f(d^+ + d^-)$。

(2)要求不超过目标值，即允许达不到目标值，也就是正偏差变量尽可能小，则 $\min Z = f(d^+)$。

(3)要求超过目标值，即超过量不限，但不低于目标值，也就是负偏差变量尽可能小，则 $\min Z = f(d^-)$。

对于由绝对约束转化而来的目标函数，也照上述方法处理即可。

4. 优先因子(优先等级)与优先权系数

在一个目标规划的模型中，为达到某一目标而牺牲其他一些目标，称这些目标是属于不同层次的优先级。优先级层次的高低可通过优先因子 P_k 将决策目标按其重要程度排序并表示出来，且 $P_1 \gg P_2 \gg \cdots \gg P_k$。符号“>>”表示“远大于”；$P_i >> P_{i+1}$ 表示 P_i 与 P_{i+1} 不是同一级别的量，即 P_i 比 P_{i+1} 有更大的优先权。这些目标优先等级可以理解为一种特殊的系数，可以量化，但必须满足：

$$P_i > MP_{i+1}(i=1, 2, \cdots, k-1)$$

式中：$M>0$ 是一个充分大的数。

对于同一层次优先级的不同目标，按其重要程度可分别乘上不同的权系数 ω_k。权系数是一个个具体数字，乘上的权系数越大，表明该目标越重要，决策者可视具体情况而定。

5. 满意解(具有层次意义的解)

在决策时，首先要保证 P_1 级目标的实现，这时可以不考虑 P_2 级目标；而 P_2 级目标是在实现 P_1 级目标的基础上考虑的，或者说是在不破坏 P_1 级目标的基础上再考虑 P_2 级目标；…；依次类推。总之是在不破坏上一级目标的前提下，再考虑下一级目标的实现。

因此，目标规划问题的求解是分级进行的，首先要求满足 P_1 级目标的解；然后在保证 P_1 级目标不被破坏的前提下，再要求满足 P_2 级目标的解；…；依次类推。总之，是在不破坏上一级目标的前提下，实现下一级目标的最优。因此，这样最后求出的解就不是通常意义下的最优解，我们称之为“满意解”。

对于这种解来说，前面的目标可以保证实现或部分实现，而后面的目标就不一定能保证实现或部分实现，有些可能就不能实现。

以上介绍的几个基本概念，实际上就是建立目标规划模型时必须分析的几个要素，把这些要素分析清楚了，目标规划的模型也就建立起来了。

【例3】 以例1为例，把提出的要求总结分成以下优先级。

(1)第1级目标：产品 B 产量不低于产品 A 的产量；

(2)第2级目标：充分利用设备台时，但不加班；

(3)第3级目标：利润不小于30。

试建立目标规划模型。

解：用正偏差变量 d_1^+ 表示产品 A 的产量 x_1 超过产品 B 的产量 x_2 时的超过部分，负偏差量 d_1^- 表示 x_1 低于 x_2 时的不足部分，因此第1级目标函数为 $\min Z=d_1^+$。

正偏差变量 d_2^+ 表示设备台时实际使用量 $3x_1+2x_2$ 超过26时的超过部分，负偏差量 d_2^- 表示实际使用量低于26时的不足部分，因此第2级目标函数为 $\min Z=d_2^++d_2^-$。

正偏差变量 d_3^+ 表示收益实现值 $4x_1+3x_2$ 超过30时的超过部分，负偏差量 d_3^- 表示收益实现值低于30时的不足部分，因此第3级目标函数为 $\min Z=d_3^-$。

分别赋予三个目标优先因子 P_1，P_2，P_3，则该问题的数学模型为

$$\min Z=P_1d_1^+ + P_2(d_2^+ + d_2^-) + P_3d_3^-$$

$$\text{s.t.}\begin{cases} 2x_1+3x_2 \leqslant 24 \\ x_1-x_2+d_1^- - d_1^+ = 0 \\ 3x_1+2x_2+d_2^- - d_2^+ = 26 \\ 4x_1+3x_2+d_3^- - d_3^+ = 30 \\ x_1,\ x_2,\ d_i^-,\ d_i^+ \geqslant 0,\ i=1, 2, 3 \end{cases}$$

此模型的约束条件中，第一个约束没有偏差变量，为绝对约束，后面三个约束条件均含有偏差变量，为目标约束。达成函数中各级目标之间均用加号连接。

5.1.4 目标规划与线性规划的比较

(1)线性规划只讨论一个线性目标函数在一组线性约束条件下的极值问题；而目标规划是多个目标决策，可求得更切合实际的解。

(2)线性规划求最优解；目标规划是找一个满意解。

(3) 线性规划中的约束条件是同等重要的，是硬约束；而目标规划中有轻重缓急和主次之分，即有优先权。

(4)线性规划的最优解是绝对意义下的最优，但需花大量的人力、物力、财力才能得到，而实际过程中，只要求得满意解，就能满足需要(或更能满足需要)。

5.2 目标规划的数学模型

5.2.1 目标规划的一般模型

根据上述分析，目标规划问题的一般数学模型可表述如下：

$$\min Z = \sum_{k=1}^{K} P_k\left(\sum_{l=1}^{L} \omega_{kl}^{-} d_l^{-} + \omega_{kl}^{+} d_l^{+} \right)$$

$$\text{s.t.} \begin{cases} \sum_{j=1}^{n} c_{kj} x_j + d_l^{-} - d_l^{+} = q_l \ (l = 1, 2, \cdots, L) \\ \sum_{j=1}^{n} a_{ij} x_j \leqslant (=, \geqslant) b_i \ (i = 1, 2, \cdots, m) \\ x_j \geqslant 0 \ (j = 1, 2, \cdots, n) \\ d_l^{+}, d_l^{-} \geqslant 0 \ (l = 1, 2, \cdots, L) \end{cases}$$

对照线性规划模型与目标规划模型，可得表5-3。

表5-3

	目标规划	线性规划
变量	决策变量、松弛变量、偏差变量	决策变量、松弛变量
约束条件	目标约束、系统约束(绝对约束)	系统约束(绝对约束)
目标函数	只求最小化； 偏差变量系数非负	求最小化、最大化均可； 系数正负也均可
解	满意解	若有一定是最优解

5.2.2　目标规划建模的步骤

第一步：根据要研究的问题所提出的各目标与条件，确定目标值，列出目标约束与绝对约束。

第二步：可根据决策者的需要，将某些或全部绝对约束转化为目标约束。这时只需要给绝对约束加上负偏差变量和减去正偏差变量即可。

第三步：给各目标赋予相应的优先因子 $P_k(k=1，2，\cdots，K)$。

第四步：对同一优先等级中的各偏差变量，若需要可按其重要程度的不同，赋予相应的权系数 ω_{kl}^{+} 和 $\omega_{kl}^{-}(l=1，2，\cdots L)$。

第五步：根据决策者的要求，按下列情况之一构造一个由优先因子和权系数相对应的偏差变量组成的、要求实现最小化的目标函数，即达成函数。

(1)恰好达到目标值。取 $d_i^{+}+d_i^{-}$；

(2)允许超过目标值。取 d_i^{-}；

(3)不允许超过目标值。取 d_i^{+}。

注：在建立目标规划模型时，需要确定目标值、优先等级及权系数等一些因素，它们都具有一定的主观性，因此可以用专家评定法给以量化。

5.3　目标规划的解法

目标规划的模型与线性规划模型很类似，因此可用线性规划的求解方法计算目标规划的解。

5.3.1　图解法

图解法同样只适用于两个变量的目标规划问题，其操作简单，原理一目了然。同时，也有助于理解一般目标规划的求解原理和过程。

图解法的解题步骤：

第一步：在平面坐标系中画出所有约束条件的可行域，即将所有约束条件(包括目标约束和绝对约束，暂不考虑正负偏差变量)的直线方程在坐标平面上表示出来。

第二步：在目标约束所代表的边界线上，用箭头标出正、负偏差变量值增大的方向；d^{+}表示目标约束线往此方向平移时函数值增大，d^{-}则相反。

第三步：求满足最高优先等级目标的解。

第四步：转到下一个优先等级的目标，在不破坏所有较高优先等级目标的前提下，求出该优先等级目标的最优解。

第五步：重复第四步，直到所有优先等级的目标都已审查完毕为止。

第六步：确定最优解或满意解。

注：图解法解线性目标规划问题，可能遇到下列两种情况：

(1)最后一级目标的解空间非空。这时得到的解满足所有目标的要求，当解不唯一时，可以根据实际条件选择一个。

(2)得到的解不能满足所有目标。这时要做的是寻找满意解，使它尽可能满足高级别的目标，同时使它对那些不能满足的较低目标的偏离程度尽可能地小。

【例 4】 在例 2 中如果决策者还要考虑以下的目标及优先等级。

(1)第 1 级目标：避免加班；

(2)第 2 级目标：利润不小于 10；

(3)第 3 级目标：产品 B 的产量不小于 7。

请建立目标规划模型，并用图解法求解。

解：根据上面目标规划建模的步骤，引入偏差变量，并给各目标赋予相应的优先因子 $P_k(k=1, 2, 3)$，建立目标规划模型如下：

$$\min Z = P_1 d_1^+ + P_2 d_2^- + P_3 d_3^-$$

$$\text{s.t.}\begin{cases} 10x_1+15x_2+d_1^- - d_1^+ = 40 \\ x_1+x_2+d_2^- - d_2^+ = 10 \\ x_2+d_3^- - d_3^+ = 7 \\ x_1,\ x_2,\ d_i^-,\ d_i^+ \geqslant 0,\ i=1,\ 2,\ 3 \end{cases}$$

第一步：首先不考虑每个约束方程中的正、负偏差变量，将上述每一个约束条件用一条直线表示出来，即坐标系中除坐标轴之外的三条线(图 5-1)。

第二步：在三条线上用两个箭头分别表示上述目标约束中的正、负偏差变量增大的方向。(以 d_3^+ 为例，d_3^+ 表示直线 $x_2=7$ 往上平移时 x_2 在增大，或可以理解为直线 $x_2=7$ 往上平移时 x_2 在增大，要使得等式成立，d_3^+ 就必须大于 0)。

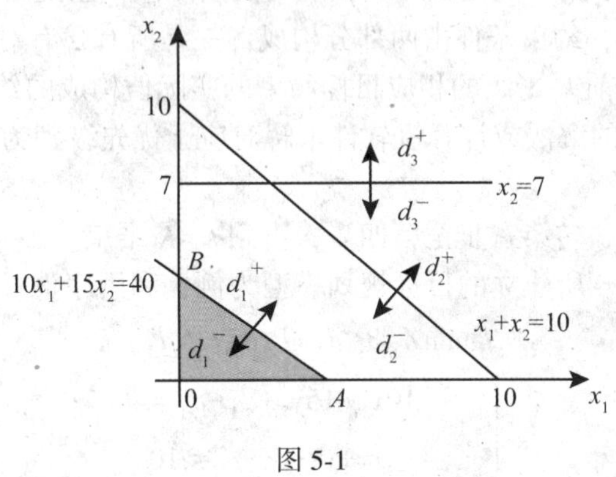

图 5-1

第三步：首先考虑最高优先等级的目标 $P_1 d_1^+$，即 $\min d_1^+$。为了实现这个目标，必须 $d_1^+=0$。(因为 $d_1^+ \geqslant 0$ 且 $d_1^+=0$ 能实现)从图 5-1 可以看出，凡落在图中阴影区域的点都能满足 $d_1^+=0$(线段 AB 往下平移时函数值在减小没增加，故 $d_1^+=0$)和 x_1，$x_2 \geqslant 0$。

第四步：接着考虑第二优先等级目标 $P_2 d_2^-$。为了满足第二优先等级目标，必须在区域 OAB 内使 d_2^- 最小。从图 5-1 可以看出，d_2^- 不可能等于 0。因为如果 d_2^- 等于 0，表示线段 $x_1+x_2=10$ 往 d_2^+ 方向平移，就会影响第一优先等级目标的解。在不影响第一优先等级目标的前提下，d_2^- 的极小值在图中 A 点达到(第二优先级的解必须从满足最高优先级解区域 OAB 内取得，即求使 d_2^- 达到最小的解即为线段 $x_1+x_2=10$ 沿 d_2^- 方向平移最先到达区域 OAB 的点对应的值，即 A 点的值)。此时 $x_1=4$，$x_2=0$。

第五步：求第三优先等级目标 $P_3d_3^-$。要在同时满足第一、第二优先级的前提下，求 d_3^- 的最小值，即只能在 A 点求。

因此，最终的满意解是 $x_1=4$，$x_2=0$。此时 $d_1^+=0$，$d_2^-=6$，$d_3^-=7$，这表明最高优先等级的目标已经完全达到，而第二优先等级和第三优先等级目标都没有达到。

在上述例子中，求得的结果对于线性规划问题而言是非可行解，而这正是目标规划模型与线性规划模型在求解思想上的差别，即：

(1)目标规划对各个目标的分级加权与逐级优化，立足于求满意解。这种思想更符合人们处理问题要分清轻重、优先、缓急，保证重点的思考方式。

(2)所有目标规划问题都可以找到满意解。

(3)目标规划模型的满意解虽然可能对于线性规划问题而言是非可行解，但它却有助于了解问题的薄弱环节以便有的放矢地改进工作，更符合实际应用。

5.3.2　序贯式法

序贯式法的核心思想是序贯地求解一系列单目标线性规划模型。也就是根据优先等级，把目标规划模型分解成单目标模型，然后依次求解。

序贯式法的解题步骤：

第一步：令 $k=1$(k 表示当前考虑的优先级别，K 表示是总的优先级别数)。

第二步：建立对应于第 k 优先级的线性规划模型。该模型的目标函数为对应于第 k 优先级的偏差变量的函数，约束条件由两部分构成：一是所有含有对应于第 k 优先级的偏差变量的那些约束；二是前 $k-1$ 级的相应目标约束的实际值构成的约束。

第三步：选用适当的解法或计算机软件求解对应于优先级别为 k 的线性规划模型，得到最优解。

第四步：令 $k=k+1$，转第三步至第四步，直到 $k=K$ 结束。

【例 5】　下面以例 4 所建立的目标规划模型为例，利用序贯式法求解。

$$\min Z=P_1d_1^++P_2d_2^-+P_3d_3^-$$

$$\text{s. t.}\begin{cases}10x_1+15x_2+d_1^--d_1^+=40\\x_1+x_2+d_2^--d_2^+=10\\x_2+d_3^--d_3^+=7\\x_1,\ x_2,\ d_i^-,\ d_i^+\geqslant 0,\ i=1,\ 2,\ 3\end{cases}$$

解：第一步：令 $k=1$(k 表示当前考虑的优先级别，K 表示是总的优先级别数，此题中 $K=3$)；

第二步：建立对应于第 $k(=1)$ 优先级的线性规划模型。

$$\min Z_1=d_1^+$$

$$\text{s.t.}\begin{cases}10x_1+15x_2+d_1^--d_1^+=40\\ x_1,\ x_2,\ d_1^-,\ d_1^+\geqslant 0\end{cases}$$

式中：目标函数 $\min Z_1=d_1^+$，取第一优先级的达成函数，约束条件中不考虑目标函数 $\min z_1=d_1^+$ 中未出现的偏差变量(如：d_2^-、d_2^+、d_3^-、d_3^+)所对应的目标约束。

第三步：选用适当的解法或计算机软件求解对应于优先级别为 k 的线性规划模型，其最优解为 $d_1^+=0$，最优值为 $z_1^*=0$。

第四步：对应于第 $k+1(=2)$ 优先等级，将 $d_1^+=0$ 作为约束条件，建立线性规划模型。

$$\min Z_2=d_2^-$$

$$\text{s.t.}\begin{cases}10x_1+15x_2+d_1^--d_1^+=40\\ x_1+x_2+d_2^--d_2^+=10\\ d_1^+=0\\ x_1,\ x_2,\ d_j^-,\ d_j^+\geqslant 0,\ j=1,\ 2\end{cases}$$

即

$$\min Z_2=d_2^-$$

$$\text{s.t.}\begin{cases}10x_1+15x_2+d_1^-=40\\ x_1+x_2+d_2^--d_2^+=10\\ x_1,\ x_2,\ d_j^-,\ d_j^+\geqslant 0,\ j=1,\ 2\end{cases}$$

第五步：类似第三步，求解得 $d_1^+=d_1^-=d_2^+=0$，$d_2^-=6$，最优值为 6。

类似第四步。即对应于第 $k+1(=3)$ 优先等级，将 $d_1^+=d_1^-=d_2^+=0$，$d_2^-=6$ 作为约束条件，建立线性规划模型。

$$\min Z_3=d_3^-$$

$$\text{s.t.}\begin{cases}10x_1+15x_2+d_1^--d_1^+=40\\ x_1+x_2+d_2^--d_2^+=10\\ x_2+d_3^--d_3^+=7\\ d_1^+=d_1^-=d_2^+=0,\ d_2^-=6\\ x_1,\ x_2,\ d_i^-,\ d_i^+\geqslant 0,\ i=1,\ 2,\ 3\end{cases}$$

即

$$\min Z_3=d_3^-$$

$$\text{s.t.}\begin{cases}10x_1+15x_2=40\\ x_1+x_2+6=10\\ x_2+d_3^--d_3^+=7\\ x_1,\ x_2,\ d_3^-,\ d_3^+\geqslant 0,\ i=1,\ 2,\ 3\end{cases}$$

求解得：最优解为 $x_1=4$，$x_2=0$，$d_1^+=d_1^-=0$，$d_2^-=6$，$d_3^-=7$，最优值为 7。

得原问题的满意解为 $x_1=4$，$x_2=0$。此时 $d_1^+=0$，$d_2^-=6$，$d_3^-=7$，这表明最高优先等级的目标已经完全达到，而第二优先等级和第三优先等级目标都没有达到。

5.3.3 单纯形法

从求目标规划的图解法及序贯式法可以看出，求解目标规划相当于求解多级最小化线性规划。因此可将单纯形法进行适当修改后用来求解目标规划。在组织、构造具体算法时，考虑到目标规划的数学模型一些特点，作以下规定：

(1)因为目标规划问题的目标函数都是求最小化，所以检验数的最优准则是 $\sigma_N\geqslant 0$。

(2)因为每个非基变量的检验数中都含有不同等级的优先因子，故其检验数要按优先级排成列的形式，从而所有非基变量的检验数共对应有 K 行（K 为问题的总的优先级别数)。

目标规划问题的单纯形法的计算步骤：

第一步：建立初始单纯形表。在表中将检验数行按优先因子个数分别列成 K 行。初始的检验数需根据初始可行解计算出来，方法同基本单纯形法(下面详细给出)。当不含绝对约束时，$d_l^-(l=1, 2, \cdots, L)$构成了一组初始基变量，这样很容易得到初始单纯形表。置 $k=1$。

第二步：检查当前检验数行中是否存在负数。若有负数且对应的前 $k-1$ 行(即该数所在列的上方)的系数为零，则取其中最小者对应的变量为换入变量，转第三步。若无这样的检验数，则转第五步。

第三步：仍按线性规划的单纯形法中的最小比值规则确定换出变量，当存在两个和两个以上相同的最小比值时，选取具有较高优先级别的变量为换出变量。

第四步：仍按线性规划的单纯形法中主元变换的方法进行主元变换运算，建立新的单纯形表，返回第二步。

第五步：当 $k=K$ 时，计算结束。表中的解就是满意解。否则置 $k=k+1$，返回第二步。

【例 6】 以例 4 为例，用单纯形法求解目标规划。

$$\min Z=P_1d_1^++P_2d_2^-+P_3d_3^-$$

$$\text{s. t.}\begin{cases}10x_1+15x_2+d_1^--d_1^+=40\\ x_1+x_2+d_2^--d_2^+=10\\ x_2+d_3^--d_3^+=7\\ x_1,\ x_2,\ d_i^-,\ d_i^+\geqslant 0,\ i=1,\ 2,\ 3\end{cases}$$

解：第一步：因不含绝对约束，故 d_1^-、d_2^-、d_3^- 就是一组基变量，列出初始单纯形表，如表 5-4 所示。

计算检验数的过程(给出两种方法)：

方法 1：先按线性规划的单纯形法计算检验数一样的方法计算，得

$$\sigma_N=C_N-C_BB^{-1}N$$

$$=(0,\ 0,\ P_1,\ 0,\ 0)-(0,\ P_2,\ P_3)\begin{pmatrix}1&0&0\\0&1&0\\0&0&1\end{pmatrix}\begin{pmatrix}10&15&-1&0&0\\1&1&0&-1&0\\0&1&0&0&-1\end{pmatrix}$$

$$=(-P_2,\ -P_2-P_3,\ P_1,\ P_2,\ P_3)$$

然后在非基变量所在的列的下方检验数行中依次填入 P_i 的系数即可。

表 5-4

c_j			0	0	0	P_1	P_2	0	P_3	0	θ
C_B	X_B	b	x_1	x_2	d_1^-	d_1^+	d_2^-	d_2^+	d_3^-	d_3^+	
0	d_1^-	40	[10]	15	1	−1	0	0	0	0	40/10
P_2	d_2^-	10	1	1	0	0	1	−1	0	0	10/1
P_3	d_3^-	7	0	1	0	0	0	0	1	−1	—
		P_1	0	0	0	1	0	0	0	0	
σ_N		P_2	−1	−1	0	0	0	1	0	0	
		P_3	0	−1	0	0	0	0	0	1	

方法 2：先计算 P_1 行的非基变量的检验数：令 $P_1=1$，$P_2=P_3=0$，根据

$$\sigma_N = c_N - C_B B^{-1} N$$

$$= (0,\ 0,\ 1,\ 0,\ 0) - (0,\ 0,\ 0)\begin{pmatrix}1&0&0\\0&1&0\\0&0&1\end{pmatrix}\begin{pmatrix}10&15&-1&0&0\\1&1&0&-1&0\\0&1&0&0&-1\end{pmatrix}$$

$$= (0,\ 0,\ 1,\ 0,\ 0)$$

得到 P_1 行的非基变量的检验数。

接着算 P_2 行的非基变量的检验数：令 $P_2=1$，$P_1=P_3=0$，根据

$$\sigma_N = c_N - C_B B^{-1} N$$

$$= (0,\ 0,\ 0,\ 0,\ 0) - (0,\ 1,\ 0)\begin{pmatrix}1&0&0\\0&1&0\\0&0&1\end{pmatrix}\begin{pmatrix}10&15&-1&0&0\\1&1&0&-1&0\\0&1&0&0&-1\end{pmatrix}$$

$$= (-1,\ -1,\ 0,\ 1,\ 0)$$

得到 P_2 行的非基变量的检验数。

最后算 P_3 行的非基变量的检验数：令 $P_3=1$，$P_1=P_2=0$，根据

$$\sigma_N = c_N - C_B B^{-1} N$$

$$= (0,\ 0,\ 0,\ 0,\ 0) - (0,\ 0,\ 1)\begin{pmatrix}1&0&0\\0&1&0\\0&0&1\end{pmatrix}\begin{pmatrix}10&15&-1&0&0\\1&1&0&-1&0\\0&1&0&0&-1\end{pmatrix}$$

$$= (0,\ -1,\ 0,\ 0,\ 1)$$

得到 P_3 行的非基变量的检验数。

第二步：检查 P_1 行的检验数，可见该行无负检验数，则转入第三步。

第三步：因检验数 P_2 行有两个−1，取第一个−1 对应的变量 x_1 为换入变量，在表 5-4 中计算最小比值：

$$\theta=\min(40/10,\ 10/1,\ -)=40/10$$

则它对应的 d_1^- 为换出变量，转入第四步。

第四步：按线性规划的单纯形法中主元变换的方法进行主元变换运算，得到新的单纯形表(表 5-5)。

表 5-5

c_j			0	0	0	P_1	P_2	0	P_3	0	θ
C_B	X_B	b	x_1	x_2	d_1^-	d_1^+	d_2^-	d_2^+	d_3^-	d_3^+	
	x_1	4	1	15/10	1/10	−1/10	0	0	0	0	
P_2	d_2^-	6	0	−1/2	−1/10	1/10	1	−1	0	0	
P_3	d_3^-	7	0	1	0	0	0	0	1	−1	
		P_1	0	0	0	1	0	0	0		
c_j-z_j		P_2	0	1/2	1/10	−1/10	0	1	0		
		P_3	0	−1	0	0	0	0	0	1	

由表5-5可见，检验数 P_2 行和 P_3 行各有一个负检验数，但对应的前一行的系数均不为零，因此已经得到最终表。表5-6所示的解 $x_1=4$，$x_2=0$，$d_1^+=0$，$d_2^-=6$，$d_3^-=7$，与图解法、序贯式法得到的结果一样。

5.4　目标规划应用建模举例

【例7】 某工厂计划生产甲，乙两种产品，这些产品分别要在 A，B，C，D 四种不同设备上加工。两种产品在 A，B，C，D 四种不同设备上加工所需要的时间，如表5-6所示。

表5-6

设备 产品	A	B	C	D	单件利润
甲	2	1	4	0	2
乙	2	2	0	4	3
设备使用时间	12	8	16	12	

工厂现要考虑以下几个方面：

(1)总利润不得低于12元；

(2)考虑到市场需求，甲、乙两种产品的生产量需保持1∶1的比例；

(3) C 和 D 为贵重设备，严格禁止超时使用；

(4)设备 A 要充分利用，尽可能不加班。设备 B 必要时可以加班，但加班时间要控制。

问：工厂应怎样安排生产计划？

解： 这是一个多目标决策问题，目标规划方法是解这类决策问题的方法之一。

(1)确定各目标的优先因子。

显然这里考虑的4个方面，除(3)外都是决策的目标，故可确定各目标的优先因子为

P_1：总利润不得低于12元；

P_2：甲乙产品的产量保持1∶1的比例；

P_3：设备 A，B 尽量不超负荷工作。

(2)确定约束条件。

设 x_1，x_2 分别为甲，乙两种产品的生产数量，则有

①对有严格限制的资源使用建立系统约束，数学形式同线性规划中的约束条件。如 C 和 D 设备的使用限制：

$$4x_1 \leqslant 16$$

$$4x_2 \leqslant 12$$

②对不严格限制的约束，连同原线性规划建模时的目标，均通过目标约束来表达。

目标 P_1：总利润不得低于12元，用目标约束表示为

$$\begin{cases}\min\{d_1^-\}\\2x_1+3x_2+d_1^- -d_1^+=12\end{cases}$$

目标 P_2：甲乙产品的产量保持 1 : 1 的比例，用系统约束表达为 $x_1=x_2$。
由于这个比例允许有偏差，故
当 $x_1<x_2$ 时，出现负偏差 d_2^-，即 $x_1+d_2^-=x_2$；
当 $x_1>x_2$ 时，出现正偏差 d_2^+，即 $x_1-d_2^+=x_2$。
因正负偏差不可能同时出现，故总有 $x_1-x_2+d_2^- -d_2^+=0$。
目标 P_3：设备 A 既要求充分利用，又尽可能不加班，用目标约束表示为

$$\begin{cases}\min\{d_3^-+d_3^+\}\\2x_1+2x_2+d_3^- -d_3^+=12\end{cases}$$

设备 B 必要时可加班及加班时间要控制，用目标约束表示为

$$\begin{cases}\min\{d_4^+\}\\x_1+2x_2+d_4^- -d_4^+=8\end{cases}$$

综上所述，该问题的目标规划模型可以表示为

$$\min z=P_1d_1^-+P_2(d_2^++d_2^-)+3P_3(d_3^++d_3^-)+P_3d_4^+$$

$$\text{s. t.}\begin{cases}4x_1\leqslant 16\\4x_2\leqslant 12\\2x_1+3x_2+d_1^- -d_1^+=12\\x_1-x_2+d_2^- -d_2^+=0\\2x_1+2x_2+d_3^- -d_3^+=12\\x_1+2x_2+d_4^- -d_4^+=8\\x_1,\ x_2,\ d_i^-,\ d_i^+\geqslant 0\ (i=1,\ \cdots,\ 4)\end{cases}$$

【例 8】 某单位领导在考虑下属职工的升级调资方案时，依次要遵守以下规定：
(1) 年工资总额不超过 165000 元；
(2) 每级的人数不超过定编规定的人数；
(3) Ⅱ，Ⅲ级的升级面尽可能达到现有人数的 30%，且无越级提升；
(4) Ⅲ级不足编制的人数可录用新职工，又Ⅰ级的职工中有 10%要退休。
有关资料汇总于表 5-7 中，问该领导应如何拟订一个满意的方案。

表 5-7

等级	工资额(元/年)	现有人数	编制人数
Ⅰ	2000	20	30
Ⅱ	1500	30	40
Ⅲ	1000	30	40
合计		80	110

解：(1)确定各目标的优先因子。

P_1：年工资总额不超过165000元；

P_2：每级的人数不超过定编规定的人数；

P_3：Ⅱ、Ⅲ级的升级面尽可能达到现有人数的30%。

(2)建立各目标约束。

设 x_1，x_2，x_3 分别表示提升到Ⅰ、Ⅱ级和录用到Ⅲ级的新职工人数。则有

Ⅰ级调整后的人数：$20-20\times10\%+x_1=18+x_1$；

Ⅱ级调整后的人数：$30-x_1+x_2$；

Ⅲ级调整后的人数：$30-x_2+x_3$。

目标 P_1：年工资总额不超过165000元，用目标约束表示为

$$\begin{cases}\min\ d_1^+\\ 2000(18+x_1)+1500(30-x_1+x_2)+1000(30-x_2+x_3)+d_1^--d_1^+=165000\end{cases}$$

目标 P_2：每级的人数不超过定编规定的人数，用目标约束表示为

$$\begin{cases}\min\ (d_2^++d_3^++d_4^+)\\ 18+x_1+d_2^--d_2^+=30\\ 30-x_1+x_2+d_3^--d_3^+=40\\ 30-x_2+x_3+d_4^--d_4^+=40\end{cases}$$

目标 P_3：Ⅱ，Ⅲ级的升级面不大于现有人数的30%，但尽可能多提升，用目标约束表示为

$$\begin{cases}\min\ (d_5^-+d_6^-)\\ x_1+d_5^--d_5^+=20\times30\%\\ x_2+d_6^--d_6^+=30\times30\%\end{cases}$$

综上所述，该问题的目标规划模型可以表示为

$$\min\ P_1d_1^++P_2(d_2^++d_3^++d_4^+)+P_3(d_5^-+d_6^-)$$

$$\text{s. t.}\ \begin{cases}500x_1+500x_2+1000x_3+d_1^--d_1^+=54000\\ x_1+d_2^--d_2^+=12\\ -x_1+x_2+d_3^--d_3^+=10\\ -x_2+x_3+d_4^--d_4^+=10\\ x_1+d_5^--d_5^+=6\\ x_2+d_6^--d_6^+=9\\ x_1,\ x_2,\ d_i^-,\ d_i^+\geqslant0,\ i=1,\ 2,\ \cdots,\ 6\end{cases}$$

【例9】 已知工厂有三个产地，现要给四个销地供应产品，各产、销地之间的供需量和单位运价见表5-8。相关部门在研究调运方案时，要依次考虑以下六项目标，并规定其相应的优先等级为

P_1：B_4的销量必须全部满足；

P_2：A_3向B_1提供的产量不少于100；

P_3：每个销地的供应量不小于其销量的 60%；

P_4：所定调运方案的总运费不超过最小运费调运方案的 10%；

P_5：因路段的问题，尽量避免安排将 A_2的产品运往 B_3；

P_6：给 B_1和 B_3的供应率要相同；

试求满意的调运方案。

表 5-8

产地＼销地	B_1	B_2	B_3	B_4	产量
A_1	5	2	6	7	300
A_2	3	5	4	6	200
A_3	4	5	2	3	400
销 量	200	100	450	250	900/1000

解：用表上作业法求得最小运费的调运方案见表 5-9。这时得最小运费为 2950 元，再根据提出的各项目标的要求建立目标规划的模型。

表 5-9

产地＼销地	B_1	B_2	B_3	B_4	产量
A_1	200	100			300
A_2			200		200
A_3			250	150	400
虚设点 A_4				100	100
销 量	200	100	450	250	1000/1000

设 $x_{ij}(i=1,2,3;j=1,2,3,4)$为从产地 A_i 到销地 B_j 的运量，则

目标 P_1：B_4的销量必须全部满足，用目标约束表示为

$$\begin{cases}\min\ (d_1^-+d_1^+)\\ x_{14}+x_{24}+x_{34}+d_1^--d_1^+=250\end{cases}$$

目标 P_2：A_3向 B_1提供的产量不少于 100，用目标约束表示为

$$\begin{cases}\min\ d_2^-\\ x_{31}+d_2^--d_2^+=100\end{cases}$$

目标 P_3：每个销地的供应量不小于其销量的 60%，用目标约束表示为

$$\begin{cases}\min\ (d_3^-+d_4^-+d_5^-+d_6^-)\\ x_{11}+x_{21}+x_{31}+d_3^--d_3^+=200\times60\%\\ x_{12}+x_{22}+x_{32}+d_4^--d_4^+=100\times60\%\\ x_{13}+x_{23}+x_{33}+d_5^--d_5^+=450\times60\%\\ x_{14}+x_{24}+x_{34}+d_6^--d_6^+=250\times60\%\end{cases}$$

目标 P_4：所定调运方案的总运费不超过最小运费调运方案的 10%，用目标约束表示为

$$\begin{cases}\min\ d_7^+\\ \sum_{i=1}^{3}\sum_{j=1}^{4}c_{ij}x_{ij}+d_7^--d_7^+=2950(1+10\%)\end{cases}$$

目标 P_5：因路段的问题，尽量避免安排将 A_2 的产品运往 B_3，用目标约束表示为

$$\begin{cases}\min\ d_8^+\\ x_{23}+d_8^--d_8^+=0\end{cases}$$

目标 P_6：给 B_1 和 B_3 的供应率要相同，用目标约束表示为

$$\begin{cases}\min\ (d_9^-+d_9^+)\\ (x_{11}+x_{21}+x_{31})-\dfrac{200}{450}(x_{13}+x_{23}+x_{33})+d_9^--d_9^+=0\end{cases}$$

综上所述，该问题的目标规划模型可以表示为

$$\min P_1(d_1^-+d_1^+)+P_2d_2^-+P_3(d_3^-+d_4^-+d_5^-+d_6^-)+P_4d_7^++P_5d_8^++P_6(d_9^-+d_9^+)$$

$$\begin{aligned}\text{s.t.}\ & x_{14}+x_{24}+x_{34}+d_1^--d_1^+=250\\ & x_{31}+d_2^--d_2^+=100\\ & x_{11}+x_{21}+x_{31}+d_3^--d_3^+=200\times60\%\\ & x_{12}+x_{22}+x_{32}+d_4^--d_4^+=100\times60\%\\ & x_{13}+x_{23}+x_{33}+d_5^--d_5^+=450\times60\%\\ & x_{14}+x_{24}+x_{34}+d_6^--d_6^+=250\times60\%\\ & \sum_{i=1}^{3}\sum_{j=1}^{4}c_{ij}x_{ij}+d_7^--d_7^+=2950(1+10\%)\\ & x_{23}+d_8^--d_8^+=0\\ & (x_{11}+x_{21}+x_{31})-\frac{200}{450}(x_{13}+x_{23}+x_{33})+d_9^--d_9^+=0\\ & x_{11}+x_{21}+x_{31}\leqslant200\\ & x_{12}+x_{22}+x_{32}\leqslant100\\ & x_{13}+x_{23}+x_{33}\leqslant450\\ & x_{14}+x_{24}+x_{34}\leqslant250\\ & x_{11}+x_{12}+x_{13}+x_{14}\leqslant300\end{aligned}$$

$$x_{21}+x_{22}+x_{23}+x_{24} \leqslant 200$$
$$x_{31}+x_{32}+x_{33}+x_{34} \leqslant 400$$
$$x_{ij},\ d_k^-,\ d_k^+ \geqslant 0,\ i=1,\ 2,\ 3,\ j=1,\ 2,\ 3,\ 4,\ k=1,\ 2,\ \cdots,\ 9$$

5.5　软件操作实践及案例建模分析

下面以案例为基础，分别介绍“管理运筹学”2.0、Excel、Lindo 和 Matlab 软件求解目标规划模型的方法。

5.5.1　“管理运筹学”2.0 求解目标规划问题

【例 10】　用“管理运筹学 2.0”软件求解例 3 中的目标规划模型。

$$\min Z = P_1 d_1^+ + P_2 d_2^- + P_3 d_3^-$$

$$\text{s.t.}\begin{cases} 10x_1+15x_2+d_1^- - d_1^+ = 40 \\ x_1+x_2+d_2^- - d_2^+ = 10 \\ x_2+d_3^- - d_3^+ = 7 \\ x_1,\ x_2,\ d_j^-,\ d_j^+ \geqslant 0,\ j=1,\ 2,\ 3 \end{cases}$$

解：打开“管理运筹学”2.0 主窗口，选择子模块“目标规划”，点击“新建”按钮，输入“决策变量个数、优先级数、目标约束个数和绝对约束个数”，点击“确定”按钮，因为要计算目标函数值，故需先对优先因子赋值，为满足 $P_1 \gg P_2 \gg P_3$，本例中令 $P_1 = 1000000$，$P_2 = 1000$，$P_3 = 1$。输入数据，得图 5-2。

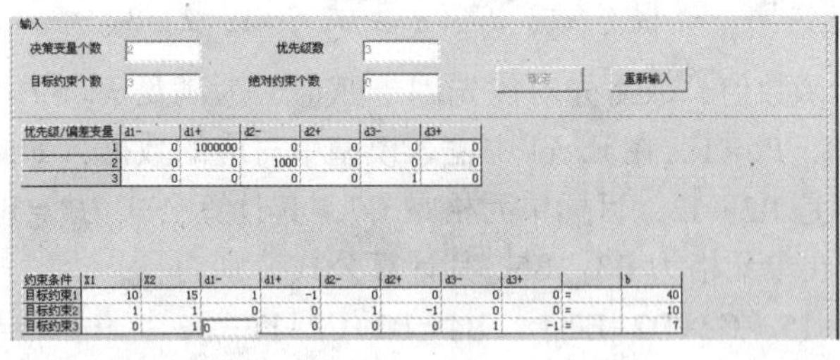

输入

决策变量个数 2　优先级数 3

目标约束个数 3　绝对约束个数 0　确定　重新输入

优先级/偏差变量	d1-	d1+	d2-	d2+	d3-	d3+
1	0	1000000	0	0	0	0
2	0	0	1000	0	0	0
3	0	0	0	0	1	0

约束条件	X1	X2	d1-	d1+	d2-	d2+	d3-	d3+		b
目标约束1	10	15	1	-1	0	0	0	0	=	40
目标约束2	1	1	0	0	1	-1	0	0	=	10
目标约束3	0	1	0	0	0	0	1	-1	=	7

图 5-2

注：“决策变量个数”是指除所有偏差变量之外的变量的个数。

再点击“解决”按钮，得到如图 5-3 所示的结果界面。

可见，“管理运筹学”2.0 软件求解目标规划是按优先级分级进行的，且所得结果与图解法、序贯式法和单纯形法得到的结果完全一样。

5.5.2　Excel 求解目标规划问题

下面仍以例 3 中的目标规划模型为例，说明 Excel 求解目标规划的方法。

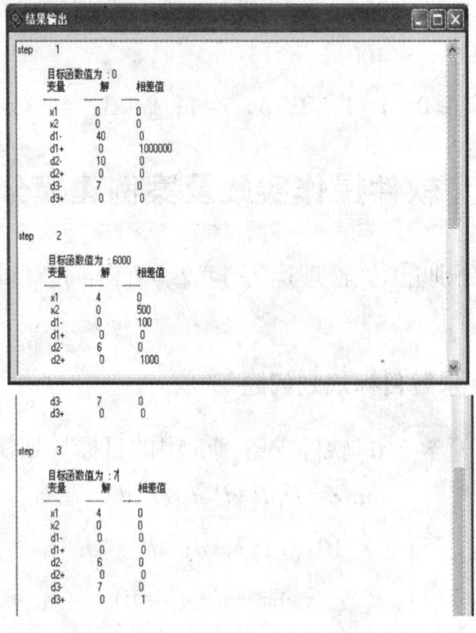

图 5-3

$$\min Z = P_1 d_1^+ + P_2 d_2^- + P_3 d_3^-$$

$$\text{s. t.} \begin{cases} 10x_1 + 15x_2 + d_1^- - d_1^+ = 40 \\ x_1 + x_2 + d_2^- - d_2^+ = 10 \\ x_2 + d_3^- - d_3^+ = 7 \\ x_1,\ x_2,\ d_j^-,\ d_j^+ \geqslant 0,\ j = 1,\ 2,\ 3 \end{cases}$$

因为要计算目标函数值，故需先对优先因子赋值，为满足 $P_1 \gg P_2 \gg P_3$，本例中令 $P_1 = 1000000$，$P_2 = 1000$，$P_3 = 1$。在 Excel 中输入模型中对应的数据，如图 5-4 所示。其中决策变量对应的单元格是 B2：I2，目标单元格是 G7，其计算公式为“ = B7 ∗ E2+C7 ∗ F2+D7 ∗ H2”。约束条件所在单元格为 B3：B5，其计算公式分别为

B3 = 10 ∗ B2+15 ∗ C2+D2−E2　　B4 = B2+C2+F2−G2　　B5 = C2+H2−I2

Microsoft Excel - Book1

B6　P1

	A	B	C	D	E	F	G	H	I	J	K
1		x1	x2	d1-	d1+	d2-	d2+	d3-	d3+		
2	决策变量										
3	约束1	0	=	40							
4	约束2	0	=	10							
5	约束3	0	=	7							
6		P1	P2	P3							
7	优先因子	1000000	1000	1		目标值	0				
8											

图 5-4

规划求解参数设置见图 5-5。

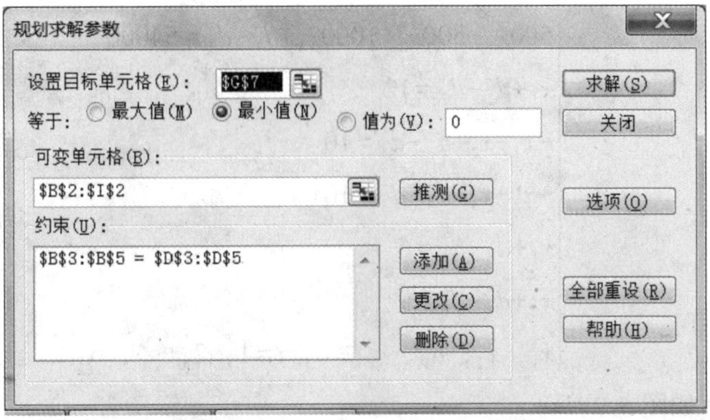

规划求解参数

设置目标单元格(E): $G$7

等于: ○最大值(M) ◉最小值(N) ○值为(V): 0

可变单元格(B):

$B$2:$I$2

约束(U):

$B$3:$B$5 = $D$3:$D$5

求解(S) 关闭 推测(G) 选项(O) 添加(A) 更改(C) 删除(D) 全部重设(R) 帮助(H)

图 5-5

在选项设置中选中“假设非负”和“采用线性模型”，结果如图 5-6 所示。

	A	B	C	D	E	F	G	H	I	J	K
1		x1	x2	d1-	d1+	d2-	d2+	d3-	d3+		
2	决策变量	4	0	0	0	6	0	7	0		
3	约束1	40	=	40							
4	约束2	10	=	10							
5	约束3	7	=	7							
6		P1	P2	P3							
7	优先因子	1000000	1000	1		目标值	6007				

图 5-6

图 5-6 所示的解为 $x_1=4$，$x_2=0$，$d_1^+=0$，$d_2^-=6$，$d_3^-=7$，与图解法、序贯式法和单纯形法得到的结果完全一样。

5.5.3 Lindo 软件求解目标规划问题

Lindo 软件不能直接求解目标规划问题，但可以采用序贯式算法，即分别求解各级目标的方式来求解目标规划问题，具体操作见下述案例。

【例 11】 用 Lindo 软件求解例 8 中的目标规划模型。

$$\min\ P_1d_1^+ + P_2(d_2^+ + d_3^+ + d_4^+) + P_3(d_5^- + d_6^-)$$

$$s.t.\ \begin{cases} 500x_1+500x_2+1000x_3+d_1^- - d_1^+ = 54000 \\ x_1+d_2^- - d_2^+ = 12 \\ -x_1+x_2+d_3^- - d_3^+ = 10 \\ -x_2+x_3+d_4^- - d_4^+ = 10 \\ x_1+d_5^- - d_5^+ = 6 \\ x_2+d_6^- - d_6^+ = 9 \\ x_1,\ x_2,\ d_i^-,\ d_i^+ \geqslant 0,\ i=1,\ 2,\ \cdots,\ 6 \end{cases}$$

解：第一步：求解第一级目标。打开 Lindo 软件，输入下面的线性规划模型：

$$\min Z_1 = P_1 d_1^+$$

$$\text{s. t.}\begin{cases}500x_1+500x_2+1000x_3+d_1^- - d_1^+ = 54000\\ x_1+d_2^- - d_2^+ = 12\\ -x_1+x_2+d_3^- - d_3^+ = 10\\ -x_2+x_3+d_4^- - d_4^+ = 10\\ x_1+d_5^- - d_5^+ = 6\\ x_2+d_6^- - d_6^+ = 9\\ x_1,\ x_2,\ d_i^-,\ d_i^+ \geqslant 0,\ i=1,\ 2,\ \cdots,\ 6\end{cases}$$

输入后的界面如图 5-7 所示。

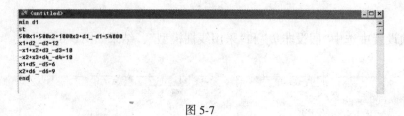

图 5-7

第二步：点击“Solve”按钮求解得 $d_1^+=0$，如图 5-8 所示。

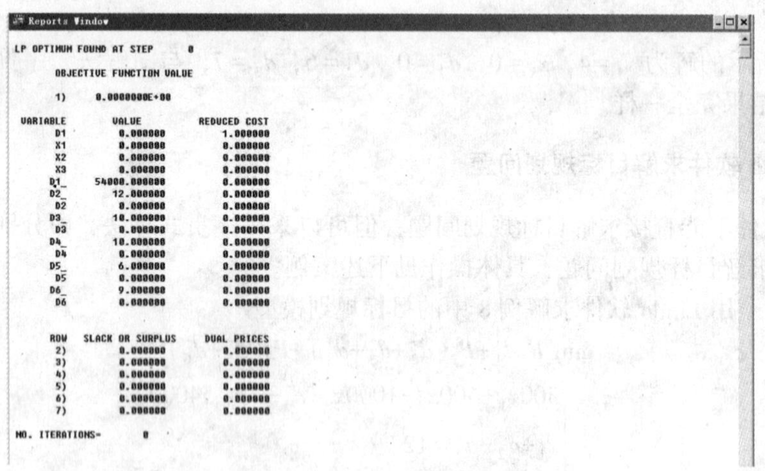

图 5-8

第三步：求解第二级目标。输入下面的线性规划模型：

$$\min Z_2 = P_2(d_2^+ + d_3^+ + d_4^+)$$

$$\text{s. t.} \begin{cases} 500x_1 + 500x_2 + 1000x_3 + d_1^- - d_1^+ = 54000 \\ x_1 + d_2^- - d_2^+ = 12 \\ -x_1 + x_2 + d_3^- - d_3^+ = 10 \\ -x_2 + x_3 + d_4^- - d_4^+ = 10 \\ x_1 + d_5^- - d_5^+ = 6 \\ x_2 + d_6^- - d_6^+ = 9 \\ d_1^+ = 0 \\ x_1,\ x_2,\ d_i^-,\ d_i^+ \geqslant 0,\ i = 1,\ 2,\ \cdots,\ 6 \end{cases}$$

输入完毕，点击“Solve”按钮求解得 $d_2^+ + d_3^+ + d_4^+ = 0$。

第四步：求解第三级目标。输入下面的线性规划模型：

$$\min Z_3 = P_3(d_5^- + d_6^-)$$

$$\text{s. t.} \begin{cases} 500x_1 + 500x_2 + 1000x_3 + d_1^- - d_1^+ = 54000 \\ x_1 + d_2^- - d_2^+ = 12 \\ -x_1 + x_2 + d_3^- - d_3^+ = 10 \\ -x_2 + x_3 + d_4^- - d_4^+ = 10 \\ x_1 + d_5^- - d_5^+ = 6 \\ x_2 + d_6^- - d_6^+ = 9 \\ d_1^+ = 0 \\ d_2^+ + d_3^+ + d_4^+ = 0 \\ x_1,\ x_2,\ d_i^-,\ d_i^+ \geqslant 0,\ i = 1,\ 2,\ \cdots,\ 6 \end{cases}$$

输入完毕，点击按钮求解得

$$x_1 = 6,\ x_2 = 9,\ x_3 = 19,\ d_1^- = 27500,\ d_2^- = 6,\ d_3^- = 7$$

其余变量均为 0，如图 5-9 所示。

即：提升到Ⅰ，Ⅱ级和录用到Ⅲ级的新职工人数分别为 6，9，19，则Ⅰ，Ⅱ及Ⅲ级职工人数分别为 24，33，40 时，工资总额为 137500。显然此时各级职工数都不超编，同时工资总额也没超过预设值。

5.5.4 用 Matlab 求解目标规划问题

因为目标规划问题的实质是线性规划模型，因此在 Matlab 中也可调用 linprog( ) 函数来求解，在此不再赘述。

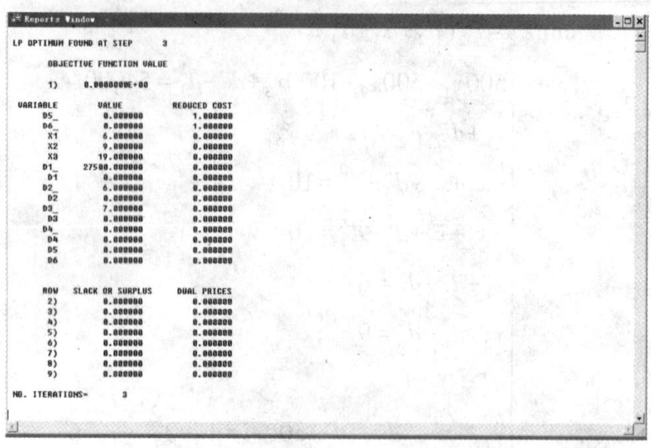

图 5-9

讨论、思考题

1. 绝对约束与目标约束有何不同?
2. 目标规划的目标函数怎样理解?
3. 目标规划的图解法与线性规划的图解法有何不同?
4. 在求解目标规划模型的单纯形表中如何判定有多个最优满意解?
5. 目标规划的单纯形法与线性规划的单纯形法的区别在哪里?
6. 怎样理解目标规划的满意解?它与线性规划的最优解有何不同?
7. 求解目标规划还有没有其他方法?

本章小结

本章首先通过实例引出目标规划，然后给出目标规划的基本概念及模型，重点讨论了目标规划的图解法、序贯式法和单纯形法，最后介绍了四种软件求解目标规划的方法及案例建模分析。

本章学习要求如下:

(1) 理解目标规划的基本概念。

(2) 掌握目标规划与线性规划的区别与联系。

(3) 能用图解法、序贯式法和单纯形法求解目标规划问题。

(4) 掌握目标规划与线性规划的单纯形法的区别。

(5) 能够建立目标规划模型并用四种软件求解目标规划问题。

习　　题

1. 某厂生产 A，B，C 三种产品，装配工作在同一生产线上完成，三种产品的工时消耗分别为 6，8，10h，生产线每月正常工作时间为 200h；三种产品销售后，每台可获利分别为 500，650 和 800 元；每月销售量预计为 12，10 和 6 台。

该厂经营目标如下：

(1) 利润指标为每月 16000 元，争取超额完成；

(2) 充分利用现有生产能力；

(3) 可以适当加班，但加班时间不得超过 24h；

(4) 产量以预计销售量为准。试建立目标规划模型。

2. 某化工厂用甲、乙两种原料生产 A，B，C 三种产品。这三种产品每生产一件对甲、乙两种原料的需求量及其成本费用如表 5-10 所示。

表 5-10

产品 原料(kg/件)	A	B	C
甲	10	6	8
乙	4	8	12
生产成本(元/件)	25	25	30

又知该工厂每月能购得甲种原料 1500kg，乙种原料 1600kg。该工厂根据计划指标和上级公司的要求，以及具体情况提出以下几个目标：

(1)产品 A 必须完成计划指标，即产量必须不少于 80 件；

(2) 产品 C 必须完成上级公司规定调拨的计划指标，即产量恰好等于 100 件；

(3) 甲种原料消耗量不大于 1500kg，乙种原料消耗不大于 1600kg；

(4) 总成本应控制在 30000 元以下。

要求在满足上述目标顺序的条件下，合理地确定这三种产品的产量。

3. 某纺织厂生产两种布料，一种用来做服装，另一种用来做窗帘。该厂实行两班生产，每周生产时间定为 80h。这两种布料每小时都生产 1000m。假定每周窗帘布可销售 70000m，每米的利润为 2.5 元；衣料布可销售 45000m，每米的利润为 1.5 元。

该厂在制订生产计划时有以下各级目标：

(1) 每周必须用足 80h 的生产时间；

(2)每周加班时数不超过 10h；

(3) 每周销售窗帘布 70000m，衣料布 45000m；

(4)加班时间尽可能减少。

试建立这个问题的目标规划模型。

4. 已知条件如表 5-11 所示。

表 5-11

工序	型号		每周最大加工能力
	A	B	
Ⅰ(h/台)	4	3	150
Ⅱ(h/台)	6	2	70
利润(元/台)	300	450	

如果工厂经营目标的期望值和优先等级如下：

(1)周总利润不得低于 10000 元；

(2)因合同要求，A 型机每周至少生产 10 台，B 型机每周至少生产 15 台；

(3)希望工序Ⅰ的每周生产时间正好为 150h，工序Ⅱ的生产时间最好用足，甚至可适当加班。

试建立这个问题的目标规划模型。

5. 用图解法解下列目标规划模型。

(1) $\min Z=p_1(d_1^++d_2^+)+p_2d_3^-+p_3d_4^-$

$$\text{s. t.}\begin{cases}x_1+x_2+d_1^--d_1^+=400\\x_1+2x_2+d_2^--d_2^+=500\\x_1+\qquad d_3^--d_3^+=300\\0.4x_1+0.3x_2+d_4^--d_4^+=240\\x_1,\ x_2,\ d_i^-,\ d_i^+\geqslant 0\ i=1,\ 2,\ 3,\ 4\end{cases}$$

(2) $\min Z=P_1d_3^++P_2d_2^-+P_3(d_1^++d_1^-)$

$$\text{s. t.}\begin{cases}6x_1+2x_2+d_1^--d_1^+=24\\x_1+x_2+d_2^--d_2^+=5\\5x_2+d_3^--d_3^+=15\\x_1,\ x_2\geqslant 0,\ d_i^-,\ d_i^+\geqslant 0(i=1,\ 2,\ 3)\end{cases}$$

6. 用目标规划的单纯形法解以下目标规划模型。

(1) $\min Z=p_1d_1^-+p_2d_3^-+p_3d_2^-+p_4(d_1^++d_2^+)$

$$\text{s. t.}\begin{cases}2x_1+x_2+d_1^--d_1^+=20\\x_1+\quad d_2^--d_2^+=12\\\qquad x_2+d_3^--d_3^+=10\\x_1,\ x_2,\ d_i^-,\ d_i^+\geqslant 0\ i=1,\ 2,\ 3\end{cases}$$

(2) $\min Z=P_1(2d_1^++3d_2^+)+P_2d_3^-+P_3d_4^+$

$$\text{s. t.}\begin{cases}x_1+x_2+d_1^--d_1^+=10\\x_1+d_2^--d_2^+=4\\5x_1+3x_2+d_3^--d_3^+=56\\x_1+x_2+d_4^--d_4^+=12\\x_1,\ x_2,\ d_i^-,\ d_i^+\geqslant 0,\ i=1,\ 2,\ 3,\ 4\end{cases}$$

7. 某农场有 3 万亩农田，欲种植玉米、大豆和小麦三种农作物。各种作物每亩需施肥料分别为0.12，0.2，0.15t。预计秋后玉米每亩可收获500kg，售价为0.24元/kg，大豆每亩可收获200kg，售价为1.20元/kg，小麦每亩可收获300kg，售价为0.70元/kg。农场年初规划时依次考虑以下的几个方面：

(1)年终收益不低于350万元；

(2)总产量不低于1.25万t；

(3) 小麦产量以0.5万t为宜；

(4)大豆产量不少于0.2万t；

(5)玉米产量不超过0.6万t；

(6)农场现能提供5000t化肥，若不够，可在市场高价购买，但希望高价采购量愈少愈好。试建立该目标规划问题的数学模型。

8. 有家工厂生产两种类型的家用电器：普通型和高级型。这两种产品装配和检验所需要的加工工时、单位利润以及每日的工时限额如表5-12所示。

现在生产决策者提出要求：

(1) 每日的销售利润应不低于750元；

(2)充分利用两个部门的正常工时；

(3)如有需要，两个部门都可以加班，但加班工时应力求最少，其中检验部门的加班工时控制较严，其严格程度应是装配部门加班工时的3倍。

表5-12

产品类型	单位产品工时消耗		单位利润（元）
	装配	检验	
普通型	1	1	15
高级型	3	1	25
每日工时限额	60	40	

试根据上述要求建立目标规划的数学模型，分别用图解法和单纯形法求解，最后用软件进行验算。

9. 一个小广播电台计划如何最优分配播放音乐、新闻和广告的时间。根据规定，这个广播电台每天只允许广播12h。这个广播电台的收益情况如下：播放广告每分钟可收入250元，播放新闻每分钟可收入35元，播放音乐每分钟可收入20元。根据法律规定，广告时间的总和最多只允许占广播时间的20%；另外，每小时广播时间中必须至少有5min是新闻时间。请问：每天12h的广播时间应该如何分配为好？假定：

(1)满足法律规定(广告时间的上限，新闻时间的下限，每天12h的广播时间的限制)。

(2)电台每天获得的总收益最大。

试根据上述要求建立目标规划的数学模型，分别用图解法和单纯形法求解，最后用软件进行验算。

案　　例

案例11　某医院人员配备及费用计划问题

某医院今年现有人员分布、工资情况及病人就诊和财政开支情况分别列于表5-13～5-15，表5-14、表5-15中还列出对来年情况的估计和要求。

表5-13

变　量	人员类别	人　数	平均月工资
x_1	医生	26	620
x_2	护士	66	480
x_3	放射科人员	2	520
x_4	化验员	3	490
x_5	药剂师	5	510
x_6	管理人员	10	460
x_7	财会人员	4	450
x_8	维修工人	3	450
x_9	清洁工人	12	350
x_{10}	食堂工人	6	420

表5-14

门诊次数：32420	来年计划增加5%：34041
住院人天数：58762 平均门诊收费率：42.5(z_1) 平均住院收费率：84.8(z_2)	来年计划增加4%：61112 来年计划增加3%：43.8 来年计划增加2%：86.5

表5-15

变量	医院开支	费用	对未来的估计	费用
y_1	医药费	3134200	增加5%	3290210
y_2	治疗费	874500	增加5%	917725
y_3	X光透射费	525310	增加5%	551576
y_4	化验费	877240	增加5%	921102
y_5	管理费	94400	增加5%	99162
y_6	其他费用	232500	增加5%	244125

医院病人的收费率(变量 z_1 和 z_2)是根据医院的财政收支决定的。

医院定员规定为 150 人。人员搭配比例关系是:

护士与医生数量之比为 2∶5，医护及专业人数与非专业人数之比为 4∶1，行政人员(管理+财会)与工人数之比为 2∶3。

为保证正常门诊和住院部工作，每天上班的医生需要 28 人，护士需要 70 人，其他人员可按去年的不动。医院计划来年除职工工资外，以工资的 15%做奖金。医院来年需更新 X 光机一台，需 150000 元(变量 y_7)；此外要留约 500 000 元(变量 y_8)作为处理紧急事件费用。

请根据医院的要求，作一个关于人员数和费用指标的规划，其目标按优先级别顺序为:

(1) 在人员上保证医院门诊和住院部的正常工作;

(2) 定员和人员结构尽可能符合上述比例要求;

(3) 尽可能保证 X 光设备更新和留用款的实现;

(4) 医院经营成本为最小;

(5) 达到医院全年的财政平衡;

(6) 尽可能减少平均门诊收费率和住院收费率的增加。

案例 12　工业废水的处理问题

环境污染日益得到人们的重视，越来越多的企业开始重视工业污、废水的排放及处理问题。现已知某纸张制造厂生产一般纸张的利润为 300 元/t，每吨纸产生工业废水的处理费用为 30 元；生产某特种纸张的利润为 500 元/t，每吨特种纸产生工业废水的处理费用为 40 元。

该纸张制造厂近期目标如下:

目标 1：纸张利润不少于 15 万元;

目标 2：工业废水的处理费用不超过 1 万元。

(1)设目标 1 的优先权为 P_1，目标 2 的优先权为 P_2，$P_1>P_2$，建立目标规划模型并用图解法求解。

(2)若目标 2 的优先权为 P_1，目标 1 的优先权为 P_2，建立目标规划模型并求解，所得的解是否与(1)中的解相同?

(3)若目标 2 的罚数权重为 5，目标 1 的罚数权重为 2，建立加权目标规划模型并求解。

案例 13　工程建设与财政平衡问题

某市政府为改善其基础设施，在近 3 年内要着手 5 项工程的建设，工程建设项目的名称及造价按重要性排序如表 5-16 所示。

表 5-16

项目	项目名称	造价(万元)
1	公路 1	b_1
2	大桥	b_2
3	公路 2	b_3
4	水厂	b_4
5	供水管道	b_5

该市政府的财政收入主要来自国家财政拨款、地方税收和公共事业收费。3 年内该三项总收入分别估计为 e_1，e_2和 e_3。除此之外就靠向银行贷款和发行债券，3 年中可贷款的上限为 U_{11}，U_{12}和 U_{13}，年利率为 g；可发行债券的上限为 U_{21}，U_{22}和 U_{23}，年利率为 f。银行还贷款期限为 1 年(假定贷款在年初付出)，债券则由下年起每年按一定比例(r)归还部分债主的本金。市政府如要考虑下面 6 个目标：

(1)要保证每年财政平衡；

(2)尽量获得银行贷款和发行债券；

(3)项目 1，2 必须优先完成(按重点顺序加权)；

(4)按重点顺序加权，尽可能地完成后三项工程的建设；

(5)争取每个项目在 3 年内都完工；

(6)各年最终财政平衡变量为最小。

问：在考虑上面 6 个目标的前提下，市政府应如何作出 3 年的投资决策。

第 6 章　图与网络分析

图论中的图是由若干给定的顶点及连接两顶点的边所构成的图形，这种图形通常用来描述某些事物之间的某种特定关系，用顶点代表事物，用连接两顶点的边表示相应两个事物间具有这种关系。图论是研究顶点和边组成的图形的数学理论和方法。

欧拉于 1736 年发表了图论方面的第一篇论文，解决了著名的哥尼斯堡七桥问题。哥尼斯堡有一条河，该河中有两个岛，河上共有七座桥联系着被河隔开的四块陆地，如图 6-1(a)所示。

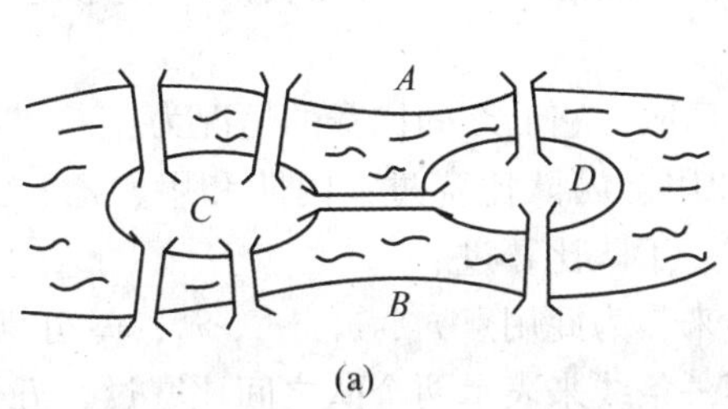

(a)　　(b)

图 6-1

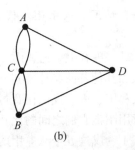

当时那座城里的居民热衷于的一个问题是：一个散步者能否走过七座桥一次且仅一次，最后回到出发点。

欧拉将此问题转化为如图 6-1(b)所示的图形能否一笔画成的问题。欧拉证明了这是不可能的，原因在于图 6-1(b)中的每个点都只有奇数条线与之相关联，因此不可能不重复地一笔画成这个图。这是古典图论中的一个著名问题。

图论是运筹学中应用十分广泛的一个分支，它的理论和方法已广泛地应用在管理科学、系统科学、物理、化学、信息论、控制论等自然与社会科学的各个领域。实际生活中，有很多问题可以借助图论的知识来解决。例如，在生产组织活动中，为完成生产任务，各道工序之间怎样衔接，才能既快又好地完成生产任务。邮递员送信，应该按照怎样的路线走，既可使他完成任务并且走最短的路程能回到邮局。再例如，交通网络的合理分布，通信网络的合理架设，等等。

【关键词汇】

图论(Graph Theory)　　边(Edge)　　弧(Arc)

无向图(Undirected Graph)　　有向图(Directed Graph)　　树(Tree)

最小支撑树(The Minimal Spanning Tree Problem)

最短路问题(The Shortest Route Problem)　　P 标号(Permanent label)
T 标号(Temporary label)　　网络(Network)
最大流问题(The Maximal Flow Problem)
中国邮递员问题(Chinese Postman Problem)

6.1　图的基本概念

6.1.1　图的基本概念

若用点表示研究的对象，用点与点之间的连线表示这些对象之间的联系，则当连线无方向时，称之为边，有方向时，称之为弧。无向图 G 可以定义为点和边的集合，记作：$G=(V, E)$，其中 $V=\{v_1, \cdots, v_n\}$ 为点集，$E=\{e_1, \cdots, e_m\}$ 为边集。有向图 D 可以定义为点和弧的集合，记作：$D=(V, A)$，其中 $V=\{v_1, \cdots, v_n\}$ 为点集，$A=\{e_1, \cdots, e_m\}$ 为弧集。

【例 1】　图 6-2 是某年北京、武汉等十个城市间的铁路交通图，反映了这十座城市间的铁路分布情况。这里用点代表城市，用点和点之间的连线代表两个城市之间的铁路线。

【例 2】　现有甲、乙、丙、丁、戊五个球队，它们之间比赛的情况为：

甲队和其他各队都比赛过一次，乙队和甲、丙队比赛过，丙队和甲、乙、丁队比赛过，丁队和甲、丙、戊队比赛过，戊队和甲、丁队比赛过。

下面用图把它们之间的比赛情况表示出来，为此用点 v_1，v_2，v_3，v_4，v_5 分别代表甲、乙、丙、丁、戊这五个队，用两个点之间连一条线来表示两个队之间比赛过，五个球队之间的比赛情况如图 6-3 所示。

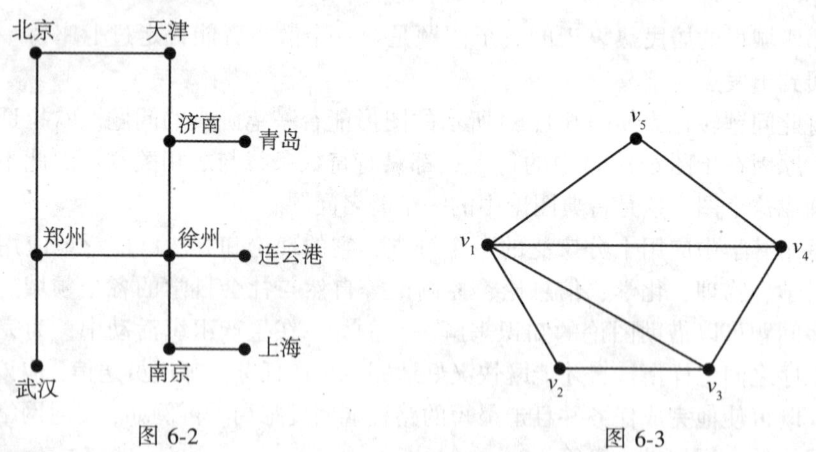

图 6-2　　图 6-3

注：图论中的图与几何图、工程图是不一样的。这里只关心图中有多少个点以及哪些点之间有连线。

若 $e_k=(v_i, v_j)\in E$，也就是在 v_i 与 v_j 之间存在一条边，则称 v_i 与 v_j 相邻，而 v_i 与 v_j

分别称为边 e_k 的两个端点，又称边 e_k 与顶点 v_i、v_j 关联。若某个顶点 v 同时与边 e_k、e_j 关联，则称边 e_k 与 e_j 相邻。

如果边 e 的两个端点相同，称该边为环。如图 6-4 中边 e_1 为环。如果两个点之间多于一条，称为多重边，如图 6-4 中的边 e_4 和 e_5，对无环、无多重边的图称为简单图。

与某一个点 v 相关联的边的数目称为点的次(也叫做度)，记作 $d(v)$。如图 6-4 中 $d(v_1)=4$，$d(v_3)=5$，$d(v_5)=1$。次为奇数的点称为奇点，次为偶数的点称作偶点，次为 1 的点称为悬挂点，次为 0 的点称作孤立点。图中所有点的次之和称为图的次。

有向图中，以 v 为始点的弧的数目称为点 v 的出次，用$d^+(v)$表示；以 v 为终点的弧的数目称为点 v 的入次，用$d^-(v)$表示；v 点的出次和入次之和就是该点的次。

注：有向图中，所有顶点的入次之和等于所有顶点的出次之和。

图中某些点和边的交替序列 $\mu=\{v_0, e_1, v_1, \cdots, e_k, v_k\}$，若其中各边互不相同，且对任意边 $e_k=(v_{k-1}, v_k)$，则称序列 μ 为链。

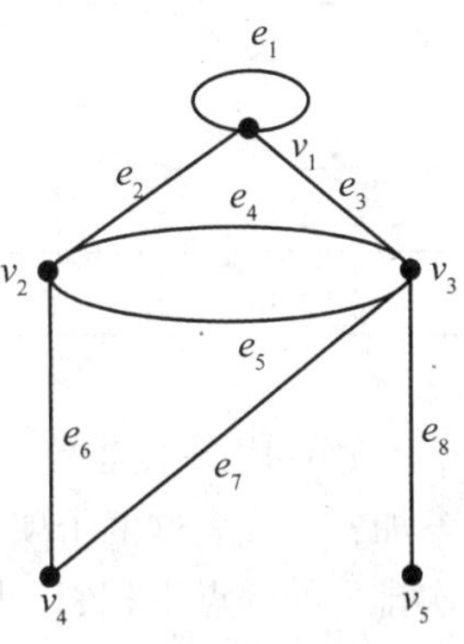

图 6-4

起点与终点重合的链称为圈。如果每一对顶点之间至少存在一条链，称这样的图为连通图，否则称为不连通图。

给定两个图 $G_1=\{V_1, E_1\}$，$G_2=\{V_2, E_2\}$，若 $V_1 \subseteq V_2$ 且 $E_1 \subseteq E_2$，则称 G_1 是 G_2 的子图；若 $V_1=V_2$，$E_1 \subseteq E_2$，则称 G_1 是 G_2 的部分图。

设图 $G=\{V, E\}$，对 G 的每一条边(v_i, v_j)相应赋予数量指标 w_{ij}，w_{ij}称为边(v_i, v_j)的权，赋予权的图 G 称为网络(或赋权图)。权可以代表距离、费用、通过能力(容量)等等。端点无序的赋权图称为无向网络，端点有序的赋权图称为有向网络，如图 6-5 所示。

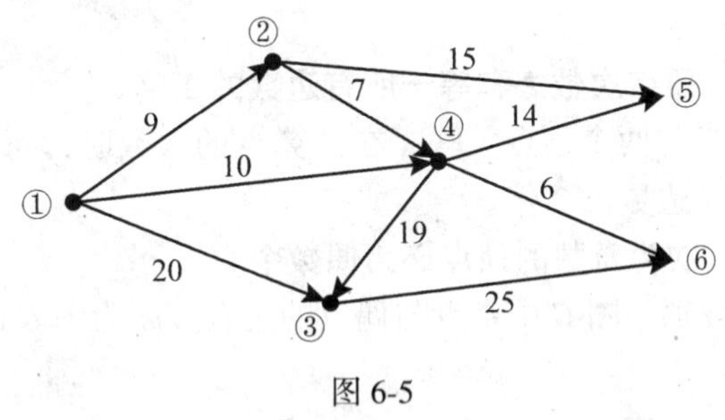

图 6-5

6.1.2 图的模型应用举例

【例 3】 有甲，乙，丙，丁，戊，己 6 名运动员报名参加 A，B，C，D，E，F 6 个项目的比赛。表 6-1 中打√的是各运动员报告参加的比赛项目。问 6 个项目的比赛顺序应如何安排，才能做到每名运动员都不连续地参加两项比赛。

表 6-1

运动员＼项目	A	B	C	D	E	F
甲	√			√		
乙	√	√		√		
丙			√		√	
丁	√				√	
戊	√	√			√	
己			√	√		√

解：用图来建模。把比赛项目作为研究对象，用点表示。如果 2 个项目有同一名运动员参加，在代表这两个项目的点之间连一条线，可得图 6-6。在图中找到一个点序列，使得依次排列的两点不相邻，即能满足要求。如①A，C，B，F，E，D；②D，E，F，B，C，A。

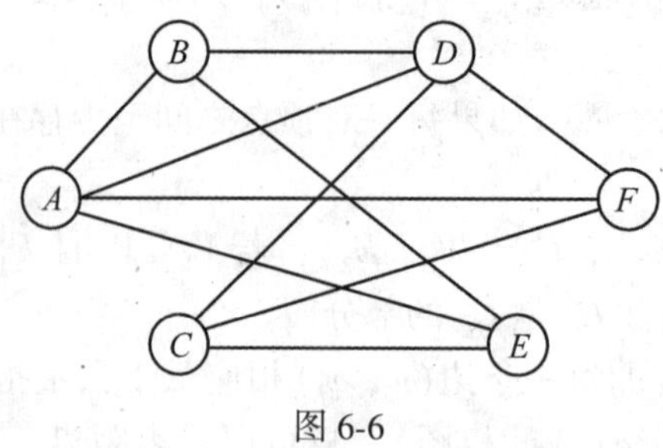

图 6-6

6.1.3　图的基本性质

定理 1　任何图中，顶点次数之和等于所有边数的 2 倍。

证明：由于每条边必与两个顶点关联，在计算点的次数时，每条边均被计算了两次，所以顶点次数的总和等于边数的 2 倍。

定理 2　任何图中，次为奇数的顶点必为偶数个。

证明：设 V_1 和 V_2 分别为图 G 中奇点与偶点的集合，m 为图 G 的边数，则由定理 1 及图的次的定义可得

$$\sum_{v \in V_1} d(v) + \sum_{v \in V_2} d(v) = \sum_{v \in V} d(v) = 2m$$

因为 $2m$ 为偶数，偶点的次之和 $\sum_{v \in V_2} d(v)$ 也为偶数，所以 $\sum_{v \in V_1} d(v)$ 必为偶数，即奇数点的个数必为偶数。

6.1.4　图的矩阵描述

为了便于在计算机中存储图，可用矩阵作为工具来表示一个图。图的矩阵表示根据关

心的问题的不同主要有：邻接矩阵、关联矩阵、权矩阵。

1. 邻接矩阵

对于图 $G=\{V, E\}$，$|V|=n$，$|E|=m$，构造 $n\times n$ 阶方阵 $A=(a_{ij})_{n\times n}$，其中

$$a_{ij}=\begin{cases}1, & \text{当且仅当 } v_i \text{ 与 } v_j \text{ 相邻时}\\ 0, & \text{其他}\end{cases}$$

则称 A 为图 G 的邻接矩阵。

2. 关联矩阵

对于图 $G=\{V, E\}$，$|V|=n$，$|E|=m$，构造 $n\times m$ 阶矩阵 $M=(m_{ij})_{n\times m}$，其中

$$m_{ij}=\begin{cases}2, & \text{当且仅当 } v_i \text{ 是边 } e_j \text{ 的两个端点}\\ 1, & \text{当且仅当 } v_i \text{ 是边 } e_j \text{ 的一个端点}\\ 0, & \text{其他}\end{cases}$$

则称 M 为图 G 的关联矩阵。

3. 权矩阵

对于赋权图 $G=\{V, E\}$，其中边 (v_i, v_j) 有权 w_{ij}，构造矩阵 $B=(b_{ij})_{n\times n}$，其中

$$b_{ij}=\begin{cases}w_{ij} & (v_i, v_j)\in E\\ 0 & (v_i, v_j)\notin E\end{cases}$$

则称 B 为图 G 的权矩阵。

【例 4】 根据图 6-7 可以构造邻接矩阵 A 和权矩阵 B。

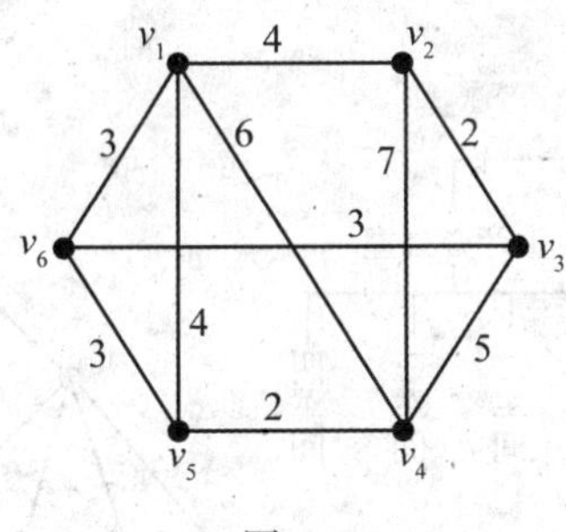

图 6-7

$$A_{6\times 6}=\begin{array}{c} \\ v_1\\ v_2\\ v_3\\ v_4\\ v_5\\ v_6\end{array}\begin{array}{c}\begin{array}{cccccc}v_1 & v_2 & v_3 & v_4 & v_5 & v_6\end{array}\\ \begin{bmatrix}0 & 1 & 0 & 1 & 1 & 1\\ 1 & 0 & 1 & 1 & 0 & 0\\ 0 & 1 & 0 & 1 & 0 & 1\\ 1 & 1 & 1 & 0 & 1 & 0\\ 1 & 0 & 0 & 1 & 0 & 1\\ 1 & 0 & 1 & 0 & 1 & 0\end{bmatrix}\end{array}\qquad B=\begin{array}{c} \\ v_1\\ v_2\\ v_3\\ v_4\\ v_5\\ v_6\end{array}\begin{array}{c}\begin{array}{cccccc}v_1 & v_2 & v_3 & v_4 & v_5 & v_6\end{array}\\ \begin{bmatrix}0 & 4 & 0 & 6 & 4 & 3\\ 4 & 0 & 2 & 7 & 0 & 0\\ 0 & 2 & 0 & 5 & 0 & 3\\ 6 & 7 & 5 & 0 & 2 & 0\\ 4 & 0 & 0 & 2 & 0 & 3\\ 3 & 0 & 3 & 0 & 3 & 0\end{bmatrix}\end{array}$$

6.2　树

树是图论中结构最简单但又十分重要的图，在自然和社会领域应用极为广泛。

6.2.1　树及其性质

定义　一个无圈的连通图称为树。

【例 5】　乒乓球单打比赛抽签后，如用图来表示相遇情况，显然是树，如图 6-8 所示。

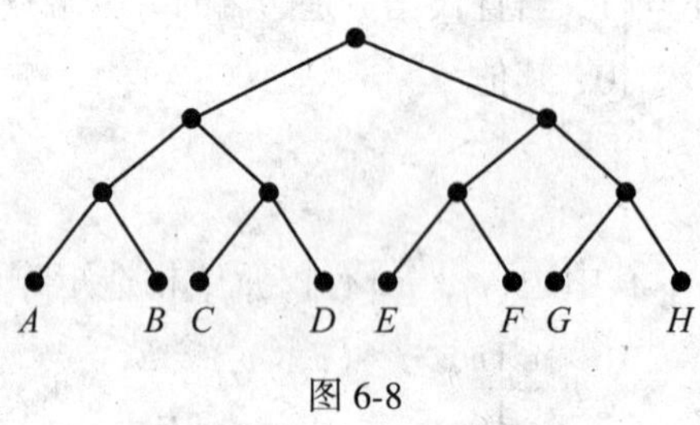

图 6-8

【例 6】　某工厂的组织机构如图 6-9(a)所示，如果用图表示，该工厂的组织机构图就是一个树，如图 6-9(b)所示。

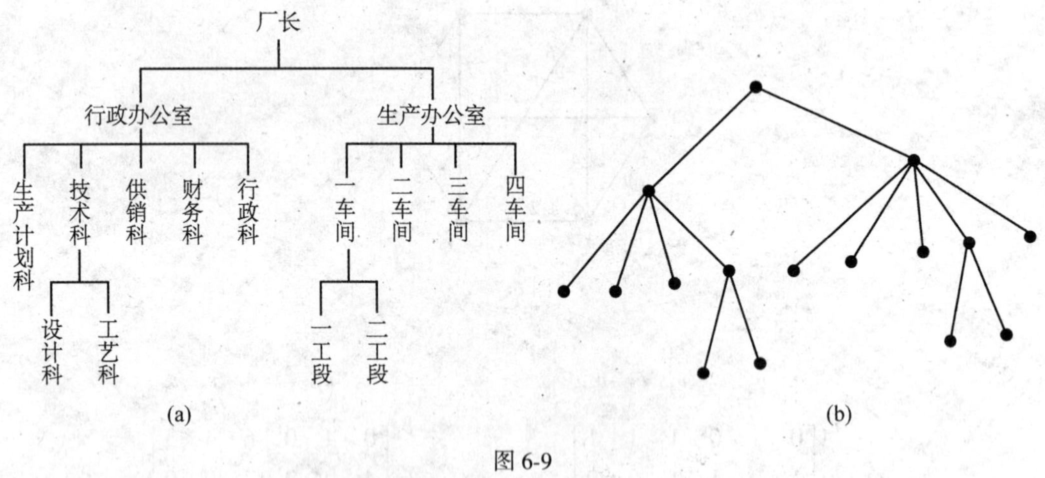

图 6-9

性质 1　任何树中至少存在两个次为 1 的点。

性质 2　n 个顶点的树必有 $n-1$ 条边。

性质 3　树中任意两个顶点之间，有且仅有一条链。

性质 4　树连通，但任意去掉一条边，必变为不连通的。

性质 5　树无圈，但不相邻的两个点之间加一条边，恰可得到一个且仅有一个圈。

6.2.2 图的最小部分树(支撑树)

1. 无向图的最小支撑树

如果 G_1 是 G_2 的部分图，又是树图，则称 G_2 是 G_1 的部分树(或支撑树)。树图的各条边称为树枝，一般图 G_1 含有多个部分树，其中树枝总长最小的部分树，称为该图的最小部分树(或最小支撑树)。

例如 图 6-10(b)为图 6-10(a)的支撑树。

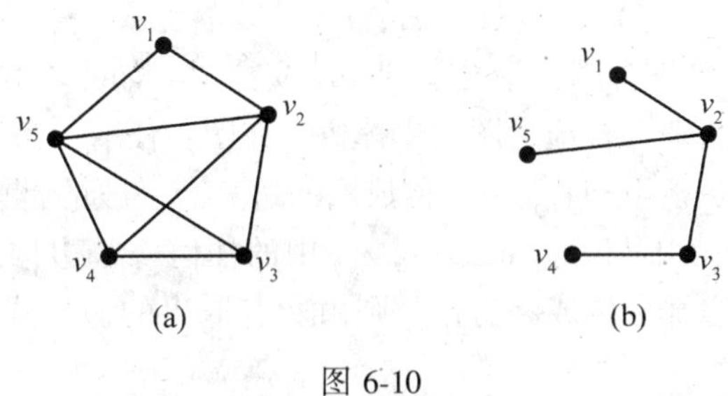

图 6-10

图 6-11(b)为图 6-11(a)的支撑树。

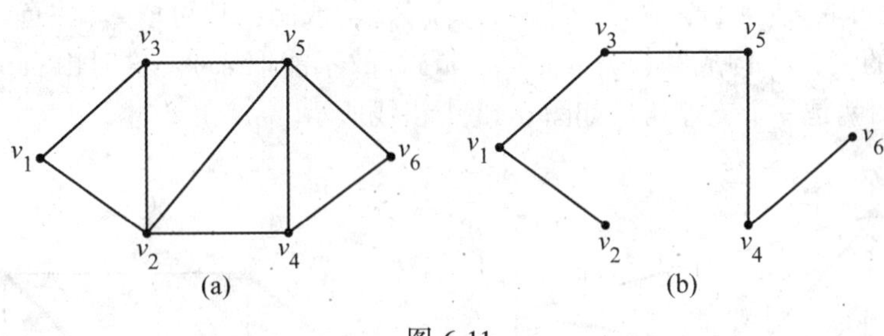

图 6-11

定理 1 设图 $G=\{V, E\}$ 是一个树，$p(G)\geqslant 2$，则 G 中至少有两个悬挂点。

定理 2 图 $G=\{V, E\}$ 是一个树的充分必要条件是 G 不含圈，且恰有 $p-1$ 条边。

定理 3 图 $G=\{V, E\}$ 是一个树的充分必要条件是 G 是连通图，且 $q(G)=p(G)-1$。

定理 4 图 G 是树的充分必要条件是任意两个顶点之间恰有一条链。

注：上面四个定理的证明在此不赘述，可参阅文献[2]或[6]。

定理 5 图 G 有支撑树的充分必要条件是图 G 是连通的。

证明：显然必要性是成立的。

充分性：设图 G 是连通图，如果 G 中不含有圈，则 G 就是树，从而 G 是它自己的支撑树。现设 G 中含有圈，则任取一个圈，从该圈中任意地去掉一条边，就可得到图 G 的一个支撑子图 G_1。如果 G_1 中不含有圈，那么 G_1 就是 G 的一个支撑树(显然 G_1 仍是连通的)；如果 G_1 仍含有圈，那么再从 G_1 中任取一个圈，从圈中再任意去掉一条边，又得到

图 G 的一个支撑子图 G_2，照此重复下去，一定可以得到图 G 的一个支撑子图 G_k，且它不再含有圈，于是 G_k 就是 G 的一个支撑树。

定理 5 中证明充分性的过程，实质上提供了一种寻找连通图支撑树的方法。即任取一个圈，从圈中去掉一条边，对余下的图重复这个步骤，直到不含圈时为止，就得到一个支撑树，称这种方法为“破圈法”。

【例 7】　在图 6-12 中，用破圈法求出该图的一个支撑树。

解：取一个圈(v_1, v_2, v_3, v_1)，从这个圈中去掉边 $e_3=(v_2, v_3)$；在余下的图中，再取一个圈$(v_1, v_2, v_4, v_3, v_1)$，去掉边 $e_4=(v_2, v_4)$；在余下的图中，取圈(v_3, v_4, v_5, v_3)并从中去掉边 $e_6=(v_5, v_3)$；再取圈$(v_1, v_2, v_5, v_4, v_3, v_1)$并从中去掉边 $e_8=(v_2, v_5)$。这时，剩余的图中已不含圈，于是得到一个支撑树，如图 6-12 中粗黑线所示。

也可以用另一种方法来寻找连通图的支撑树。在图中任取一条边 e_1，再找一条不与 e_1 构成圈的边 e_2，接着找一条不与$\{e_1, e_2\}$构成圈的边 e_3。一般的，设已有不构成圈的边集$\{e_1, e_2, \cdots, e_k\}$，找一条不与$\{e_1, e_2, \cdots, e_k\}$中的任何一些边构成圈的边 e_{k+1}。重复这个过程，直到任选一条边都会构成圈为止。则由所有取出的边构成的图就是一个支撑树，称这种方法为“避圈法”。

【例 8】　在图 6-13 中，用避圈法求出一个支撑树。

解：首先任取边 e_1，因 e_2 不与 e_1 构成圈，所以可取 e_2，因为 e_5 不与$\{e_1, e_2\}$构成圈，故可取 e_5(因 e_3 与$\{e_1, e_2\}$构成圈(v_1, v_2, v_3, v_1)，所以不能取 e_3)；因 e_6 不与$\{e_1, e_2, e_5\}$构成圈，故可取 e_6；因 e_8 不与$\{e_1, e_2, e_5, e_6\}$构成圈，故可取 e_8(注意，因 e_7 与$\{e_1, e_2, e_5, e_6\}$中的 e_5，e_6 构成圈(v_2, v_5, v_4, v_2)，故不能取 e_7)。这时由$\{e_1, e_2, e_5, e_6, e_8\}$所构成的图就是一个支撑树，如图 6-13 中粗线所示。

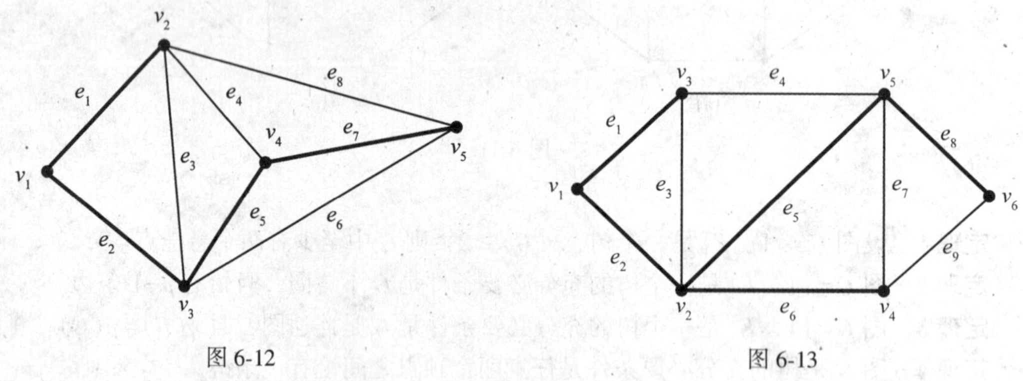

图 6-12　　　　图 6-13

2. 有向图的最小支撑树

(1)避圈法。

首先选具有最小权的边，然后在剩下的边中再选和已选边不构成圈的且有最小权的边，以后每一步中，总是从不与已选边构成圈的那些剩下的边中，选一条权最小的(每一步中，如果有两条或两条以上的边都是权最小的边，则从中任选一条)。

(2)破圈法。

任取一个圈，从圈中去掉一条权最大的边(如果有两条或两条以上的边都是权最大的边，则任意去掉其中一条)。在余下的图中，重复这个步骤，直至得到一个不含圈的图为止，这时的图便是最小树。

例如图 6-14(b)为图 6-14(a)的最小支撑树。

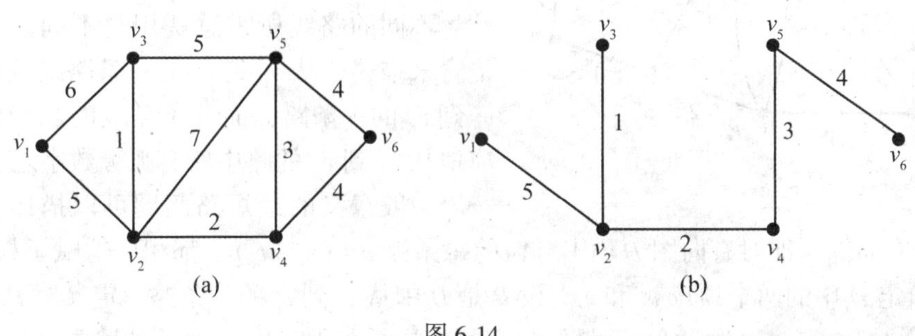

图 6-14

6.2.3　图的最小支撑树的应用举例

【例 9】　某学院下设 6 个办公室，现要实现计算机联网，这个网络的连通途径如图 6-15所示，图中用点 v_1，v_2，…，v_6 表示 6 个办公室，用边表示连通途径，边上的数字表示该连通途径的长度，单位为百米。请问怎样设计网络，既可连通 6 个办公室，又可使总线路的长度最短?

解：该问题实质是求图 6-15 的最小支撑树，用避圈法可求得如图 6-16 所示的最短路径，总线路的长度为最短，为 12 百米。

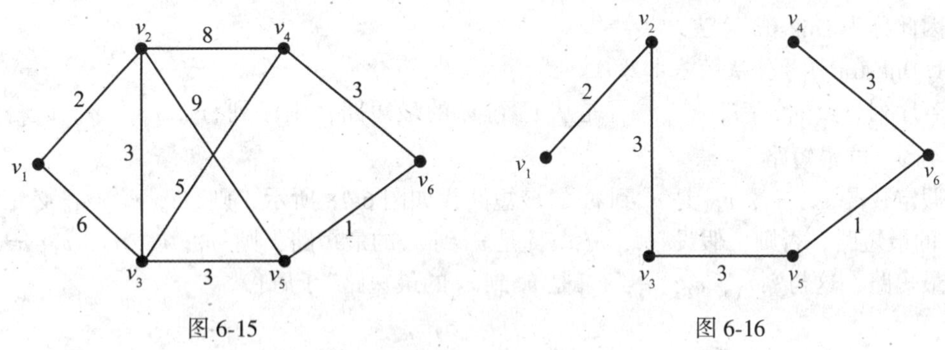

图 6-15　　　　图 6-16

6.3　最短路问题

6.3.1　引　　例

【例 10】　已知如图 6-17 所示的单行线交通网，每条弧旁的数字表示通过这条单行线所需要的费用。现在某人要从 v_1 经这个交通网到 v_8，求总费用最小的路线。

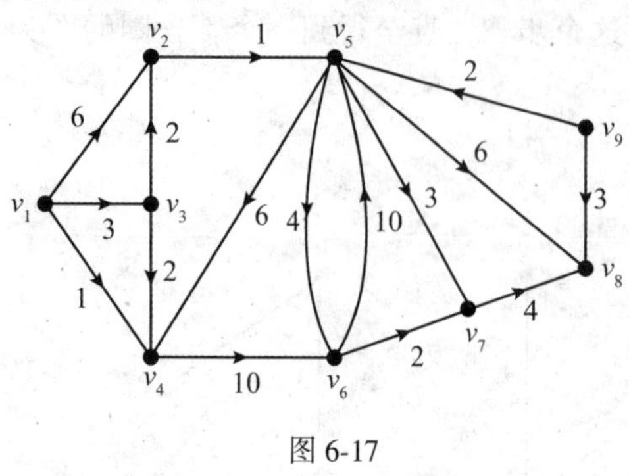

图 6-17

分析：从 v_1 到 v_8 的路线有很多。例如可以从 v_1 出发，依次经过 v_2，v_5，然后到 v_8；也可以从 v_1 出发，依次经过 v_3，v_4，v_6，v_7，然后到 v_8 等。

不同的路线所需总费用是不同的。用图的语言来描述，从 v_1 到 v_8 的一条路线就是图中从 v_1 到 v_8 的一条路，而一条路线的总费用就是相应地从 v_1 到 v_8 的路中所有弧旁数字之和。

一般意义的最短路问题可以描述为：给定一个赋权有向图，即对有向图 $D=(V,A)$ 的每条弧 $a=(v_i,v_j)$，都相应地赋予权数 $d(v_i,v_j)$；又给定 D 中的两个顶点 v_s 和 v_t。设 P 是 D 中从 v_s 到 v_t 的一条路，定义路 P 的权是 P 中所有弧的权之和，记为 $w(P)$。最短路问题就是要在所有从 v_s 到 v_t 的路中，找一条权最小的路，即找一条从 v_s 到 v_t 的路 P_0，使得 $\omega(P_0)=\min\limits_{P}\omega(P)$，式中对 D 中所有从 v_s 到 v_t 的路 P 取最小权，称 P_0 是从 v_s 到 v_t 的最短路。路 P_0 的权称为从 v_s 到 v_t 的距离，记为 $d(v_S,v_T)$。显然，一般情况下 $d(v_S,v_T)$ 与 $d(v_T,v_S)$ 不相等。

最短路问题是一类具有广泛应用背景的优化问题，它不仅可以直接应用于解决实际生活和管理中的许多问题，如线路安排、管道铺设、设备更新、厂区布局等，而且还可作为一个解决其他优化问题的基本工具。

6.3.2　最短路算法

下面只介绍权值非负的赋权有向图和无向图中寻求从给定的点 v_s 到任一个点 v_j 的最短路的算法，在这些算法中，目前公认的最好方法是 Dijkstra 于 1959 年提出的一种标号算法，因此称为 Dijkstra 算法。

1. Dijkstra 标号算法的基本原理

若序列 $\{v_s,v_1,\cdots,v_{n-1},v_t\}$ 是从 v_s 到 v_t 的最短路，则序列 $\{v_s,v_1,\cdots,v_{n-1}\}$ 必为从 v_s 到 v_{n-1} 的最短路。

假定 $\{v_1,v_2,v_3,v_4\}$ 是 v_1 到 v_4 的最短路，如图 6-18 所示，则 $\{v_1,v_2,v_3\}$ 必定是 v_1 到 v_3 的最短路，否则，假设 $\{v_1,v_5,v_3\}$ 是 v_1 到 v_3 的最短路，则 $\{v_1,v_5,v_3,v_4\}$ 是 v_1 到 v_4 的最短路，这与"$\{v_1,v_2,v_3,v_4\}$ 是 v_1 到 v_4 的最短路"矛盾！

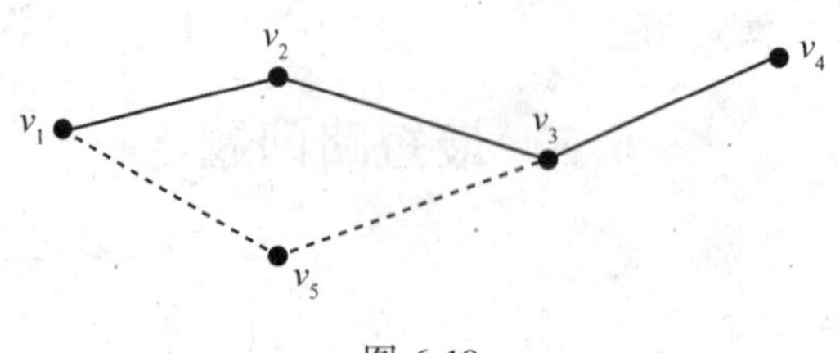

图 6-18

2. Dijkstra 标号算法的基本思想

从起始点 v_s 出发，逐步向外探索最短路。在探索过程中，给每个顶点对应标注一个数(称为这个点的标号)，它或者表示从 v_s 到该点的最短路的长度，称为 P 标号(Permanent Label)或固定标号；或者是从 v_s 到该点的最短路的长度的一个上界，称为 T 标号(Temporary Label)或临时标号。算法的每一步是去修改各点的 T 标号，并将某个具有 T 标号的点变为具有 P 标号的点，从而使网络中含 P 标号的顶点增加一个，这样至多经过$(n-1)$步，就可以找到 v_s 到各点的最短路。

3. 算法步骤

在下面的步骤中，S_i 表示当前所有具有 P 标号的点的集合；k 为最新的具有 P 标号的点的下标；$\lambda(v)=i$ 表示在从 v_s 到 v 的最短路上，v 的前一个点是 v_i，初始时置 $\lambda(v)=M$，如算法终止时，仍有 $\lambda(v)=M$，则代表图中没有从 v_s 到 v 的最短路；"：="表示修改变量的值。

第一步：置 $i=0$，$S_0=\{v_s\}$，$P(v_s)=0$，$\lambda(v_s)=0$；对每一个 $v\neq v_s$，令 $T(v)=+\infty$，$\lambda(v)=M$；置 $k=s$。

第二步：若 $S_i=V$，算法终止，此时，对每个 $v\in S_i$，$d(v_s, v)=P(v)$；否则，转第三步。

第三步：考察每个使$(v_k, v_j)\in A$，且 $v_j\notin S_i$ 的点 v_j。

若 $T(v_j)>P(v_k)+w_{kj}$，则把 $T(v_j)$修改为 $P(v_k)+w_{kj}$，同时 $\lambda(v_j)：=k$；否则，转第四步。

第四步：令 $T(v_{j_i})=\min\limits_{v_j\notin S_i}\{T(v_j)\}$。

若 $T(v_{j_i})<+\infty$，则把 v_{j_i}的 T 标号变为 P 标号，令 $P(v_{j_i})=T(v_{j_i})$，$S_{i+1}=S_i\cup\{v_{j_i}\}$，置 $k：=j_i$，$i：=i+1$，转第一步；否则，算法终止，此时对每一个 $v\in S_i$，$d(v_s, v)=P(v)$，而对每一个 $v\notin S_i$，$d(v_s, v)=+\infty$，即没有从 v_s 到 v 的路。

【例 11】 用 Dijkstra 算法求图 6-19 中从 v_0 到 v_5 的最短路。

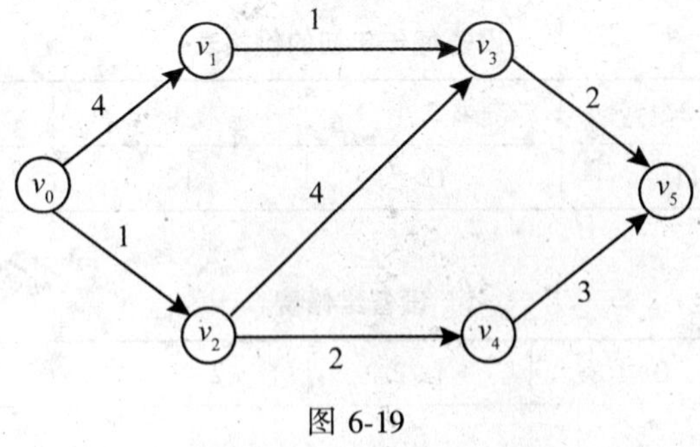

图 6-19

解：第一步：置 $i=0$，$S_0=\{v_0\}$，$P(v_0)=0$，$\lambda(v_0)=0$；$T(v_l)=+\infty$，$\lambda(v_l)=M$，$l=1, 2, 3, 4, 5$。置 $k：=0$。

第二步：因为 $S_0\neq V$，所以对于 e_{02}，$T(v_2)=+\infty>P(v_0)+w_{02}=1$，$T(v_2)：=1$，$\lambda(v_2)$：

=0，同理，对于 e_{01}，修改 $T(v_1)$：=4，$\lambda(v_1)$：=0。

第三步：因为 $T(v_2)=\min_{v_j \notin S_0}\{T(v_j)\}$，所以要修改 v_2 的标号(即 v_2 从具有 T 标号的点变为具有 P 标号的点)，即 $P(v_2)=T(v_2)$，$S_1=S_0\cup\{v_2\}=\{v_0, v_2\}$，$k$：=2，$i$：=1。

第四步：因为 $S_1\neq V$，所以对于 e_{24}，$T(v_4)=+\infty>P(v_2)+w_{24}=3$，$T(v_4)$：=3，$\lambda(v_4)$：=2，对于 e_{23}，修改 $T(v_3)$：=5，$\lambda(v_3)$：=2。

第五步：因为 $T(v_4)=\min_{v_j \notin S_i}\{T(v_j)\}$，所以要修改 v_4 的标号，即 $P(v_4)=T(v_4)$，$S_2=S_1\cup\{v_4\}=\{v_0, v_2, v_4\}$，$k$：=4，$i$：=2。

这样继续下去，可得 $P(v_5)=6$，$\lambda(v_5)$：=4。然后由 $\lambda(v_5)$：=4；$\lambda(v_4)$：=2；$\lambda(v_2)$：=0，得到 v_0 到 v_5 的最短路为 $\{v_0, v_2, v_4, v_5\}$。

从上例知，只要某点已获得 P 标号，说明已找到从点 v_s 到该点的最短路线及最短距离，因此可以将每个点标号，以便找到从点 v_s 到任意点的最短路线，如果某个点 v_j 不能标号，说明 v_s 不可达 v_j。

注：(1) Dijkstra 算法只适用于图中所有权值非负的情况，如果图中存在某边上权为负的，算法失效。此时可采用 B(Bellman)算法等。

(2) Dijkstra 算法只适用于计算从某个指定的点到图中其他各点的最短路；如要一次性的计算出图中任意两点之间的最短路，算法失效。此时可采用 F(Floyd)算法等。

(3) 在无向图中寻找最短路的仍可用 Dijkstra 算法，此时只需将算法步骤中第三步中的弧改成边即可。

6.3.3　最短路问题的应用建模举例

【例 12】(设备更新问题)　某企业要使用一台设备，在每年年初，企业就要决定是购买新设备，还是继续使用旧设备。若购买新设备，就要支付一定的购买费用；若继续使用旧设备，则需支付一定的维修费用。已知该种设备在今后五年内各年年初的价格及使用不同时间(年)的设备所需要的维修费用，分别如表 6-2 和 6-3 所示。

表 6-2　　**设备每年年初的价格表**

第 1 年	第 2 年	第 3 年	第 4 年	第 5 年
11	11	12	12	13

表 6-3　　**设备维修费**

使用年数	0~1	1~2	2~3	3~4	4~5
维修费用	5	6	8	11	18

问：如何制定这五年的设备更新计划，可使总的费用最少。

分析：

可供选择的设备更新方案显然是不唯一的。例如，每年都购买一台新设备，则五年的总费用=购买费用+维修费用=11+11+12+12+13+5×5=84。

又如决定在第一、三、五年年初各购买一台，这个方案的五年的总费用=购买费用+维修费用=11+12+13+5+6+5+6+5=63。

如何制定使得总费用最少的设备更新计划呢？可以把这个问题化为最短路问题，如图6-20所示。

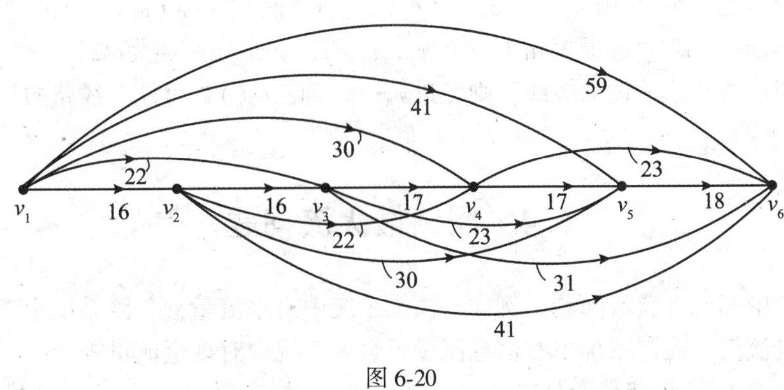

图 6-20

解：如用 v_i 表示"第 i 年年初购买一台新设备"，弧(v_i, v_j)表示第 i 年年初买进的设备一直使用到第 j 年年初。定义弧(v_i, v_j)上的权值 ω_{ij}=购买费用+实际维修费用，例如 $\omega_{13}=11+(5+6)=22$，则该问题可转化为一个最短路问题，如图6-18所示。

用 Dijkstra 算法求最短路。可得 v_1 到 v_6 的距离是53，最短路径有两条：

$$v_1 \to v_3 \to v_6 \text{和} v_1 \to v_4 \to v_6。$$

即有两个最优设备更新计划，一是第1，3年各买一台新设备；二是第1，4年年初各买一台新设备。五年的总费用均为53。

【例 13】(线路铺设问题) 某地通讯公司打算在甲、乙两地沿路铺设电缆线，甲、乙两地的交通图如图6-21所示，图中点 v_1，…，v_6 表示6个地名，其中 v_1，v_6 分别表示甲、乙两地，边表示两地之间的公路，边上的数字表示两地间公路的长度，单位为千米。请问如何铺设，可使总线路的长度最短？

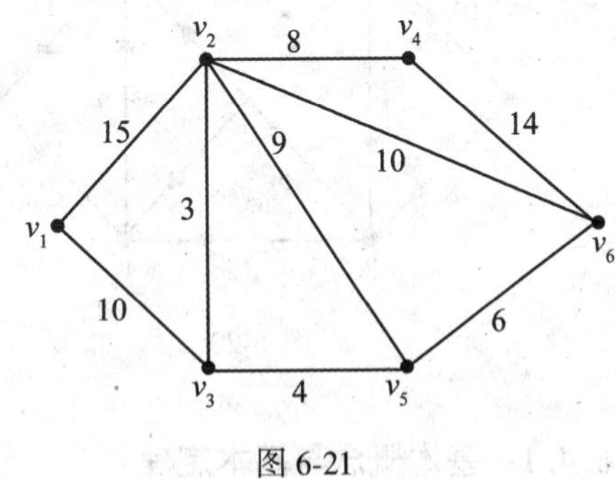

图 6-21

解：由于公路的长度与行进方向无关，所以该问题实质是个求无向图的最短路问题。

第一步：置 $i=0$，$S_0=\{v_1\}$，$P(v_1)=0$，$\lambda(v_1)=0$；$T(v_l)=+\infty$，$\lambda(v_l)=M$，$l=2, 3, 4, 5, 6$。置 $k:=0$。

第二步：因为 $S_0 \neq V$，所以对于边(v_1, v_2)，$T(v_2)=+\infty>P(v_1)+w_{12}=15$，$T(v_2):=15$，$\lambda(v_2):=1$，同理，对于边$(v_1, v_3)$，修改 $T(v_3):=10$，$\lambda(v_3):=1$。

第三步：因为 $T(v_3)=\min\limits_{v_j \notin S_0}\{T(v_j)\}$，所以要修改 v_3 的标号(即 v_3 从具有 T 标号的点变

为具有 P 标号的点），即 $P(v_3)=T(v_3)$，$S_1=S_0\cup\{v_3\}=\{v_1, v_3\}$，$k:=3$，$i:=1$。

第四步：因为 $S_1\neq V$，所以对于边 (v_3, v_2)，$T(v_2)=15>P(v_3)+w_{32}=13$，$T(v_2):=13$，$\lambda(v_2):=3$，对于边 (v_3, v_5)，修改 $T(v_5):=16$，$\lambda(v_5):=3$。

第五步：因为 $T(v_2)=\min\limits_{v_j\notin S_i}\{T(v_j)\}$，所以要修改 v_2 的标号，即 $P(v_2)=T(v_2)$，$S_2=S_1\cup\{v_2\}=\{v_1, v_3, v_2\}$，$k:=2$，$i:=2$。

这样继续下去，可得 $P(v_6)=22$，$\lambda(v_6):=5$。然后由 $\lambda(v_6):=5$，$\lambda(v_5):=3$，$\lambda(v_3):=1$，得到 v_1 到 v_6 的最短路为 $\{v_1, v_3, v_5, v_6\}$，最短距离为 22。

即如从甲 (v_1) 开始铺设电缆线，则经过 v_3，v_5 到乙 (v_6)，可使总线路的长度最短，为 22 千米。

6.4　网络最大流问题

许多系统中都包含流量问题。例如，供水系统中有水流量，公路系统中有车流量，供电系统中有电流量，控制系统中有信息流量，金融系统中有现金流量等。

例如，图 6-22 是联结某产品的产地 v_1 和销地 v_6 的交通网，弧 (v_i, v_j) 代表从 v_i 到 v_j 的运输线，弧旁的数字表示这条运输线的最大允许通过能力。现在要求制定一个从 v_1 经过这个交通网运到 v_6 使产品总量最多的运输方案。

图 6-23 给出了一种运输方案，其中每条弧旁带圈的数字该运输线上的运输数量，可见该方案从 v_1 共运输了 8 个单位的产品到 v_6。现在要考虑在这个交通网上运输量是否还可以增多，或者考虑这个从 v_1 到 v_6 的运输网络的最大运输量是多少？本节就是要研究这样的问题。

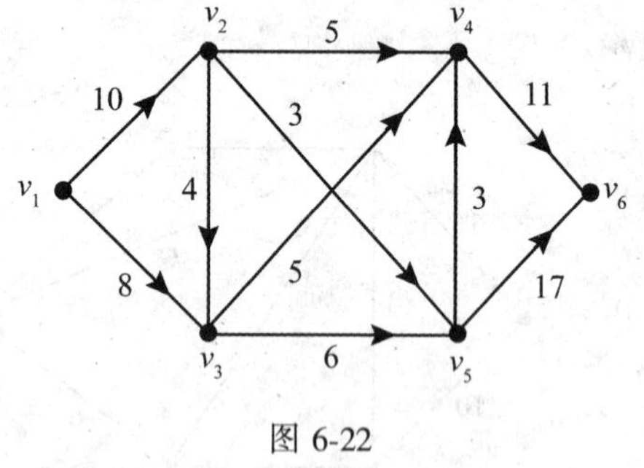

图 6-22

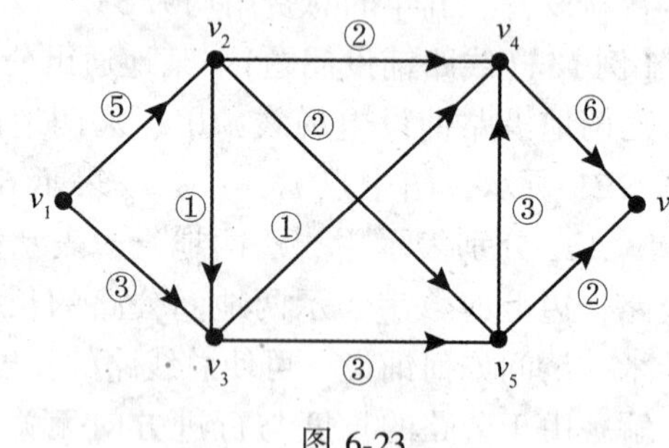

图 6-23

6.4.1　基本概念与基本定理

1. 容量网络

给一个有向图 $D=(V, A)$，在 V 中通常规定一个发点（也称源点，记为 s）和一个收点（也称汇点，记为 t），网络中其他点称为中间点。对每条弧 (v_i, v_j) 都给出一个最大的允许通过能力，称为该弧的容量，简记为 c_{ij}。通常把这样的 D 称为一个容量网络。记作：$D=(V, A, C)$。

例如图 6-22 就是一个网络，指定 v_1 是发点，v_6 是收点，其他的点是中间点。弧旁的数字为容量 c_{ij}。

2. 流

流是指加在网络各条弧上的实际流量构成的函数 $f=\{f(v_i, v_j)\}$。

加在弧 (v_i, v_j) 上的流量可简记为 f_{ij}。若 $f_{ij}=0$，称为零流。

图 6-23 所示的运输方案，就可看做是这个运输网络上的一个流，每个弧上的运输量就是该弧上的流量，即 $f_{12}=5$，$f_{24}=2$，$f_{13}=3$，$f_{34}=1$ 等。

3. 可行流

满足以下条件的一组流称为可行流。

(1) 容量限制条件。容量网络上所有的弧满足：$0\leqslant f_{ij}\leqslant c_{ij}$。

(2) 中间点平衡条件：

$$\sum f(v_i, v_j) - \sum f(v_j, v_i) = 0 \ (i \neq s, t)$$

(3) 对于发点 v_s，记

$$\sum_{(v_s, v_j)\in A} f_{sj} - \sum_{(v_j, v_s)\in A} f_{js} = v(f)$$

对于收点 v_t，记

$$\sum_{(v_t, v_j)\in A} f_{tj} - \sum_{(v_j, v_t)\in A} f_{jt} = -v(f)$$

式中：$v(f)$ 称为这个可行流的流量，即发点的净输出量（或收点的净输入量）。

结论：任何网络上一定存在可行流。（零流即是可行流）

4. 网络最大流

网络中从发点到收点之间允许通过的最大流量称为网络的最大流。

网络最大流问题：指求在满足容量限制条件和中间点平衡的条件下使 $v(f)$ 的值达到最大的问题。即最大流问题的数学模型可表示为

$$\max v(f)$$

$$\text{s.t.}\begin{cases} 0\leqslant f_{ij}\leqslant c_{ij} & (6\text{-}1) \\ \sum f_{ij} - \sum f_{ji} = \begin{cases} v(f) & (i=s) \\ 0 & (i\neq s, t) \\ -v(f) & (i=t) \end{cases} & (6\text{-}2) \end{cases}$$

可见最大流问题是一个特殊的线性规划问题。下面将会看到利用图的特点，解决这个问题的方法比用线性规划的一般方法要简单、方便、直观得多。

设 S，$T\subset V$，$S\cap T=\varnothing$，我们把始点在 S 中，终点在 T 中的所有弧构成的集合，记为 (S, T)。

5. 割集（截集）

割集（截集）是指容量网络中的发点和收点分割开，并使 $v_s\to v_t$ 的流中断的一组弧的集合。

如图 6-24 中，AA' 将网络上的点分割成 V，$\bar{V}$ 两个集合。并有 $s\in V$，$t\in \bar{V}$，称弧的集

合$\{(v_1, v_3), (v_2, v_4)\}$是一个割集。

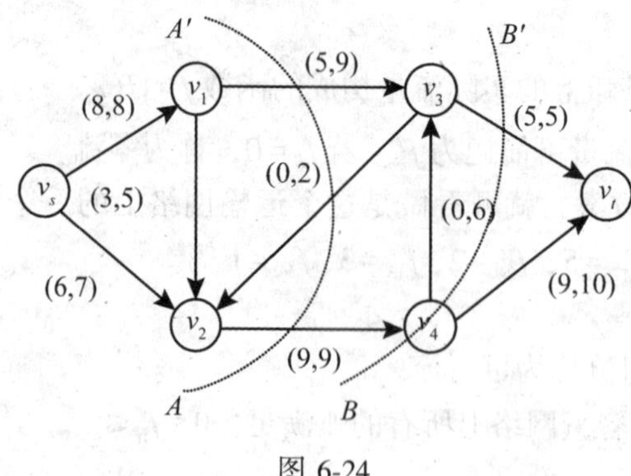

图 6-24

显然，若把某一割集中的所有弧从网络中给去掉，则从 v_s 到 v_t 便不存在路。所以，直观上说，割集是从 v_s 到 v_t 的必经之道。

6. 割容量

组成割集的所有弧的容量之和称为割容量，用 $c(V, \bar{V})$ 表示，即

$$c(V, \bar{V}) = \sum_{(v_i, v_j) \in (V, \bar{V})} c(v_i, v_j)$$

如图 6-24 中，如弧上括号内的第一个数字表示实际通过该弧的流量，第二个数字表示该弧的容量，则割集$\{(v_1, v_3), (v_2, v_4)\}$的割容量为 18，此时通过该割集的流量为 14。

对一个有向图来说，割集一般是不唯一的，故一定存在割容量最小的割集，称为最小割集。

定理 1　设 f 为网络 D 中一个从 s 到 t 的可行流，流量为 $v(f)$，$(V, \bar{V})$ 为任意一个割集，则

$$v(f) = f(V, \bar{V}) - f(\bar{V}, V)$$

推论 1　对网络 D 中任意流量 $v(f)$ 和割集$(V, \bar{V})$，有 $v(f) \leqslant c(V, \bar{V})$。

证明：$v(f) = f(V, \bar{V}) - f(\bar{V}, V) \leqslant f(V, \bar{V}) \leqslant c(V, \bar{V})$。

推论 2　最大流量 $v^*(f)$ 不大于最小割集的容量，即 $v^*(f) \leqslant \min\{c(V, \bar{V})\}$

7. 增广链

在网络 $D=(V, A, C)$ 中，若给定一个可行流 $f=\{f_{ij}\}$，我们把网络中使 $f_{ij}=c_{ij}$ 的弧称为饱和弧，使 $0 \leqslant f_{ij} < c_{ij}$ 的弧称为非饱和弧。使 $f_{ij}=0$ 的弧称为零流弧，使 $0 < f_{ij} \leqslant c_{ij}$ 的弧称为非零流弧。

如图 6-24 中，(v_s, v_1)、(v_2, v_4)和(v_3, v_t)是饱和弧，(v_3, v_2) 和(v_4, v_3)是零流弧，其他的弧为非饱和弧。

若μ是网络D中联结发点v_s和收点v_t的一条链，我们定义链的方向是从v_s到v_t，则链上的弧被分为两类：

一类是方向与链的方向一致的弧，称为前向弧。前向弧的全体记为μ^+。

另一类是方向与链的方向相反的弧，称为后向弧。后向弧的全体记为μ^-。

如图 6-24 中，在链$\mu=(v_s, v_1, v_2, v_3, v_4, v_t)$上

$$\mu^+=\{(v_s, v_1), (v_1, v_3), (v_2, v_4), (v_4, v_t)\}$$

$$\mu^-=\{(v_3, v_2)\}$$

增广链：设f是一个可行流，μ是从v_s到v_t的一条链，若μ满足下列条件，称之为(关于可行流f的)增广链。

在弧$(v_i, v_j)\in(v_i, v_j)\in\mu^+$上，$0\leqslant f_{ij}<c_{ij}$，即前向弧都是非饱和弧。

在弧$(v_i, v_j)\in(v_i, v_j)\in\mu^-$上，$0<f_{ij}\leqslant c_{ij}$，即后向弧都是非零流弧。

定理 2 在网络$D=(V, A, C)$中，可行流f^*为最大流，当且仅当不存在关于f^*的增广链。

证明：(必要性)假设D中存在关于f^*的增广链μ，因为流f^*是可行流，故可令

$$\theta=\min\{\min_{\mu^+}(c_{ij}-f_{ij}^*), \min_{\mu^-}f_{ij}^*\}$$

由增广链的定义，可知$\theta>0$，再令

$$f_{ij}^{**}=\begin{cases}f_{ij}^*+\theta, & (v_i, v_j)\in\mu^+\\ f_{ij}^*-\theta, & (v_i, v_j)\in\mu^-\\ f_{ij}^*, & (v_i, v_j)\notin\mu\end{cases}$$

不难验证$\{f_{ij}^{**}\}$是一个可行流，且$v(f^{**})=v(f^*)+\theta>v(f^*)$。这与$f^*$是最大流的设定矛盾。

(充分性)现在设定D中不存在关于f^*的增广链，证明f^*是最大流。

用下面的方法来定义V_1^*：令$v_s\in V_1^*$，

若$v_j\in V_1^*$，且$f_{ij}^*<c_{ij}$，则令$v_j\in V_1^*$；

若$v_j\in V_1^*$，且$f_{ij}^*>0$，则令$v_j\in V_1^*$。

记$\bar{V}_1^*=V\setminus V_1^*$，因为不存在关于$f^*$的增广链，故$v_t\in\bar{V}_1^*$，于是得到一个截集$(V_1^*, \bar{V}_1^*)$，显然必有

$$f_{ij}^*=\begin{cases}c_{ij}, & (v_i, v_j)\in(V_1^*, \bar{V}_1^*)\\ 0, & (v_i, v_j)\in(\bar{V}_1^*, V_1^*)\end{cases}$$

所以$v(f^*)=c(V_1^*, \bar{V}_1^*)$，于是$f^*$必是最大流。定理得证。

由上述证明过程可见，若f^*是最大流，则网络中必存在一个截集$(V_1^*, \bar{V}_1^*)$，使

$$v(f^*)=c(V_1^*, \bar{V}_1^*)。$$

定理 3(最大流最小割集定理) 在网络$D=(V, A, C)$中，$v_s\to v_t$的最大流量等于它

的最小割集的容量，即

$$v(f^*)=c(V_1^*,\ \bar{V}_1^*)。$$

定理 2 提供了一个寻求网络中最大流的方法。若给定了一个可行流 f，只要判断 D 中有无关于 f 的增广链。如果有增广链，则按定理 2 前半部证明中的办法，可改进 f 而得到一个新的流量增大的可行流。如果没有增广链，则 f 就是最大流。而按照定理 2 后半部证明中定义 V_1^* 的办法，可以通过 v_t 是否属于 V_1^* 来判断 D 中有无关于 f 的增广链。

在实际计算过程时，可以用给顶点标号的方法来定义 V_1^*。在标号过程中，规定有标号的顶点表示是 V_1^* 中的点，没有标号的点表示不是 V_1^* 中的点。一旦 v_t 获得标号，就表示找到了一条增广链；如果标号过程进行不下去，且 v_t 尚未获得标号，则说明不存在增广链，于是得到最大流。同时也得到一个最小割集。

6.4.2　求最大流的标号算法

这种算法又称 Ford-Fulkerson 算法，是 1956 年由 Ford 和 Fulkerson 提出来。

Ford-Fulkerson 算法的基本思路：从一个可行流出发(若网络中没有给定 f，则可以设 f 是零流)，经过标号过程系统地搜寻增广链，然后经过调整过程在此链上增流，继续这个增流过程，直至不存在增广链。

1. 标号过程

在此过程中，网络中的所有点或者是标号点(又分为已检查和未检查两种)，或者是未标号点。每个标号点 v_i 的标号 $(v_j,\ l(v_i))$ 包含两部分：第一个标号表明它的标号是从点 v_j 得到的，以便找出增广链；第二个标号 $l(v_i)$ 是为确定增广链的调整量 θ 用的。

标号过程开始，总是先给 v_s 标上 $(0,\ +\infty)$，这时 v_s 是标号而未检查的点，其余点都是未标号点。一般，取一个标号而未检查的点 v_i，对一切未标号点 v_j：

(1)若在弧 $(v_i,\ v_j)$ 上，$f_{ij}<c_{ij}$，则给 v_j 标号 $(v_i,\ l(v_j))$。这里 $l(v_j)=\min[l(v_i),\ c_{ij}-f_{ij}]$。这时点 v_j 成为标号而未检查的点。

(2)若在弧 $(v_j,\ v_i)$ 上，$f_{ji}>0$，则给 v_j 标号 $(-v_i,\ l(v_j))$，这里 $l(v_j)=\min[l(v_i),\ f_{ij}]$。这时点 v_j 成为标号而未检查的点。

于是 v_i 成为标号而已检查过的点，而 v_j 成为标号而未检查的点。重复上述步骤，一旦 v_t 被标号，就表明得到一条从 v_s 到 v_t 的增广链 μ，转入调整过程。

若所有标号都是已检查过的，而标号过程进行不下去时，则算法结束，这时的可行流就是最大流。

2. 调整过程

首先按 v_t 及其他点的第一个标号，利用“反向追踪”的办法，找出增广链 μ。令调整量 $\theta=l(v_t)$，即 v_t 的第二个标号。再令

$$f_{ij}'=\begin{cases}f_{ij}+\theta, & (v_i,\ v_j)\in\mu^+\\ f_{ij}-\theta, & (v_i,\ v_j)\in\mu^-\\ f_{ij}, & (v_i,\ v_j)\notin\mu\end{cases}$$

然后去掉所有点的标号，针对新的可行流 $f'=\{f_{ij}'\}$，重新转入标号过程。

【**例 14**】 求图 6-25 所示容量网络的最大流。

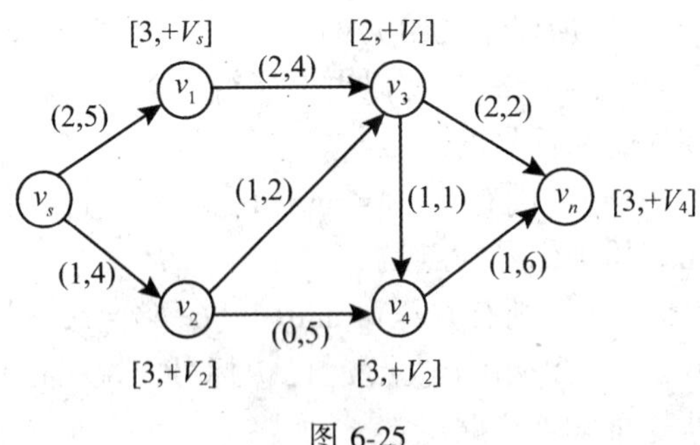

图 6-25

解：设定弧上括号内的第一个数字表示加载到该弧的流量，第二个数字表示该弧的容量，下面以图 6-25 所示的可行流作为初始可行流，开始标号。

(1)先给发点 v_s 标号为$[+\infty, 0]$。

(2)检查 v_s，与 v_s 相邻的所有未标号的点是 v_1，v_2。

由于 $v_s \to v_1$ 且 $f_{s1}=2<c_{s1}=5$，则有 $l(v_1)=\min(+\infty, 5-2)=3$，因此给 v_1 标号$[3, +v_s]$。

由于 $v_s \to v_2$，且 $f_{s2}=1<c_{s2}=4$，则有 $l(v_2)=\min(+\infty, 4-1)=3$，因此 v_2 标号$[3, +v_s]$。

(3)检查 v_1，与 v_1 相邻的未标号的点是 v_3。

由于 $v_1 \to v_3$ 且 $f_{13}=2<c_{13}=4$，则有 $l(v_3)=\min(3, 4-2)=2$，因此给 v_3 标号$[2, +v_1]$。

(4)检查 v_3，与 v_3 相邻的所有未标号的邻点 v_4，v_n。

由于 $v_3 \to v_n$ 且 $f_{3n}=2=c_{3n}$，所以不能给 v_n 标号。

类似地，由于 $v_3 \to v_4$ 且 $f_{34}=1=c_{34}$，所以也不能给 v_4 标号。

(5)检查 v_2，与 v_2 相邻的未标号的点是 v_4。

由于 $v_2 \to v_4$ 且 $f_{24}=0<c_{24}=5$，则有 $l(v_4)=\min(3, 5-0)=3$，因此给 v_4 标号$[3, +v_2]$。

(6)检查 v_4，与 v_4 相邻的未标号的点是 v_n。

由于 $v_4 \to v_n$ 且 $f_{4n}=1<c_{4n}=6$，则有 $l(v_n)=\min(3, 6-1)=3$，因此给 v_n 标号$[3, +v_4]$。

所有点的标号如图 6-25 所示，由于收点 v_n 已被标号，说明存在一条增广链。根据 v_n 的标号$[3, +v_4]$开始逐步逆推知增广路：$v_n \leftarrow v_4 \leftarrow v_2 \leftarrow v_s$，则

$$\mu^+=\{(v_s, v_2), (v_2, v_4), (v_4, v_n)\}, \quad \mu^-=\varnothing$$

故将增广链上每条弧都增加流量 $\theta=l(v_n)=3$，得总流量为 6 的可行流，如图 6-26 所示。

对图 6-26 重新标号：

(1)先给发点 v_s 标号为$[+\infty, 0]$。

(2)检查 v_s，与 v_s 相邻的所有未标号的点是 v_1，v_2。

由于 $v_s \to v_1$ 且 $f_{s1}=2<c_{s1}=5$，则有 $l(v_1)=\min(+\infty, 5-2)=3$，因此给 v_1 标号$[3, +v_s]$。

由于 $v_s \to v_2$ 且 $f_{s2}=4=c_{s2}$，因此不能给 v_2 标号。

(3)检查 v_1，与 v_1 相邻的未标号的点是 v_3。

由于 $v_1 \to v_3$ 且 $f_{13}=2<c_{13}=4$，则有 $l(v_3)=\min(3, 4-2)=2$，因此给 v_3 标号$[2, +v_1]$。

(4)检查 v_3，与 v_3 相邻的所有未标号的邻点 v_2，v_4，v_n。

由于 $v_2 \to v_3$ 且 $f_{23}=1>0$，则有 $l(v_2)=\min(2,\ 1)=1$，因此给 v_2 标号$[1,\ -v_3]$。

由于 $v_3 \to v_n$ 且 $f_{3n}=2=c_{3n}$，所以不能给 v_n 标号。

类似地，由于 $v_3 \to v_4$ 且 $f_{34}=1=c_{34}$，所以也不能给 v_4 标号。

(5)检查 v_2，与 v_2 相邻的未标号的点是 v_4。

由于 $v_2 \to v_4$ 且 $f_{24}=3<c_{24}=5$，则有 $l(v_4)=\min(1,\ 5-3)=1$，因此给 v_4 标号$[1,\ +v_2]$。

(6)检查 v_4，与 v_4 相邻的未标号的点是 v_n。

由于 $v_4 \to v_n$ 且 $f_{4n}=4<c_{4n}=6$，则有 $l(v_n)=\min(1,\ 6-4)=1$，因此给 v_n 标号$[1,\ +v_4]$。

所有点的标号如图 6-27 所示，由于收点 v_n 已被标号，说明存在一条增广链。根据 v_n 的标号$[1,\ +v_4]$开始逐步逆推知增广路链：

$$v_n \leftarrow v_4 \leftarrow v_2 \leftarrow v_3 \leftarrow v_1 \leftarrow v_s$$

则 $\mu^+=\{(v_s,\ v_1),\ (v_1,\ v_3),\ (v_2,\ v_4),\ (v_4,\ v_n)\}$，　$\mu^-=\{(v_2,\ v_3)\}$。

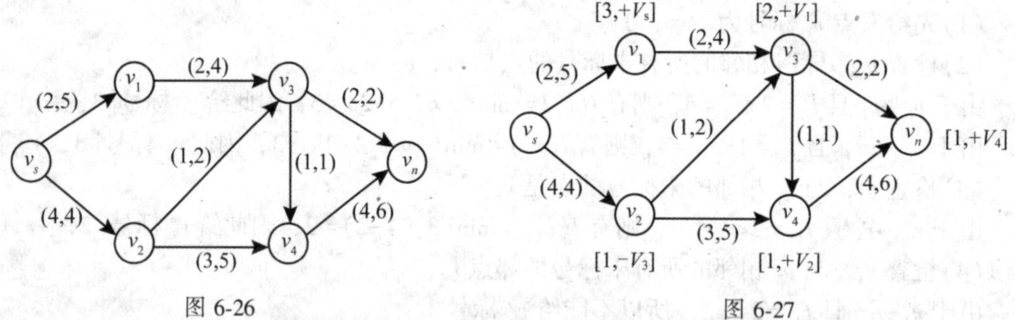

图 6-26　　　　图 6-27

故将增广链上前向弧都增加流量 $\theta=l(v_n)=1$，后向弧上减少流量 1，得总流量为 7 的可行流，如图 6-28 所示。

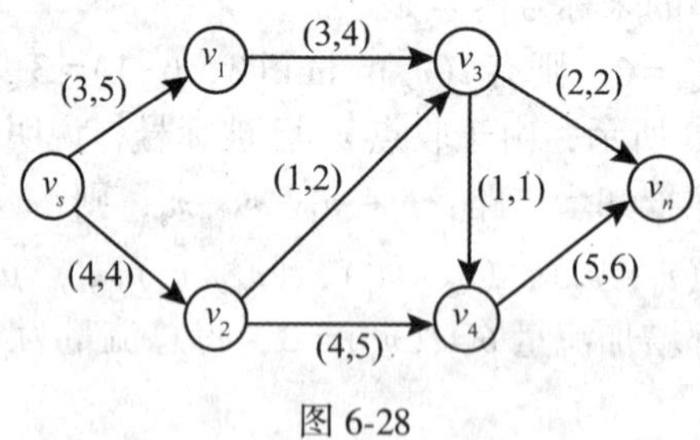

图 6-28

对图 6-28 重新标号，显然标号过程终止在 v_3，收点 v_n 未被标号，说明图 6-28 所示的可行流就是所求的最大流，总流量为 7。最小割集为$\{v_s,\ v_1,\ v_2,\ v_3\}$，$\{v_4,\ v_n\}$。

由上例可见，用标号法找增广链以寻求最大流的同时还得到一个最小割集。显然，最小割集容量的大小影响总的输送量的提高。因此，为提高总的输送量，必须首先考虑改善最小割集中各弧的输送能力。

6.5 中国邮递员问题

中国邮递员问题是1962年由管梅谷提出来，一般描述为：一个邮递员送信，要走完他负责投递的所有街道，完成任务后回到邮局，应该按照怎样的路线走，所走的路程最短。若把它抽象为图论的语言，就是给定一个连通图，在每边 e_i 上赋予一个非负的权 $w(e_i)$,要求一个圈(未必是简单的)，过每边至少一次，并使圈的总权最小。

6.5.1 一笔画问题

给定一个连通多重图 G，若存在一条链，过每边一次且仅一次，则称这条链为欧拉链。若存在一个简单圈，过每边一次且仅一次，称这个圈为欧拉圈。一个图若有欧拉圈，则称为欧拉图。

显然，一个图若能一笔画出，这个图必含有欧拉链或是欧拉图。

定理 连通多重图 G 为欧拉图，当且仅当 G 中无奇点。

推论 连通多重图 G 有欧拉链，当且仅当 G 恰有两个奇点。

上述定理和推论为我们提供了判别一个图能否一笔画成的简单办法。如前面提到的七桥问题，因为图中有4个奇点。所以不能一笔画出。又如图6-29，它有两个奇点 v_2 和 v_5，因此可以从点 v_2 开始，用一笔画到点 v_5 终止。

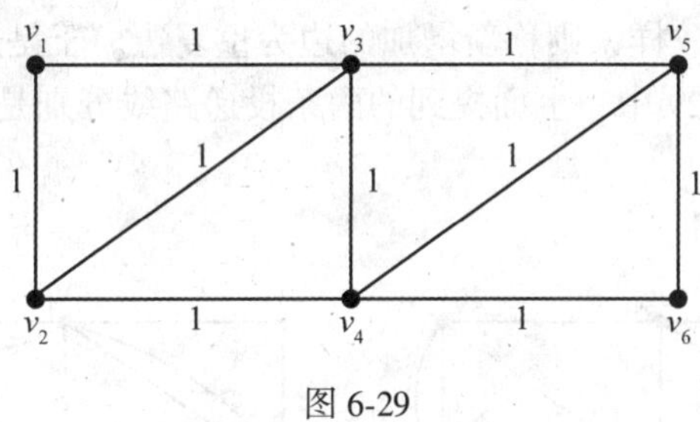

图 6-29

如已知图 G 是可以一笔画的，怎么样才能把它一笔画出来呢？下面简单地介绍由Fleury提出的方法。

割边：设 e 是连通图 G 的一条边，如果从 G 中去掉 e，图就不连通了，则称 e 是图 G 的割边。

例如，树中的每一个边都是割边。

设 $G=(V, E)$ 是连通的无奇点图，以 $\mu_k=(v_{i_0}, e_{i_1}, v_{i_1}, e_{i_2}, v_{i_2}, \cdots, v_{i_{k-1}}, e_{i_k}, v_{i_k})$ 表示在第 k 步得到的简单链。并记 $E_k=(e_{i_1}, e_{i_2}, \cdots, e_{i_k})$，$\overline{E}_k=E \setminus E_k$，$G_k=(V, \overline{E}_k)$(当 $k=0$ 时，令 $\mu_0=(v_{i_0})$，v_{i_0}是图 G 的任意一个点，$E_0=\varnothing$；$G_0=G$)。进行第$(k+1)$步：在 G_k 中选的一条和 v_{i_k}关联的边 $e_{i_{k+1}}=[v_{i_k}, v_{i_{k+1}}]$，使 $e_{i_{k+1}}$不是 G_k 的割边(除非 v_{i_k}是 G_k 的悬挂点，这时选 v_{i_k}在 G_k 中的悬挂边为 $e_{i_{k+1}}$)令

$$\mu_{k+1}=(v_{i_0},\ e_{i_1},\ v_{i_1},\ e_{i_2},\ v_{i_2},\ \cdots,\ v_{i_{k-1}},\ e_{i_k},\ v_{i_k},\ e_{i_{k+1}},\ v_{i_{k+1}})。$$

重复这个过程，直到选不到所要求的边为止。可以证明：这时的简单链必定终止于 v_{i_0}，并且就是我们要找的图 G 的欧拉圈。

如果 $G=(V, E)$ 是恰有两个奇点的连通图。只需要取 v_{i_0} 是图 G 的一个奇点就可以了。最终得到的简单链就是图中联结两个奇点的欧拉链。

6.5.2　奇偶点图上作业法

中国邮递员问题是一笔画问题的延伸。如果街道图中没有奇点，即街道图是个欧拉图，那么他就可以从邮局出发，每条街道恰好走一次就回到邮局，这样他所走的路程也就是最短的路程。对于有奇点的街道图，就必须在某些街道上重复走一次或多次。

例如把图 6-29 看做一个街道图，若 v_1 为邮局，邮递员可以按如下的路线投递信件：

$$v_1 \to v_2 \to v_4 \to v_3 \to v_2 \to v_4 \to v_6 \to v_5 \to v_4 \to v_6 \to v_5 \to v_3 \to v_1,$$

总权为 12。

也可按另一条路线走：

$$v_1 \to v_2 \to v_3 \to v_2 \to v_4 \to v_5 \to v_6 \to v_4 \to v_3 \to v_5 \to v_3 \to v_1,$$

总权为 11。

可见，按第一条路线走，在边 (v_2, v_4)，(v_4, v_6)，(v_6, v_5) 上各重复走了一次。而按第二条路线走，在边 (v_3, v_2)，(v_3, v_5) 各重复走了一次。

如果在某条路线中，边 (v_i, v_j) 上重复走了几次，可在图中点 v_i，v_j 之间增加几条边，令每条边的权和原来的权一样，则称新增加的边为重复边。于是这条路线就是相应的新图中的欧拉圈。例如在图 6-29 中，上面提到的两条投递路线分别是图 6-26(a) 和 (b) 中的欧拉圈。

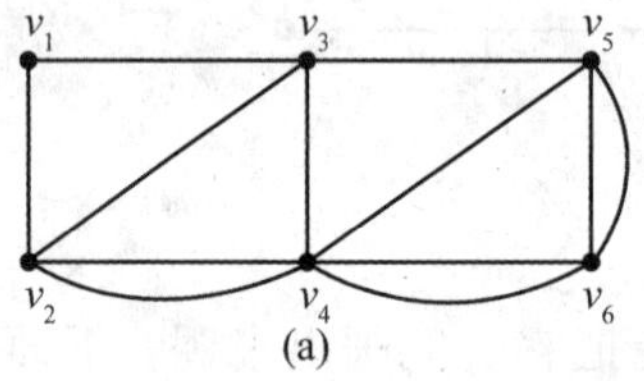

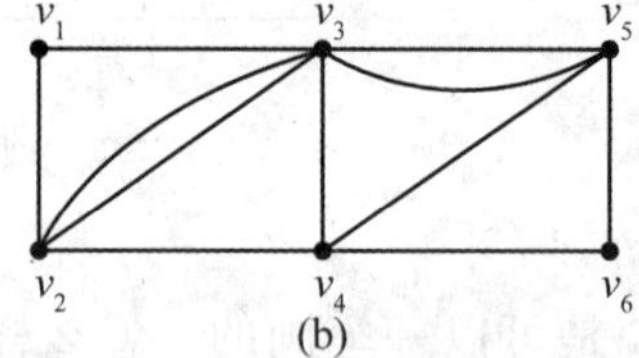

图 6-30

显然，上述两条路线的总权差等于相应重复边的总权差。因此，可以这样叙述中国邮递员问题：在一个有奇点的连通图中，增加一些重复边，使新图不含奇点，并且重复边的总权最小。

由此要考虑：第一个可行方案如何确定，怎么判定该方案是否为最优？若不是最优的，如何调整这个方案？

1. *初始可行方案的确定*

在 6.1 节中，已证明图中奇点的个数必为偶数，所以如图中有奇点，就可将其配成对。又每一对奇点之间必有一条链，把这条链上的所有边作为重复边加到原图中，则新图中必无奇点，即确定了一个可行方案。

【例 15】 图 6-31 中的街道图，有四个奇点，v_2，v_4，v_6，v_8，将其分成两对，例如 v_2，v_4为一对，v_6，v_8为一对。在图 6-31 中，连接 v_2，v_4的链有好几条，任取一条，例如取链(v_2，v_1，v_8，v_7，v_6，v_5，v_4)。把边(v_2，v_1)，(v_1，v_8)，(v_8，v_7)，(v_7，v_6)，(v_6，v_5)，(v_5，v_4)作为重复边加到图中去，同样地取 v_6，v_8之间的一条链(v_8，v_1，v_2，v_3，v_4，v_5，v_6)，把边(v_8，v_1)，(v_1，v_2)，(v_2，v_3)，(v_3，v_4)，(v_4，v_5)，(v_5，v_6)也作为重复边加到图中去，于是得图 6-32。

在图 6-32 中，已没有奇点，对应于这个可行方案，重复边总权为

$$2w_{12}+w_{23}+w_{34}+2w_{45}+2w_{56}+w_{67}+w_{78}+2w_{18}=51$$

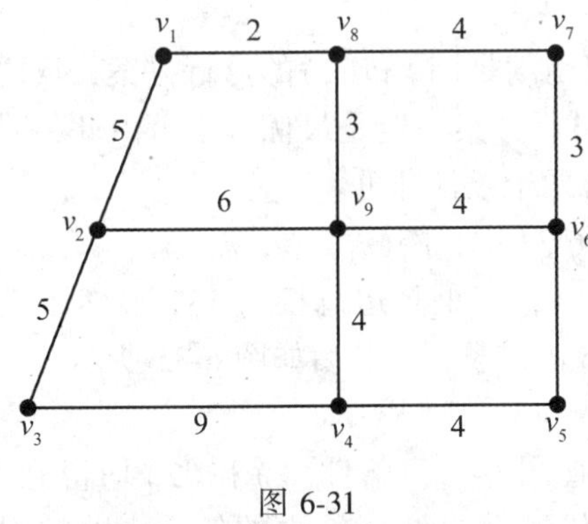

图 6-31

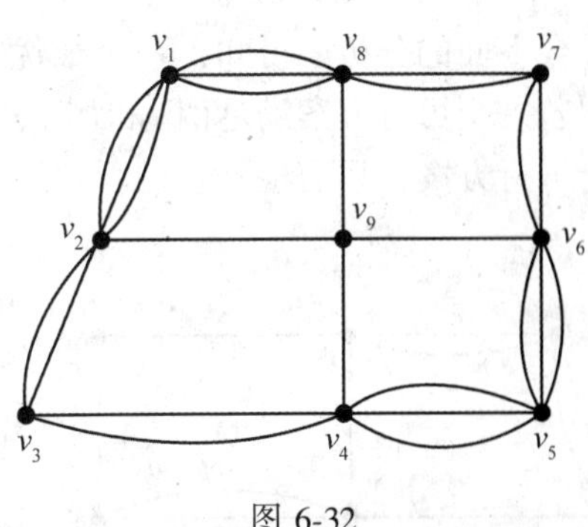

图 6-32

2. 调整可行方案，使重复边总权下降

从图 6-32 可以看出，在边(v_1，v_8)上有两条重复边，如果把它们都从图中去掉，图仍然无奇点。即得到一个总长度更少的可行方案。同理，(v_1，v_2)，(v_4，v_5)，(v_5，v_6)上的重复边也可如此操作。

一般情况下，若边(v_i，v_j)上有两条或两条以上的重复边时，只要从中去掉偶数条边，就可得到一个总权更小的可行方案。因而有：

(1)在最优方案中，图的每一边上最多有一条重复边。

依此，图 6-32 可以调整为图 6-33，重复边的总权下降到 21。

从图 6-33 可以看出，如果把某个圈中的重复边去掉，而给圈中原来没有重复边的边加上重复边，图中仍没有奇点。因此如果在某个圈上所有重复边的总权大于这个圈的总权的一半，按照上面所说的方法作一次调整，就会得到一个总权更小的可行方案。

(2)在最优方案中，图中任意一个圈上的重复边的总权不大于该圈总权的一半。

如图 6-33 中，圈(v_2，v_3，v_4，v_9，v_2)的总权为 24，圈上重复边的总权为 14，显然大于该圈总权的一半。因此可把(v_2，v_3)和(v_3，v_4)边上的重复边去掉，在(v_2，v_9)和(v_4，v_9)边上各加一条重复边，调整后重复边的总权下降到 17，如图 6-34 所示。

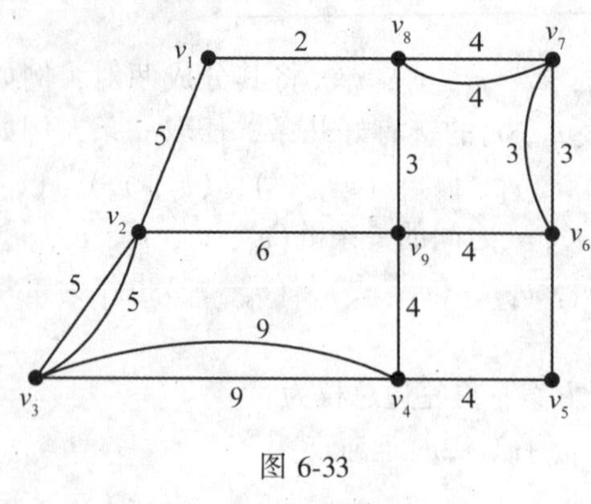

图 6-33

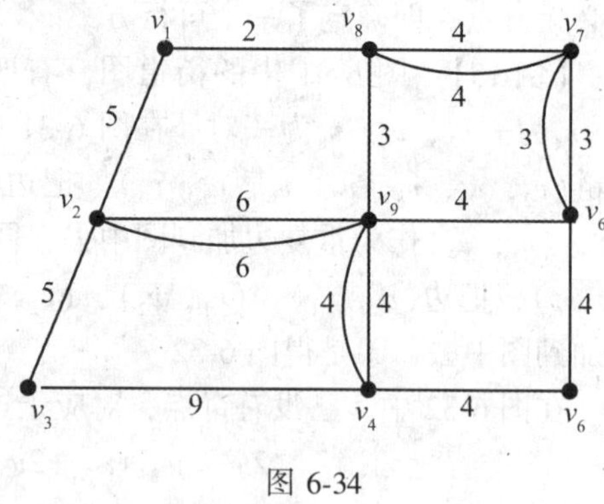

图 6-34

3. 判断最优方案的标准

综合上面的分析中可知，一个最优方案一定是满足(1)和(2)的可行方案，反之，可以证明若一个可行方案满足(1)和(2)，则这个可行方案一定是最优方案。由此，对给定的某个可行方案，只需检查它是否满足(1)、(2)两个条件即可。

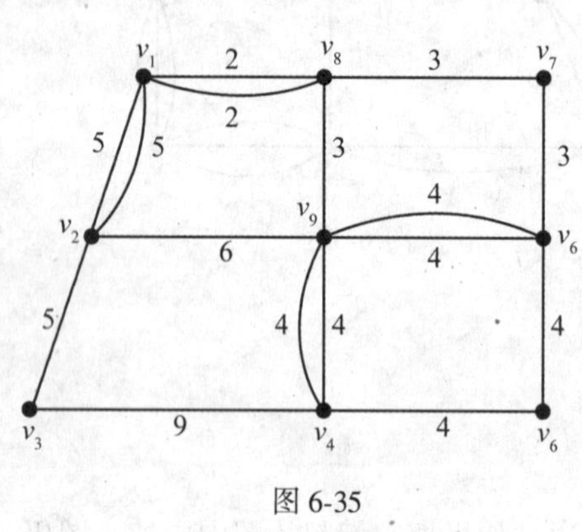

图 6-35

如图 6-34 中，圈(v_1，v_2，v_9，v_6，v_7，v_8，v_1)的总权为 24，其重复边总权为 13，显然不满足条件(2)，故需调整，调整后如图 6-35 所示。重复边总权下降到 15。

再检查图 6-35，条件(1)和(2)均得到满足。即得到最优方案，图 6-35 中的任一个欧拉圈就是邮递员的最优邮递路线。

以上讨论的寻求最优邮递路线的方法，通常称为奇偶点图上作业法。需要注意的是，该方法的困难在于它要检查图中所有的圈。当图中的点和边的数目较大时，圈的个数将会非常多。为此，要对算法进行改进，如 Edmonds 给出了一种改进算法，由于其算法涉及图的对集(matching)理论，在此就不介绍它了。

6.6　软件操作实践及案例建模分析

下面以案例为基础，分别介绍图的最小支撑树、最短路问题及最大流问题的软件求解方法。

6.6.1　最小支撑树的软件求解

【例 16】　求例 9 中图 6-15 的最小支撑(生成)树。

解：用“管理运筹学”2.0 软件求解。

打开“管理运筹学”2.0 主窗口，选择子模块“最小生成树”，点击“新建”按钮，输入“节点数、弧数”，点击“确定”按钮，输入每条弧的始点、终点及权数，如图 6-36 左下部分所示。再点击“解决”按钮，得到如图6-36所示的结果界面。可见与例9的求解结果相同。

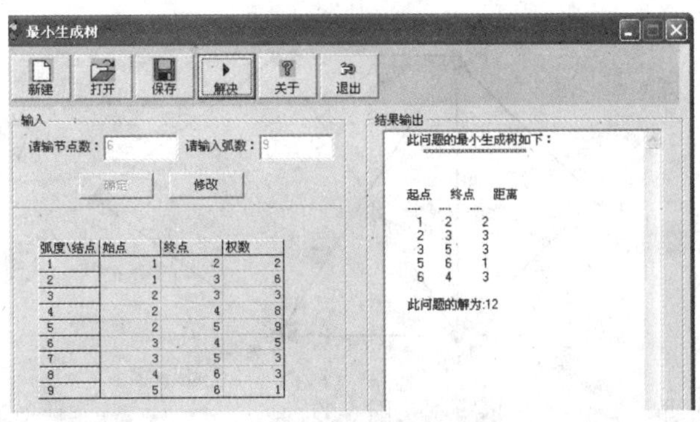

图6-36

一般情况下，不采用Excel、Lindo和Matlab软件求解最小支撑树。

6.6.2　最短路问题的软件求解

【例17】　求图6-37中从v_1到v_6的最短路。

解：用“管理运筹学”2.0软件求解。

打开“管理运筹学”2.0主窗口，选择子模块“最短路问题”，点击“新建”按钮，输入“节点数、弧数”，点击“确定”按钮，输入每条弧的始点、终点、权数及所需计算的始点和终点，再点击“解决”按钮，得到图6-38所示的结果界面，最短路为$v_1 \to v_2 \to v_3 \to v_5 \to v_6$，最短距离为9。

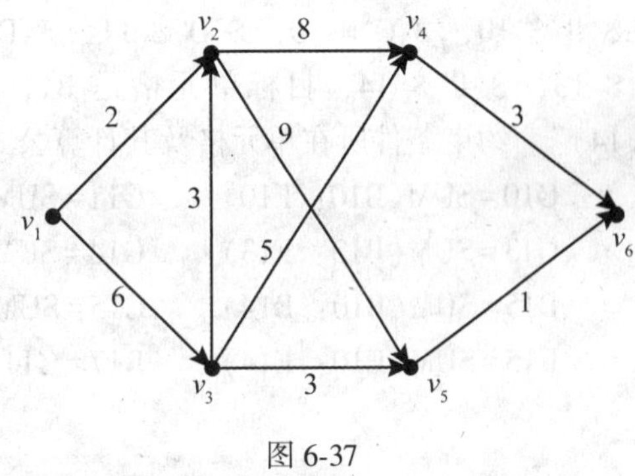

图6-37

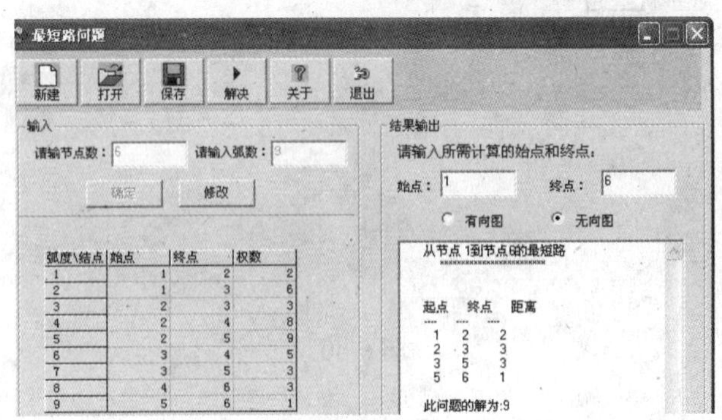

图6-38

【例 18】　求图 6-39 中从 v_1 到 v_6 的最短路。

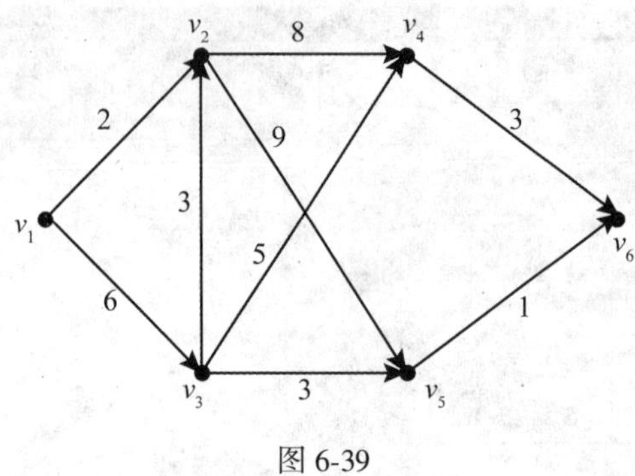

图 6-39

解：用 Excel 求解

Excel 没有提供采用 Dijkstra 算法求解最短路问题的工具，它是将其看做线性规划问题来处理的。具体过程如下：

在 Excel 中输入图 6-39 中对应的数据，如图 6-40 上半部分所示。其中可变单元格是 $ B $ 10，$ C $ 10，$ D $ 11，$ D $ 12，$ B $ 12，$ E $ 11，$ E $ 12，$ F $ 13，$ F $ 14，目标单元格是 B1，其计算公式为“=SUMPRODUCT(B3：F7，B10：F14)”。约束条件所在单元格及其计算公式分别为

G10=SUM(B10：F10)　　G11=SUM(B11：F11)　　G12=SUM(B12：F12)

G13=SUM(B13：F13)　　G14=SUM(B14：F14)

B15=SUM(B10：B14)　　C15=SUM(C10：C14)　　D15=SUM(D10：D14)

E15=SUM(E10：E14)　　B17=G11　　C17=G12　　D17=G13　　E17=G14

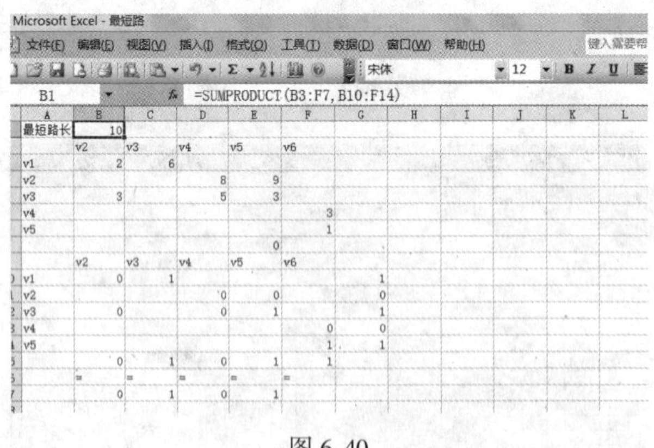

Microsoft Excel - 最短路

B1　=SUMPRODUCT(B3:F7,B10:F14)

A	B	C	D	E	F	G
最短路长	10					
	v2	v3	v4	v5	v6	
v1	2	6				
v2			8	9		
v3	3		5	3		
v4					3	
v5					1	
				0		
	v2	v3	v4	v5	v6	
v1	0	1				1
v2			0	0		0
v3	0		0	1		1
v4					0	0
v5					1	1
	0	1	0	1	1	
	=	=	=	=	=	
	0	1	0	1		

图 6-40

规划求解参数设置见图 6-41，在选项设置中选中“假设非负”和“采用线性模型”，结果如图 6-40 所示。最短路为 $v_1 \to v_3 \to v_5 \to v_6$，最短距离为 10。

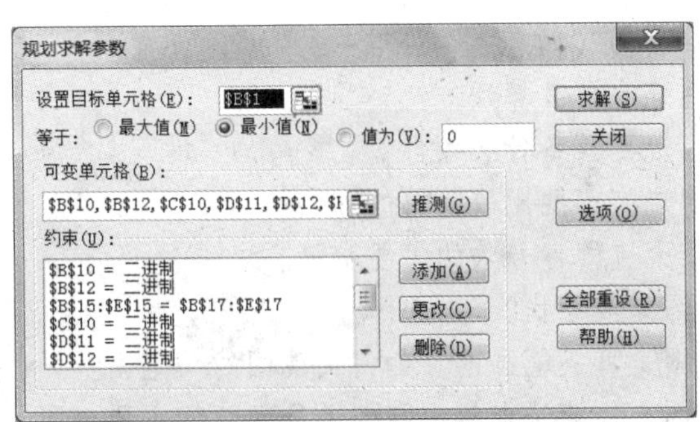

图 6-41

文献[12]中给出了 Matlab 中调用函数 minpath( )求解的方法，此处不再介绍。

6.6.3 最大流问题的软件求解

【例 19】 求图 6-42 中从 v_1 到 v_6 的最大流。

解： 用“管理运筹学”2.0 软件求解。

打开“管理运筹学”2.0 主窗口，选择子模块“最大流问题”，点击“新建”按钮，输入“节点数、弧数”，点击“确定”按钮，输入每条弧的始点、终点、权数及所需计算的始点和终点，再点击“解决”按钮，得到图 6-43 所示的结果界面，最大流为 20。

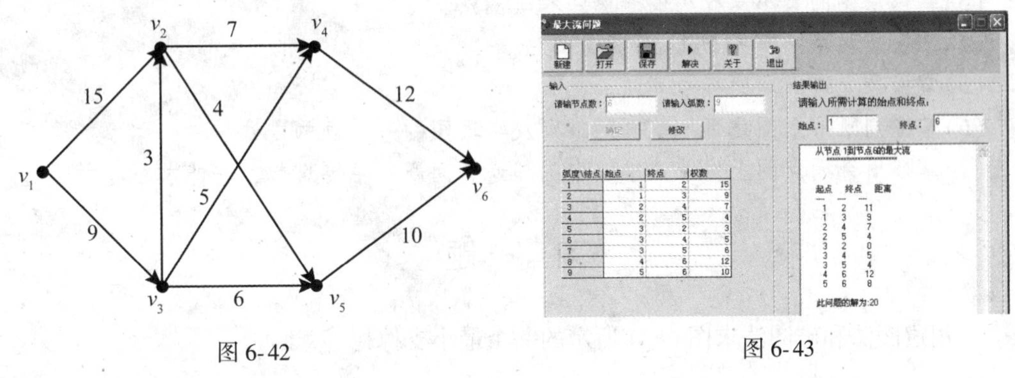

图 6-42　　　　图 6-43

Excel, Lindo, Matlab 求解最大流问题都是将其看做线性规划问题来处理的，此处不再赘述。文献[12]中给出了 Matlab 中调用最大流函数 maxflow( )求解的方法，此处不再介绍。

讨论、思考题

1. 无向图与有向图的各类矩阵如何构造，又有何不同？
2. 试描述 Dijkstra 算法的主要步骤。
3. 树有哪些好的性质？
4. 避圈法和破圈法求最小支撑树有什么区别？

5. 图都有最小支撑树吗？如有，是否唯一？

6. 查阅最短路问题还有什么算法？

7. 一个网络的可行流要具备什么条件？

8. 寻找网络的可行流有哪些比较简单的方法？

9. 试述求解网络最大流的标号法的主要步骤。

10. 欧拉链和欧拉图如何寻找？

11. 怎么判断一个图是可一笔画的？如何实现图的一笔画？

12. 简述用奇偶点图上作业法求解中国邮递员问题的主要步骤。

本章小结

本章通过事例说明了图论的起源，在介绍图的基本概念的基础上，主要讲述了图的性质及矩阵，树的概念及性质，最小支撑树的求解方法及应用，最短路问题的标号算法和最大流问题的标号算法。借助欧拉链和欧拉图的特点，讲述了判断一个图是可一笔画的准则及实现图的一笔画的方法，然后介绍了用奇偶点图上作业法求解中国邮递员问题的主要思想、步骤及实例。最后介绍了最小支撑树，最短路问题及最大流问题的软件求解方法。

本章学习要求如下：

(1) 掌握图的基本概念和性质。

(2) 理解树、最小支撑树、增广链、割集、最小割集、欧拉链和欧拉图的概念。

(3) 掌握求图的最小支撑树的避圈法和破圈法。

(4) 掌握最短路问题的 Dijkstra 标号算法。

(5) 掌握最大流问题的标号算法。

(6) 掌握判断一个图是可一笔画的准则及实现图的一笔画的方法。

(7) 掌握用奇偶点图上作业法求解中国邮递员问题的主要思想，并能求解此类问题。

习　　题

1. 用避圈法和破圈法求图 6-44 所示的一个最小支撑树。

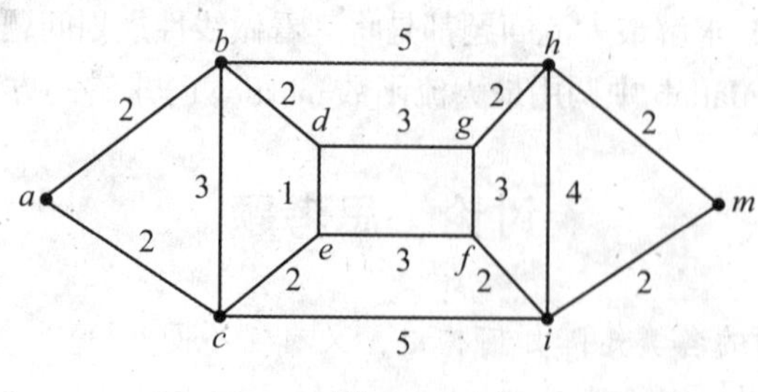

图 6-44

2. 求出图 6-45 中从 v_1 到 v_6，图 6-46 中从 v_1 到 v_7 的最短路。

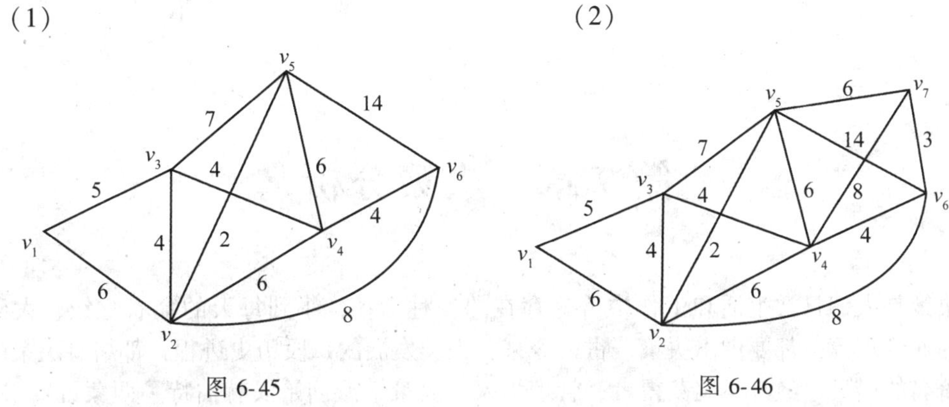

图 6-45　　图 6-46

3. 求图 6-47 和 6-48 所示网络的最大流。

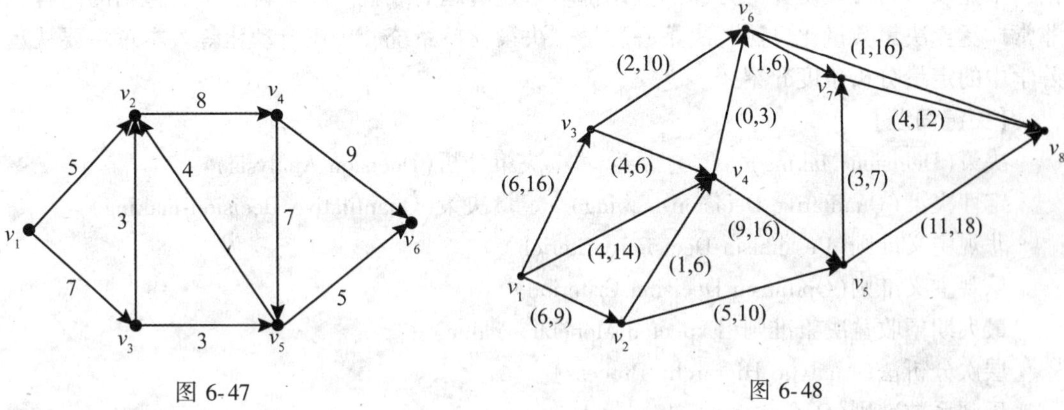

图 6-47　　图 6-48

4. 某城市建设了一个从湖中抽水到城市的蓄水池的管道系统如图 6-49 所示，线上标注的数字是单位时间允许通过两节点的流量。试求单位时间由湖到蓄水池的最大流量(单位：吨)。

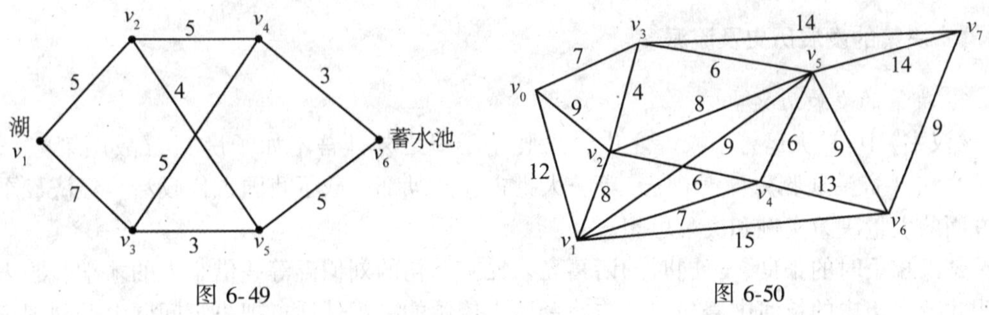

图 6-49　　图 6-50

5. 求解如图 6-50 所示的中国邮递员问题。

第 7 章　决策分析

决策是人们日常生活和工作中普遍存在的一种活动，小到每天的穿衣吃饭，大到择校、择业管理等，都要做出决策。古往今来，人类发展的每段历史进程，都烙有决策的痕迹。著名的诺贝尔经济学奖获得者、管理学家、决策学派创始人赫伯特·西蒙说："决策贯穿于管理的全过程，管理的核心就是决策。"中国社会科学院副院长于光远说："决策就是作决定。"棋界有句话："一着不慎，满盘皆输；一着占先，全盘皆活。"它喻示一个道理，无论做什么事情，成功与失败取决于决策的正确与否。

决策分析在经济及管理领域具有非常广泛的应用。在投资分析、产品开发、市场营销，工业项目可行性研究等方面的应用都取得过辉煌的成就。决策科学本身包括的内容也非常广泛：决策数量化方法、决策心理学、决策支持系统、决策自动化等。本章主要从运筹学中的定量分析角度介绍。

【关键词汇】

决策(Decision Making)　　决策分析(Decision Analysis)

定性决策(Qualitative Decision-making)　定量决策(Quantitative Decision-making)

悲观主义准则(Pessimism Decision Criterion)

乐观主义准则(Optimism Decision Criterion)

最大期望收益决策准则(Expected Monetary Value)

层次分析法(Analytic Hierarchy Process)

乐观系数准则(Optimistic Coefficient Decision Criterion)

7.1　决策分析的概论

7.1.1　决策的发展历史及流派

1. 决策的发展历史

《汉书》中："夫运筹于帷幄之中，决胜于千里之外，吾不如子房"、《战国策》、《孙子兵法》、《资治通鉴》、《三国志》等一大批古典文献都记载了我国古代政治、经济、军事等方面的大量决策实例和决策思想。

楚汉相争时的张良、三国时的诸葛亮、元末明初的刘伯温等凭借个人的才学、胆识与聪明才智在历史的长河中谱写了一曲曲令后人传颂的决策佳话。把决策问题上升到理论高度是西方现代管理理论对人类文明的贡献。

国外最早起源可以追溯到十八世纪经济学家和数学家伯努利，他在 1738 年就提出了效用和期望效用的概念。

现在决策理论开始于20世纪20年代，以Von Neumann和Morgenstern的效用理论为基础。

2. 决策理论的两大流派

(1)规范性决策理论：主要盛行于1950年代以前，由经济学家和决策分析者依据Von Neumann和Morgenstern的理性理论，强调规范性模型对决策者的指导性和把决策者非理性选择归于认识上的"偏差"。他们研究的重点是把决策模型规范化和程序化，告诉人们如何规范地做出决策。

(2)描述性决策理论(包括行为决策理论)：由心理学家和行为学家依据Von Neumann和Morgenstern的效用理论，对心理学和行为科学进行推广，强调决策者的有限理性和环境对效用的影响及承认效用，但不认同理性公理。他们研究的重点是决策过程和环境对人们决策的影响。

7.1.2　决策的定义

(1)《中国大百科全书·自动控制与系统工程》卷与《苏联大百科全书》对决策的定义。

①决策：为最优地达到目标，对若干个备选的行动方案进行的选择。

②决策是自由意志行动的必要元素……和实现自由意志行动的手段。自由意志行动要先有目的和行动的手段，在体力动作之前完成智力行动，要考虑完成或反对这次行动的理由等等。即决策是智力行动，是意志行动，因此决策与人的意志和主观愿望、价值判断有关。

(2)大英百科全书与哈佛管理丛书的定义。

①决策是社会科学中用来描述人类进行选择的过程的术语；

②决策是指考虑策略(或方法)来解决目前或未来问题的智力活动。

根据上面定义可以知道：决策是一种有目的的选择行动，它以人的主观价值判断为依据。

(3)一般情况下决策的定义。

决策分狭义和广义两个方面。狭义的决策是指对一些可供选择的方案作出抉择。广义的决策应包含四个程序：明确决策项目的预定目标、寻求可行的决策方案、对方案进行抉择、对所选方案实施后的总结评价。

一般来说，决策应包含以下几个方面的含义：

①决策必须要达到一定的目标，没有目标，就没有决策；

②决策最终是要付诸实施的，不付诸实施的决策是没有意义的；

③决策是在一定条件下寻找优化目标和达到目标的最优手段，不追求优化，决策是没有意义的；

④决策是要在诸多个有价值的方案中选择，若只有一个方案，就无从选择，更谈不上决策。

决策是多层次、多领域和多方面的，决策贯穿于生活、管理的全过程，一切生活、管理工作的核心就是决策。

研究决策就是研究决策者如何在不确定的条件下，在几个备选方案中选择最优方案？决策者对待风险的态度是乐观或保守？决策分析主要研究这几个问题。

7.1.3　决策问题的要素

【例 1】 某公司经过市场调查得知，其新产品在今后 3 年中在市场上的销售为：好、一般、差的概率分别为 0.4，0.5 和 0.1。为使其新产品投产，该公司有两种选择方案：第一种是投资 15 万元建一个新车间，在这个方案下，市场好、一般、差三种情况下的收益分别为 40 万、20 万和-10 万元；第二种方案是投资 5 万元扩建原来的车间，在这个方案下，市场好、一般、差三种情况下的收益分别为 20 万、10 万和 2 万元；则该公司领导人应选择哪一种方案收益最优？

(1)决策者：决策者是决策过程中的主体，可以是个人，也可以是组织团体或委员会。一般来说，他代表着某一方的利益。决策的正确与否受决策者所处的社会、政治、经济、文化等环境和个人心理素质的影响。正确的决策需要科学的决策程序，需要集体的智慧。例 1 中决策者当然是公司领导人。

(2)决策目标：即决策者希望达到的预定目标，可以是单目标，也可以是多目标。例 1 中目标是收益最优。

(3)方案、行动或策略：方案是为实现所定目标而采取的一系列手段或措施。方案可以是有限个，也可以是无限个。在实际生活中，选择方案时要考虑它的技术、经济等的可行性，一般都是有限的。例 1 中方案是新建车间和扩建车间。

(4)自然状态：自然状态是指决策者会遇到的不受决策者个人意志控制的决策环境，例 1 中自然状态是好、一般、差，决策时要进行预先估计。

(5)损益表：每一个可行方案在每一个自然状态下可能产生的后果，称为损益值，一般用损益表表示，其一般形式如表 7-1 所示。

表 7-1

	θ_1	θ_2	…	θ_n
	$P(\theta_1)$	$P(\theta_2)$	…	$P(\theta_n)$
S_1	a_{11}	a_{12}	…	a_{1n}
S_2	a_{21}	a_{22}	…	a_{2n}
⋮	⋮	⋮		⋮
S_m	a_{m1}	a_{m2}	…	a_{mn}

其中 $S_i(i=1,2,\cdots,m)$ 表示可供选择的方案；$\theta_i(i=1,2,\cdots,n)$ 表示自然状态；$P(\theta_i)(i=1,2,\cdots,n)$ 表示各个自然状态对应的概率(对于不确定型决策概率未知，表中就没有这部分)；$a_{ij}(i=1,2,\cdots,m;\ j=1,2,\cdots,n)$ 表示在自然状态 θ_j 下选择方案 S_i 的收益值。

例 1 中损益表如表 7-2 所示。

表 7-2

	好	一般	差
	0.4	0.5	0.1
投资新厂	40	20	-10
扩建旧厂	20	10	2

7.1.4 决策的分类

由于事物发展变化的复杂性，要分析、解决的问题也有多种类型，从不同的角度分析决策问题，可以得出不同的决策分类。

(1)按决策内容的重要程度和问题的层次可将其分为战略决策、策略(战术)决策和执行决策，或称为战略规划、管理控制和运行控制三个层次。

战略决策是关于企业的生存发展的有关全局性、长远性问题的重大决策。例如，新产品的开发方向、厂址的选择、办学的定位等。

策略决策也称为战术决策，是为了保证完成战略决策所规定的目标而进行的决策。例如，工艺的方案、厂区和车间内工艺路线的布局等。

执行决策是按照策略决策的要求对执行方案的选择。例如，产品合格标准的选择等。

(2)根据人们对自然状态规律的认识和掌握程度，决策问题通常可分为确定型决策、风险型决策以及不确定型决策三种。

如果决策者能完全确切地知道将发生怎样的自然状态，那么就可在既定的自然状态下选择最佳行动方案，这就是确定型决策问题，如资源的优化配置等。总之，用数学规划解决的问题都属于确定型决策问题。

如果决策者不但不能确定未来将出现哪一种自然状态，甚至对于各种自然状态出现的概率无法确定或一无所知，也没有任何统计数据可循，只能凭决策者的经验、主观意向，这类决策问题就是不确定型决策问题。

如果决策者不能准确给定一个决策问题在未来会出现哪种自然状态，但却对其出现的概率可以推算、已知的或估计出来，这种决策问题就称为风险型决策问题。

(3)按决策的问题结构可将其分为常规性决策和特殊性决策。

常规性(程序性)决策是一种有章可循的、例行的、可重复性的决策。这一类决策一般都不是新问题，都已经有经验，就比较容易。如去哪个超市买东西等。

特殊性决策是对特殊的、一般无章可循的新问题的决策。如开辟新市场、报考哪所大学、作战指挥决策等。因为它是新颖而无结构的，处理这类问题无固定答案，需要灵活处理。作这类决策的组织或个人只有严格按决策过程的四个步骤，才能作出满意的决策。

(4)按决策的目标数量可将其分为单目标决策和多目标决策。

单目标决策，指的是在判断某一决策方案的优劣时，只需考虑某个重要指标就可以确定的决策。

多目标决策，指的是在判断某一决策方案的优劣时，需要考虑多个指标才能加以确定的决策。

(5) 按决策过程的连续性可分为单项决策和序贯决策。

单项(一次性)决策是指整个决策过程只作一次决策就能得到结果。

序贯(多项)决策是指整个决策过程由一系列决策组成。

(6) 按决策的方法分类：定性决策和定量决策。

定性决策：凭个人经验、直觉所作出的决策(专家经验、启发式方法、心理学、社会学、行为科学)。

定量决策：当决策对象的有关指示可以量化时所采用的决策(采用数学方法)。例如，线性规划、整数规划等。

(7) 按决策者的数量分类：单人决策和群决策。

单人决策：指决策者就一个人的决策。

群决策：指决策者是两个及以上的决策。

7.1.5　决策的基本步骤

决策过程就是实施决策的步骤，一个科学决策包括以下四个步骤：

第一步：分析问题，从而找出制定决策的依据，即对信息的收集。

第二步：确定决策的目标。这是首要步骤。面对所要解决的问题，决策目标要明确、具体，符合客观实际，避免抽象、含糊。如果决策的目标不止一个，应分清主次，优先实现主要目标。

第三步：拟订多个可行方案。这是科学决策的基础。针对决策的目标和已具备的信息，就可以拟订各种可行方案，方案要有多样性和可行性，可行的方案是指技术上先进、经济上合理的方案。

第四步：方案的评价和选择。这是关键步骤。首先应该确定优化方法，并对具体的决策进行优化分析、排序及优化方案的灵敏度分析。

第五步：对已选择的方案及其实施进行可行性和效益性的评价。

下面以《三国演义》中空城计为例来介绍决策的步骤：

【例 2】　探马来报司马懿率兵来攻西城，已距西城只有五里之遥，而此时西城却兵力空虚，赵云已领兵先回西川，马谡、王平被派去街亭，只有一些老弱病残，怎么才能战胜司马懿的大兵?

诸葛亮的决策：

第一步：分析问题：决策所依据的情报很准确：对手司马懿大兵距西城只有五里，自己只有一些老弱病残的兵，司马懿生性多疑。

第二步：确定目标：取胜。

第三步：拟定行动方案：一是战，用这些老弱病残去跟司马懿的大兵斗，取胜的可能性几乎没有；二是不战，针对司马懿多疑的特点制造城中有埋伏的假象，兴许可以使其被蒙骗而不敢进城。

第四步：选择方案：选择的方法是哪一个方案取胜的概率更大，显然是方案二。

第五步：对选定的方案进行可行性和效益性评价：可行性很明显，大开城门、自己带上两个书童，穿起鹤氅，带上纶巾去到城头焚香操琴，这些都是可以做到的；效益性也很明显，不这样做必败无疑，这样做虽有可能败，但还有成功的希望，退一万步讲，败了也跟方案一一样的结果，而如果成功了则保证了全城父老乡亲的性命和整个城池，这是第一个方案不可能达到的。

7.1.6　决策的原则

决策是在各种准备实施的方案中选择，以期优化地达到目标的过程。一旦做出决策，就对未来的行动确定了目标、方向，并选择了一个能实现预期目标的最佳行动方案。所以，要做出科学的决策，就必须在充分了解研究对象及其所处的环境因素的基础上，制订各种可行的方案；分析这些方案在实施后可能产生的后果；通过系统分析、比较优化等环节得出一个最佳的行动方案。科学决策一般应遵循下面几条基本原则：

(1)信息准全原则。信息是决策的基础，信息的准、全是科学决策的必要条件。

(2)预测原则。决策总是根据一定的目的，制订、规划未来的行动方案，进而影响未来的活动。

(3)可行原则。决策应当建立在可以实现的基础上，不能脱离人力、物力、财力等现实条件，要使决策符合科学技术发展规律及经济规律。

(4)系统原则。在决策时，要从整体出发，统筹考虑，全面安排，既要考虑整体系统，又要考虑相关系统，使系统与环境相适应，处于最佳状态。

(5)选优原则。决策是从比较到决断的过程，它要经过系统的分析和综合，提出各种不同的备选方案之后，从中选取最佳的方案。

(6)集团决策原则。决策要依靠和利用专家团作为决策者的助手，系统地调查研究问题的历史及现状，积累数据，掌握资料，提出各种备选方案，并进行科学预测，通过分析、论证、对比、择优等多个环节，提出切实可行的备选方案，供决策者参考。

(7)反馈原则。决策并非都是一次成功，要利用反馈机制把实践中检验出来的不足之处和变化了的信息及时提供给决策者，以做出相应的调整。

7.2　不确定型决策

决策者面临的决策环境由一些自然状态组成，决策者可以采取若干决策方案，每一种决策方案在不同的自然状态下出现的结果是已知的，但决策者不能预先估计各种自然状态出现的概率。

不确定性决策问题应具备以下四个条件：

(1)具有决策者希望的一个明确的决策目标，如获得最大的收益或损失达到最小等；

(2)具有一种以上的不以决策者的意志为转移的自然状态，如明天天气晴、阴、下雨等；

(3)具有两个以上的可行方案，提供给相关的人员或组织进行比较和选择；

(4)不同决策方案在不同自然状态下的收益值或损失值可以推算出来。

这类决策缺乏对自然状态的了解，故决策者只能根据自己的偏好选取一种决策准则进行决策。下面结合实例给出一些常见的决策准则及其计算方法，决策者选取的准则不同，得到的最优方案可能也不同。

【例 3】　某企业准备对新产品生产批量作出决策。现有三种可供选择方案，未来市场对该产品的需求有四种可能的自然状态，收益矩阵见表 7-3。试问如何进行方案的决策？

表 7-3　　**新产品生产收益表**　　(单位：万元)

	销路特别好	销路较好	销路一般	销路较差
大批量	15	8	0	-6
中批量	4	14	8	3
小批量	1	4	10	12

这属于不确定型决策问题，下面介绍五种决策准则并以例 3 为例给出决策结果。

7.2.1　悲观主义准则(最大最小准则)

悲观主义准则也称为保守主义准则(瓦尔德准则)。当决策者面临的各个事件的发生概率不清楚时，在处理问题时就比较谨慎，总是抱悲观和保守态度，从各种最坏的情况出发，然后再选择一个最好的结果。

决策步骤是：

第一步：从每个方案对各个状态的结果中选一个最小收益值，放在表的最右列。

第二步：从这些最小收益值中选出最大收益值，放在表的最下面一行，对应的方案就是决策方案。

它的选择原则是小中取大，故也称为最大最小准则。

【例 4】　用悲观主义准则确定例 3 的最优方案。

解：第一步：从每个方案对各个状态的结果中选出一个最小收益值，放在表的最右列如表 7-4 所示。

表 7-4　　**悲观主义准则**

	销路特别好	销路较好	销路一般	销路较差	行中选最小
大批量	15	8	0	-6	-6
中批量	4	14	8	3	3
小批量	1	4	10	12	1

第二步：从这些最小损益值中选出最大收益值，放在表的最下面一行，如表 7-5 所示。

表 7-5 **悲观主义准则**

	销路特别好	销路较好	销路一般	销路较差	行中选最小
大批量	15	8	0	−6	−6
中批量	4	14	8	3	3
小批量	1	4	10	12	1
最小中取最大					3

根据悲观主义准则，中批量为所选最优方案，最大收益为 3 万元。

悲观主义准则的缺点是无法争取到最大的收益。主要用于创业的初期，经验不丰富，经不起损失或保守主义者采用。

若表中数据是损失值，则跟上面过程相反，即“大中取小”。先从每个方案对各个状态的结果中选出一个最大损失值，放在表的最右列，再从这些最大的损失值中选出最小损失值，放在表的最下面一行，对应的方案就是最优方案。

7.2.2 乐观主义准则(最大最大法则)

持乐观主义决策准则的决策者对待风险的态度与悲观主义者不同，当他面临情况不明的决策问题时，他总抱有乐观和冒险的态度，决不放弃任何一个可获得最好结果的机会，争取以大中取大的乐观态度来选择他的决策方案。

决策步骤是：

第一步：从每个方案对各个状态的结果中选出一个最大收益值，放在表的最右列。

第二步：从这些最大收益值中选出最大值，放在表的最下面一行，该最大值对应的方案就是决策所选定的方案。

它的选择原则是大中取大，故也称为最大最大准则。

【例 5】 用乐观主义准则确定例 3 的最优方案。

解：第一步：从每个方案对各个状态的结果中选出一个最大收益值，放在表的最右列，如表 7-6 所示。

表 7-6 **乐观主义准则**

	销路特别好	销路较好	销路一般	销路较差	行中选最大
大批量	15	8	0	−6	15
中批量	4	14	8	3	14
小批量	1	4	10	12	12

第二步：从最大收益值中选出最大值，放在表的最下面一行，如表 7-7 所示。

表 7-7　　　　　　　　　　**乐观主义准则**

	销路特别好	销路较好	销路一般	销路较差	行中选最大
大批量	15	8	0	-6	15
中批量	4	14	8	3	14
小批量	1	4	10	12	12
大中取大					15

根据乐观主义准则，大批量为所选最优方案，最大收益为 15 万元。

此决策准则适用于乐观、爱冒险的人，对收益很敏感，对损失却很迟钝。

若表中数据是损失值，则跟上面过程相反，即"小中取小"。先从每个方案对各个状态的结果中选出一个最小损失值，放在表的最右列，再从这些最小的损失值中选出最小损失值，放在表的最下面一行，对应的方案就是最优方案。

7.2.3　折中主义准则(乐观系数准则)

折中主义准则也称为赫维茨准则，这是介于悲观主义准则与乐观主义准则之间的一个决策准则。当用悲观主义准则或乐观主义准则来处理问题时，有的决策者认为这样太极端了。他的特点是对事物既不乐观冒险，也不悲观保守。于是提出把两种决策准则折中平衡，通过一个乐观系数 $\alpha(0\leqslant\alpha\leqslant1)$ 将悲观与乐观结果加权平均，以此来确定每个方案的收益值。

决策步骤是：

第一步：决策时，决策者根据个人愿望、经验和历史数据，先给出乐观系数 α，按下式计算每个方案的折中收益值，放在表的最右列。

折中收益值 $=\alpha\times$ 最大收益值 $+(1-\alpha)\times$ 最小收益值

第二步：从各方案的折中收益值中选择数值最大者，放在表的最下面一行，对应的方案就是决策方案。

【例 6】　用折中主义准则确定例 3 的最优方案。

解：第一步：决策时，决策者根据个人愿望、经验和历史数据，给出乐观系数 $\alpha=0.7$，按下式计算每个方案的折中收益值，放在表的最右列，如表 7-8 所示。

$$折中收益值 = 0.7\times 最大收益值 + 0.3\times 最小收益值$$

表 7-8　　　　　　　　　　**折中主义准则**

	销路特别好	销路较好	销路一般	销路较差	算折中收益值
大批量	15	8	0	-6	8.7
中批量	4	14	8	3	10.7
小批量	1	4	10	12	8.7

三个不同方案的折中收益值的计算如下：

大批量方案：0. 7×15+0. 3×(−6)= 8. 7

中批量方案：0. 7×14+0. 3×3 = 10. 7

小批量方案：0. 7×12+0. 3×1 = 8. 7

第二步：从各方案的折中收益值中选择数值最大者，放在表的最下面一行，如表 7-9 所示。

表 7-9　　**折中主义准则**

	销路特别好	销路较好	销路一般	销路较差	算折中收益值
大批量	15	8	0	−6	8. 7
中批量	4	14	8	3	10. 7
小批量	1	4	10	12	8. 7
再取最大值					10. 7

根据折中主义准则，中批量为所选最优方案，最大收益为 10. 7 万元。

由上面计算公式可知，当 $\alpha=0$ 时，是悲观主义准则；当 $\alpha=1$ 时，是乐观主义准则。因此，这两种方法都是折中主义准则的特例。需要注意，α 的选择是重要的，它体现出决策者的冒险程度，它的值不同，得到的最优方案可能也不同。

实际决策时，α 应如何确定呢？

当情况比较乐观时，α 应取的大一些，反之，应取的小一些。

7.2.4　等可能性准则(平均收益最大的原则)

等可能性准则是 19 世纪数学家 Laplace 提出的，故也叫做拉普拉斯准则。他认为：当一个人面临着某事件集合，在没有什么确切理由来说明这一事件比那一事件有更多发生机会时，只能认为各事件发生的机会是均等的，即每一事件发生的概率都是 1/事件数。若有足够的理由判定各个自然状态发生的概率是不相等的，则可以估计出概率的大小，就变成下节要讨论的风险性决策。

决策步骤是：

第一步：决策者计算各个方案的收益期望值(即把每行的数都加起来除以自然状态个数)，放在表的最右列。

第二步：在所有这些期望值中选择最大者，放在表的最下面一行，对应的方案为最优方案。

【例 7】　用等可能准则确定例 3 的最优方案。

解：第一步：决策者计算各个方案的收益期望值(即把每行的数都加起来除以自然状态个数)，放在表的最右列，如表 7-10 所示。

表 7-10　　等可能性准则

	销路特别好	销路较好	销路一般	销路较差	算期望收益
大批量	15	8	0	-6	4.25
中批量	4	14	8	3	7.25
小批量	1	4	10	12	6.75

三个不同方案的期望收益的计算如下：

大批量方案：$\frac{(15+8+0-6)}{4}=4.25$

中批量方案：$\frac{(4+14+8+3)}{4}=7.25$

小批量方案：$\frac{(1+4+10+12)}{4}=6.75$

第二步：在所有这些期望值中选择最大者，放在表的最下面一行，如表 7-11 所示。

表 7-11　　等可能性准则

	销路特别好	销路较好	销路一般	销路较差	算期望收益
大批量	15	8	0	-6	4.25
中批量	4	14	8	3	7.25
小批量	1	4	10	12	6.75
再取最大值					7.25

根据等可能性准则，中批量为所选最优方案。

7.2.5　最小后悔值准则

后悔值准则是由经济学家沙万奇提出来的，故也称为沙万奇准则。在决策过程中，当某一状态出现时，决策者必须首先选择使收益最大的方案。若决策者由于决策失误，没有选择使收益最大的方案，则会感到后悔。后悔值准则就是要尽量减少决策者的后悔。最大收益值与其他收益值之差就叫做后悔值或遗憾值。最小后悔值准则就是为达到后悔最小的目的而设计的一种决策方法。

决策步骤是：

第一步：从每个自然状态下选择最大收益值作为目标值，放在表的最下面一行。

第二步：每个自然状态中的目标值减去其他值，即得后悔值，每个方案的后悔值，构成后悔值矩阵。

第三步：在后悔值矩阵中对每一方案选出最大后悔值，放在表的最右列。

第四步：从这些最大后悔值中选出最小后悔值，放在最下面一行，对应的方案为选定的最优方案。

【例 8】 用最小后悔值准则确定例 3 的最优方案。

解：第一步：从每个自然状态下选择最大收益值作为目标值，放在表的最下面一行，如表 7-12 所示。

表 7-12 最小后悔值准则

	销路特别好	销路较好	销路一般	销路较差
大批量	15	8	0	−6
中批量	4	14	8	3
小批量	1	4	10	12
目标值	15	14	10	12

第二步：每个自然状态中的目标值减去其他值，即得后悔值，每个方案的后悔值，构成后悔值矩阵，如表 7-13 所示。

表 7-13 最小后悔值准则

	销路特别好	销路较好	销路一般	销路较差
大批量	0	6	10	18
中批量	11	0	2	9
小批量	14	10	0	0

第三步：在后悔值矩阵中对每一方案选出最大后悔值，放在表的最右列，如表 7-14 所示。

表 7-14 最小后悔值准则

	销路特别好	销路较好	销路一般	销路较差	最大后悔值
大批量	0	6	10	18	18
中批量	11	0	2	9	11
小批量	14	10	0	0	14

第四步：从这些最大后悔值中选出最小后悔值，放在最下面一行，如表 7-15 所示。

表 7-15　　　　　　　　　　　　**最小后悔值准则**

	销路特别好	销路较好	销路一般	销路较差	最大后悔值
大批量	0	6	10	18	18
中批量	11	0	2	9	11
小批量	14	10	0	0	14
选最小					11

根据最小后悔值准则，中批量为所选最优方案。

综上五种准则可知，不同的准则可能会导致不同的最优方案，采用哪个准则也没有统一的标准，主要根据决策者的风险偏好、经济情况等而定；决策者也可以把以上五种准则中被选方案频率高的方案作为最优方案。现实生活中，当决策者对不确定决策可以估计出每个自然状态的概率时，就将不确定决策转化成下面要讨论的风险性决策。

7.3　风险型决策

决策者在做决策时对客观情况不甚了解，但可能通过调查，根据过去的统计资料，凭借经验或主观估计获得各种自然状态发生的概率，这种条件下的决策就称为风险型决策，又叫统计型决策。

为何叫风险型决策？

因为利用了事件的概率和数学期望进行决策，而概率是指一个事件发生可能性的大小，但不一定必然要发生。所以，这种决策准则是要承担一定的风险。

风险型决策问题一般具备以下五个条件：

(1) 具有决策者希望的一个明确目标，如最大收益或最小损失。

(2)具有两个以上不以决策者的意志为转移的自然状态。

(3) 具有两个以上的决策方案可供决策者选择。

(4)不同决策方案在不同自然状态下的损益值可以计算出来。

(5)不同自然状态出现的概率(即可能性)决策者可以事先计算或者估计出来。

风险性决策是以概率或概率密度为基础，具有随机性的决策，因此也称为随机性决策。

风险性决策的常用方法有最大可能准则、期望值准则法和贝叶斯决策法，下面将分别进行介绍。

7.3.1　最大可能准则

由概率论的原理可知，当一个事件的概率越大，表明其发生的可能性就越大。

在风险性决策问题中，若某种状态的概率远远大于其他状态的概率，就可以忽略其他状态，而只考虑概率最大的这一状态。这相当于将风险性决策问题转换成确定型的决策问题，这就是最大可能准则。由于最大可能状态也是仅以一定的概率出现，所以按这一准则决策具有一定的风险。

注：当自然状态中某个状态的概率非常突出，比其他状态的概率大许多的时候，这种准则的决策效果是比较理想的。但是当自然状态发生的概率互相都很接近，且变化不明显时，再采用这种准则，效果就不理想了，甚至会产生严重错误。

最大可能准则的决策步骤：

第一步：从各自然状态的概率值中，选出最大者对应的状态，其余状态则不再考虑。

第二步：根据在最大可能状态下各方案的损益值(收益选最大者，损失选最小者)进行决策。

【例 9】 在例 3 中，若根据调查分析，估计销路特别好的可能性是 70%，销路较好的可能性是 15%，销路一般的可能性是 10%，销路较差的可能性是 5%，要求进行方案决策。

解：这属于风险型决策问题。利用最大可能准则，根据估计的四种状态的概率值大小，只需考虑发生概率最大的"销路特别好"的情况，从收益值最大的角度决策，如表7-16所示。

表 7-16 **最大可能准则**

	销路特别好	销路较好	销路一般	销路较差
	70%	15%	10%	5%
大批量	15	8	0	-6
中批量	4	14	8	3
小批量	1	4	10	12
选取概率最大状态下收益最大值	15			

据最大可能准则知，大批量为所选最优方案，最大收益为 15 万元。

7.3.2 期望值准则

期望值准则是将每个方案在各个自然状态下的损益值看成是离散型随机变量，其概率等于自然状态的概率，从而可以计算出每个方案的期望值，加以比较，选择收益期望最大(或损失期望最小)的可行方案作为最优方案。

期望值准则主要适用于程序性决策问题，而对于特殊性决策需要冒一定的风险。

这里所说的期望值就是概率论中离散随机变量的数学期望，即

$$E_j = \sum_{i=1}^{n} p_i a_{ji} (j = 1, 2, \cdots, m) \tag{7-1}$$

式中：

E_j——第 j 个方案的损益期望值；

a_{ji}——第 j 个方案在各个自然状态下的损益值；

p_i——各个自然状态发生的概率。

期望值准则法的决策过程可以在决策表上进行，也可以通过决策树表示法完成。

1. 决策表法

决策表法的步骤：

第一步：按各行计算各自然状态下的损益值与概率值乘积之和，得到期望值，放在表的最右列。

第二步：比较各行的期望值，根据期望值的大小和决策目标，选出最优者，放在表的最下面一列，对应的方案就是最优方案。

【例 10】 利用决策表法对例 9 进行决策。

解：第一步：按各行计算各自然状态下的损益值与概率值乘积之和，得到期望值，放在表的最右列，如表 7-17 所示。

表 7-17　**期望值准则**

	销路特别好	销路较好	销路一般	销路较差	期望值
	70%	15%	10%	5%	
大批量	15	8	0	-6	11.4
中批量	4	14	8	3	5.85
小批量	1	4	10	12	2.9

期望值的计算过程如下：

$$E_1=15\times70\%+8\times15\%+0\times10\%+(-6)\times5\%=11.4$$

$$E_2=4\times70\%+14\times15\%+8\times10\%+3\times5\%=5.85$$

$$E_3=1\times70\%+4\times15\%+10\times10\%+12\times5\%=2.9$$

第二步：比较各行的期望值，根据期望值的大小和决策目标，选出最优者，放在表的最下面一列，如表 7-18 所示。

表 7-18　**期望值准则**

	销路特别好	销路较好	销路一般	销路较差	期望值
	70%	15%	10%	5%	
大批量	15	8	0	-6	11.4
中批量	4	14	8	3	5.85
小批量	1	4	10	12	2.9
取最大					11.4

据期望准则知，大批量为所选最优方案。

2. 决策树法

在期望值决策中，除了可以用决策表来进行决策外，还可以用决策树来进行决策，不同的是决策树既可以解决单阶段的决策问题，还可以解决决策表无法表达的、多阶段序列决策问题。在管理上，这种方法多用于较复杂问题的决策。

决策树是借助于图与网络中的“树”来模拟决策，即把各种自然状态、各个行动方案用点和线连接成“树图”，再进行决策。这种方法的形态好似树形结构，故叫做决策树方法。决策树如图 7-1 所示。

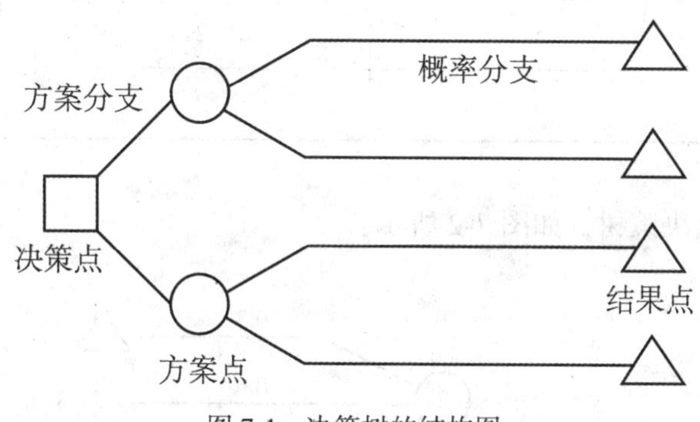

图 7-1 决策树的结构图

图中的方块表示决策点，从它引出的若干条线，代表若干个方案，称为方案分支；方案分支末端圆圈叫做方案点(自然状态点)，从它引出的线条代表不同的自然状态，叫做概率分支；概率的末端画个三角形，叫做结果点。

由图 7-1 可知，决策树不仅能表示出不同决策方案在不同自然状态下的结果，而且能显示出决策的过程，思路清晰、内容形象，便于决策者集体讨论，是辅助决策者进行决策的有用工具。但这种方法完全是由概率与数理统计的计算而得出决策的，在计算中应用了期望值的概念。如果选中了一条概率型的决策，在某次执行中由于事件的随机性，并不一定得到与计算相同的结果，只有在多次反复的执行中，才能得到这一平均值。因此，这种方法只是供决策者参考的依据之一。

应用决策树进行决策，是从右向左逐步进行的，需完成以下几个步骤的工作。

决策树方法的步骤：

第一步：画决策树。对某个风险型决策问题的未来可能情况和可能结果所作的预测，用树形图的形式反映出来。画决策树的过程是从左向右，再画方案分支、方案点和概率分支，最后把各自然状态的概率写在概率分支、损益值写在各概率分支的最右端。

第二步：根据右端结果点的损益值和概率枝的概率，计算各方案的期望值。由树梢开始自右向左用期望值法进行计算。

第三步：考虑到各方案所需的投资，比较不同方案的期望值，并做出决策。取期望值最大的分支，其他分支进行修剪。

如果是多阶段或多级决策，则需要重复第二步至第三步。

(1)决策树的单阶段决策。

下面以例 11 为例介绍单阶段决策问题。

【例 11】 利用决策树法对表 7-19 进行决策。

表 7-19

	好	一般	差
	0.3	0.6	0.1
S_1	7	3	−3
S_2	5	2	−1
S_3	3	2	1

解：第一步：画决策树，如图 7-2 所示：

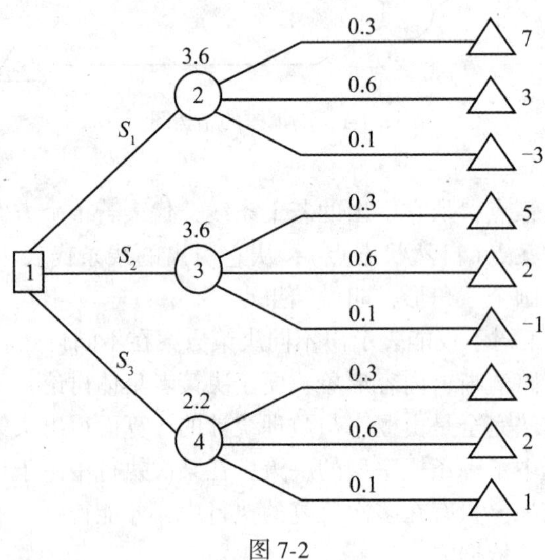

图 7-2

第二步：根据右端结果点的损益值和概率枝的概率，计算各方案的期望值，放在对应方案点的上面，见图 7-2。

下面是计算期望值的过程：

$$E_1 = 0.3\times7+0.6\times3+0.1\times(-3)=3.6$$

$$E_2 = 0.3\times5+0.6\times2+0.1\times(-1)=2.6$$

$$E_3 = 0.3\times3+0.6\times2+0.1\times1=2.2$$

第三步：考虑到各方案所需的投资，比较不同方案的期望值，并做出决策。

由上面结果可知 S_1 为最优方案。

(2)决策树的多阶段决策。

在现实生活中，有一类活动的过程，由于它的特殊性，可将过程分成若干个互相关联的阶段，在它的每一阶段都需要做出决策，从而使整个过程达到最好的活动效果。因此各个阶段决策的选取不能任意确定，它依赖于当前面临的状态，又影响以后的发展。当各个阶段决策确定后，就组成一个决策序列，因而也就确定了整个过程的一条活动路线。这种把一个问题看做是一个前后关联具有链状结构的多阶段过程就称为多阶段决策过程，这种问题称为多阶段决策最优化问题。

多阶段决策与单阶段决策在方法上基本一样，每个方案点都要计算期望值，每个决策节点都要进行方案的选择。

下面用一个两阶段决策问题的例子来说明决策树在多阶段决策中的应用。

【例 12】 某公司 *A* 计划来年为公司 *B* 的产品提供零部件。公司 *B* 对部件的需求量取决于当年产品的销售情况，可能是 2000 件或 3000 件，其概率分别为 0.4 和 0.6。*A* 公司有两套方案：一是利用现有设备生产，每一部件的成本为 0.6 万元；二是对现有设备改造提高工作效率，但需投资 110 万元，其成功的概为 0.65。如果成功，每一部件的成本降到 0.4 万元；如果失败，可以改用第一种方案，但要损失投资费。在签署合同的谈判过程中，公司 *A* 强调购买数量的不确定会给该厂造成损失，因此公司 *B* 同意在每一部件 1 万元的基础上，若公司 *A* 生产 3000 件而公司 *B* 购买 2000 件，则每一件补偿 0.1 万元；若公司 *A* 生产 2000 件而公司 *B* 欲购买 3000 件，则按 2000 件成交。试问公司 *A* 应如何选择方案：

①按哪一种方案生产这批部件？② 选择哪一种批量进行生产？

解：第一步：画决策树，如图 7-3 所示。

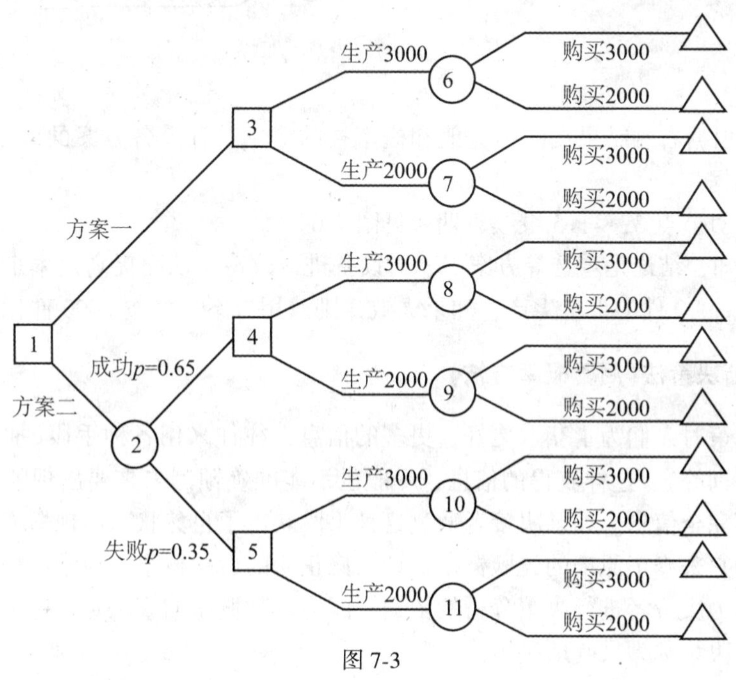

图 7-3

若公司在决策开始阶段采用第一种方案，则只有生产批量的选择；若采用第二种方案，则有两种不同的结果分枝，再要按不同的结果作出生产批量的选择。这是一个二级决策，根据分析画出决策树。

第二步：计算右端结果点的损益值，结果见图 7-4 最右端。

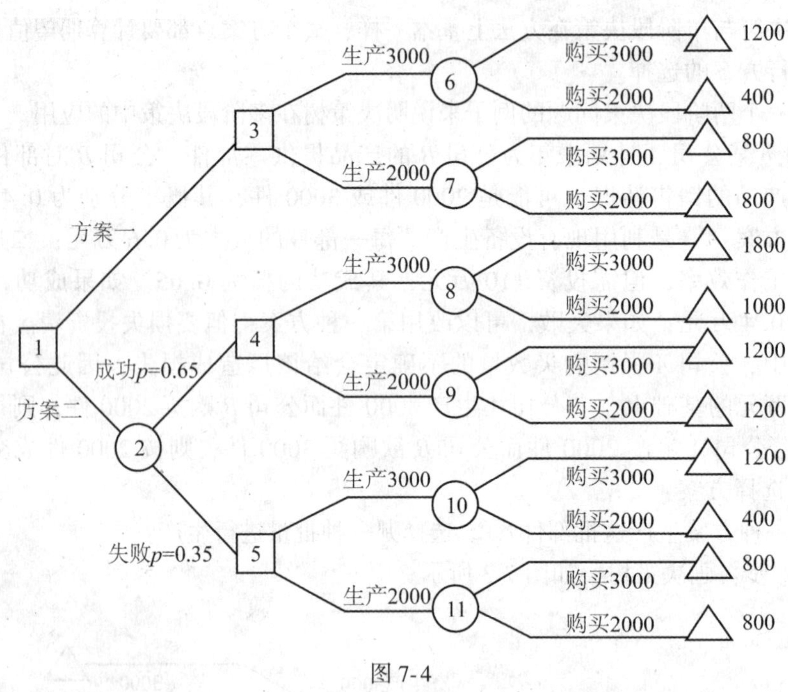

图 7-4

第三步：根据右端结果点的损益值和概率枝的概率，计算各方案的期望值，见图 7-5 方案点上面数据。

第四步：对节点 3，4，5 继续算期望见图 7-6。

由图 7-6 知，结论是：选择方案二，对设备进行改造，从而提高效率来组织生产；如果成功，则按 3000 件的批量生产，如果失败，则改用方案一，按 2000 件批量生产。

7.3.3　贝叶斯决策法(后验概率方法)

在具体决策时人们为了获取更好、更多的信息，往往采用各种手段(抽样调查、购买情报、专家咨询等)，这样获得的信息，一般也不能准确预测未来要出现的状态，所以这种信息称为不完全信息。如果决策者通过这种手段获得了自然状态出现概率的新信息作为补充信息，用它来修正原来的先验概率估计。修正后的后验概率，通常比先验概率更准确可靠，可以作为决策者进行决策分析的依据。因为这种概率的修正是通过贝叶斯定理来完成的，故这种决策称为贝叶斯决策法。

贝叶斯决策法的步骤：

第一步：先由过去的资料和经验得到各自然状态发生的先验概率。

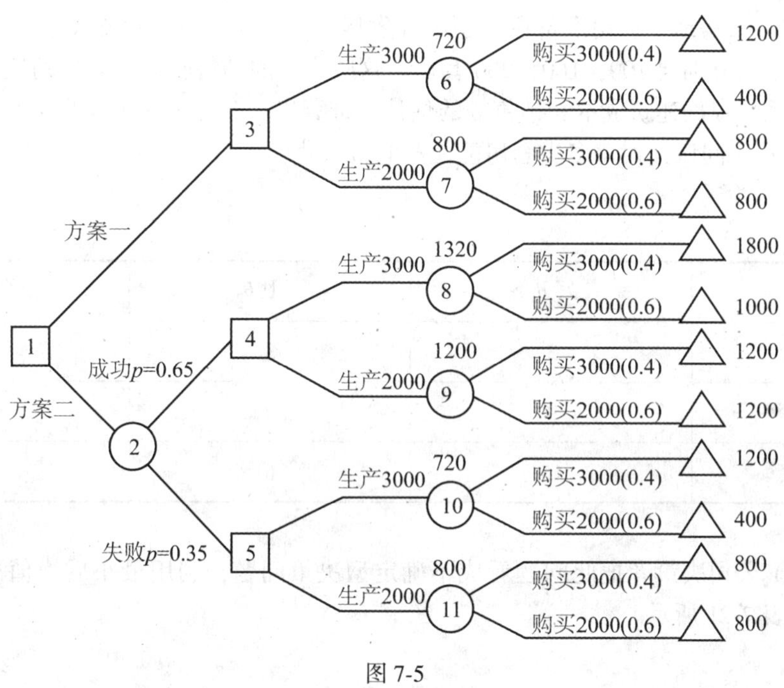

图 7-5

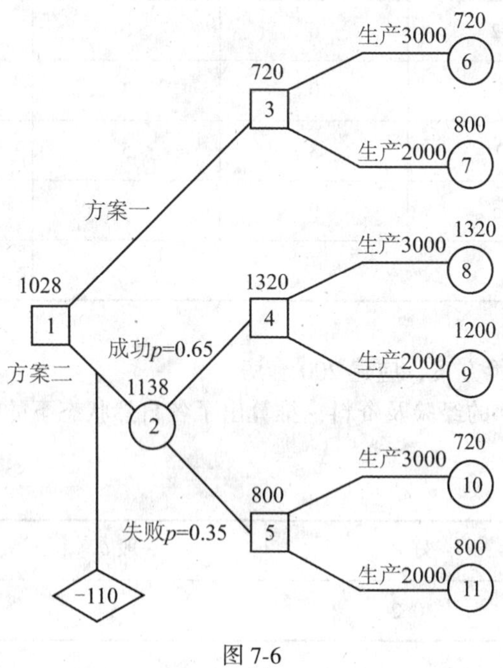

图 7-6

第二步：根据调查或实验算出条件概率，利用贝叶斯公式计算出各自然状态的后验概率。

第三步：利用后验概率代替先验概率进行决策分析。

【例 13】 某房地产公司准备在一小区开发房产。基于设计和资金等方面的因素，就设计三套方案：分别建 100，160，200 套房。这些房子的销售收益与当地的经济发展情况有直接的关系。根据建筑成本和销售额的估计，推算出三套方案在不同自然状态下的收益如表 7-20 所示。问该公司建多少套房能使利润最大化？

表 7-20　　万元

	好 θ_1	一般 θ_2	差 θ_3
100 套	3	3	3
160 套	9	9	0
200 套	15	6	−2

解：(1) 公司决策者把此问题看成不确定型决策问题，利用最小后悔值准则进行决策，过程如表 7-21 所示。

表 7-21　**最小后悔值准则**

	好	一般	差	最大后悔值
100 套	12	6	0	12
160 套	6	0	3	6
200 套	0	3	5	5
目标值	15	9	3	
最小后悔值				5

故方案 3 是最优决策方案，应建 200 套房。

(2)决策者根据以前的经验及资料，推算出了各自然状态下的概率，如表 7-22 所示。

表 7-22

自然状态	好 θ_1	一般 θ_2	差 θ_3
概 率	0.2	0.5	0.3

此情形下，该问题就可以看做风险型决策问题，可以依据期望值准则作出决策。过程如表 7-23 所示。

表 7-23　　　　**期望值准则**

	好	一般	差	期望值
	0.2	0.5	0.3	
100 套	3	3	3	3
160 套	9	9	0	6.3
200 套	15	6	−2	5.4
取最大				6.3

故方案 2 为最优方案，应建 160 套房。

(3)上面两种决策的结果不同，决策者为了获得更多的信息，从而使决策更好，决定委托咨询公司进行市场调查。在委托咨询公司调查之前，根据以前的市场调查结果表明，在各个自然状态下，该地区有利于或不利于开发房地产的条件概率如表 7-24 所示。

表 7-24

自然状态	好	一般	差
有利于开发 α_1	0.7	0.5	0.2
不利于开发 α_2	0.3	0.5	0.8

依据上面数据，利用贝叶斯决策法，在有利于开发的情况下，有

$$P(\alpha_1)=0.2\times0.7+0.5\times0.5+0.3\times0.2=0.45$$

$$P(\theta_1|\alpha_1)=\frac{0.2\times0.7}{0.45}=0.31$$

$$P(\theta_2|\alpha_1)=\frac{0.5\times0.5}{0.45}=0.56$$

$$P(\theta_3|\alpha_1)=\frac{0.3\times0.2}{0.45}=0.13$$

利用后验概率计算最大期望收益值得

$$E_1=0.31\times3+0.56\times3+0.13\times3=3$$

$$E_2=0.31\times9+0.56\times9+0.13\times0=7.83$$

$$E_3=0.31\times15+0.56\times6+0.13\times(-2)=7.75$$

则方案 2，即建 160 套房的期望收益最大。

在不利于开发的情况下，有

$$P(\alpha_1)=0.2\times0.3+0.5\times0.5+0.3\times0.8=0.55$$

$$P(\theta_1|\alpha_1)=\frac{0.2\times0.3}{0.55}=0.11$$

$$P(\theta_2|\alpha_1)=\frac{0.5\times0.5}{0.55}=0.45$$

$$P(\theta_3|\alpha_1)=\frac{0.3\times0.8}{0.55}=0.44$$

利用后验概率计算最大期望收益值得

$$E_1=0.11\times3+0.45\times3+0.44\times3=3$$

$$E_2=0.11\times9+0.45\times9+0.44\times0=5.04$$

$$E_3=0.11\times15+0.45\times6+0.44\times(-2)=3.47$$

则方案 2，即建 160 套房的期望收益最大。

所以，无论是处于有利于开发房地产还是不利于开发房地产，都应该选择建 160 套房。

结果表明，没有必要委托咨询公司进行市场调查。

7.4　层次分析法

层次分析法(简称 AHP)是一种定性与定量相结合的、系统化、层次化、对一些较为复杂、较为模糊的问题作出决策的简易分析方法，它特别适用于那些难于完全定量分析的问题。它是美国匹兹堡大学教授、运筹学家萨蒂(T. L. Saaty) 教授于 20 世纪 70 年代初期提出的一种简便、灵活而又实用的多准则决策方法。目前这一方法广泛地应用在工程技术、系统分析、经济管理、城市规划和社会分析中。

人们在进行社会的、经济的以及科学管理领域问题的系统分析中，面临的常常是一个由相互关联、相互制约的众多因素构成的复杂而往往缺少定量数据的系统。层次分析法为这类问题的决策和排序提供了一种新的、简洁而实用的建模方法。

运用层次分析法建模，大体上可按下面四个步骤进行：

第一步：建立递阶层次结构模型。

第二步：构造出各层次中的所有判断矩阵。

第三步：层次单排序及一致性检验。

第四步：层次总排序及一致性检验。

具体流程如图 7-7 所示。

下面通过一个实例分别说明这四个步骤的实现过程。

第一步：递阶层次结构的建立。

应用 AHP 分析决策问题时，首先要把问题条理化、层次化，构造出一个有层次的结构模型。在这个模型下，复杂问题被分解为元素的组成部分。这些元素又按其属性及关系形成若干层次。上一层次的元素作为准则对下一层次有关元素起支配作用。这些层次可以分为三类：

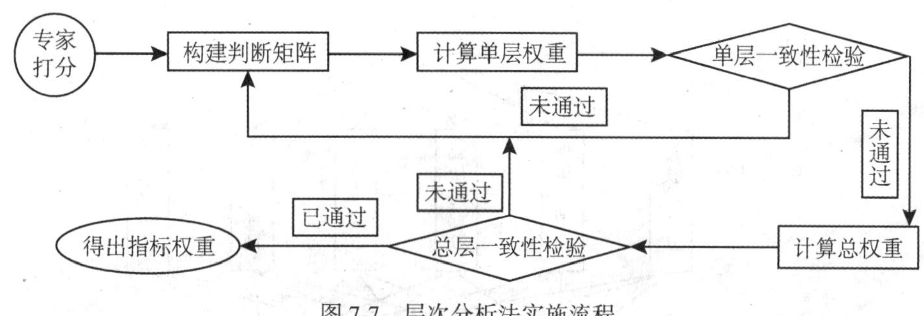

图 7-7　层次分析法实施流程

(1)最高层：这一层次中只有一个元素，一般它是分析问题的预定目标或理想结果，因此也称为目标层。

(2)中间层：这一层次中包含了为实现目标所涉及的中间环节，它可以由若干个层次组成，包括所需考虑的准则、子准则，因此也称为准则层。

(3)最底层：这一层次包括了为实现目标可供选择的各种措施、决策方案等，因此也称为措施层或方案层。

递阶层次结构中的层次数与问题的复杂程度及需要分析的详尽程度有关，一般地层次数不受限制。每一层次中各元素所支配的元素一般不要超过 9 个。这是因为支配的元素过多会给两两比较判断带来困难。

下面结合一个实例来说明递阶层次结构的建立。

【例 14】　大学毕业生就业选择问题

某毕业生正面临选择一个工作岗位，有 3 个岗位(自主创业、教育和公关)可供其选择，试确定一个最佳岗位。

将复杂的问题层次化，通过调查，明确工作岗位选择各要素之间的相互关系，建立一个有目标层、准则层和方案层组成的递阶层次模型。第一层是选择满意的工作岗位，即目标层(最高层)。第二层(即准则层)包括自我价值、地理位置、物质待遇、社会保障、个人兴趣、发展空间六个因素，这些是衡量目标能否实现的判断标准。第三层是方案层，即所选的工作岗位：自主创业、教育和公关。整个体系如图 7-8 所示：

第二步：构造各层次中的判断矩阵。

(1)构造判断矩阵。

层次分析法的基础就是判断矩阵。通过比较同一层次各要素间的相对重要性建立判断矩阵。按照层次分析法的要求，判断矩阵是通过两两比较下层元素对上层元素的相对重要性，并把比较的结果用数值表示出来得到的。

设现在要比较 n 个因子 $X=\{x_1, \cdots, x_n\}$ 对某因素 Z 的影响大小，怎样比较才能提供可信的数据呢？T. L. Saaty 等人建议可以采取对因子进行两两比较建立成对比较矩阵的办法。即每次取两个因子 x_i 和 x_j，以 a_{ij}表示 x_i 和 x_j 对 Z 的影响大小之比，全部比较结果用矩阵 $A=(a_{ij})_{n\times n}$表示，称 A 为 Z-X 之间的成对比较判断矩阵(简称判断矩阵)。容易看出，

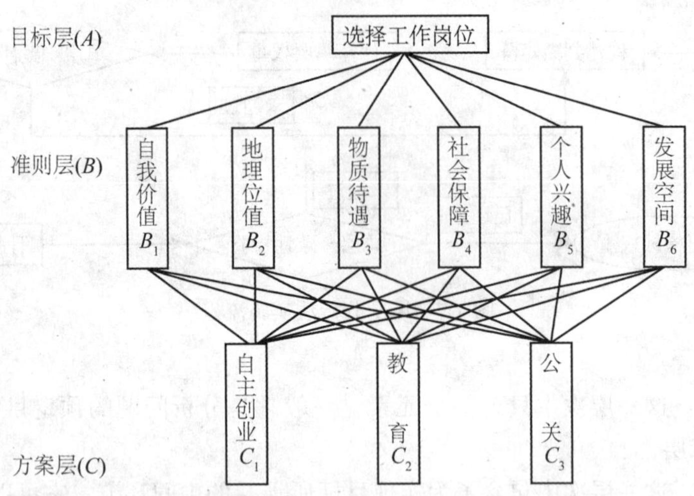

图 7-8　岗位选择的递阶层次结构

若 x_i 与 x_j 对 Z 的影响之比为 a_{ij}，则 x_j 与 x_i 对 Z 的影响之比应为 $a_{ji}=\frac{1}{a_{ij}}$。

定义 1 若矩阵 $A=(a_{ij})_{n\times n}$ 满足

$$①\ a_{ij}>0，②\ a_{ji}=\frac{1}{a_{ij}}(i，j=1，2，\cdots，n)$$

则称之为正互反矩阵(易见 $a_{ii}=1，i=1，\cdots，n$)。

关于如何确定 a_{ij} 的值，T. L. Saaty 等建议引用数字 1~9 及其倒数作为标度。表 7-25 列出了 1~9 标度的含义。

表 7-25

标度	含　义
1	表示两个因素相比，具有相同重要性
3	表示两个因素相比，前者比后者稍重要
5	表示两个因素相比，前者比后者明显重要
7	表示两个因素相比，前者比后者强烈重要
9	表示两个因素相比，前者比后者极端重要
2，4，6，8	表示上述相邻判断的中间值
倒数	若因素 i 与因素 j 的重要性之比为 a_{ij}，那么因素 j 与因素 i 重要性之比为 $a_{ji}=1/a_{ij}$。

从心理学观点来看，分级太多会超越人们的判断能力，既增加了作判断的难度，又容易因此而提供虚假数据。T. L. Saaty 等人还用实验方法比较了在各种不同标度下人们判断结果的正确性，实验结果也表明，采用 1~9 标度最为合适。

最后，应该指出，一般地作$\frac{n(n-1)}{2}$次两两判断是必要的。有人认为把所有元素都和某个元素比较，即只作 $n-1$ 个比较就可以了。这种作法的弊病在于，任何一个判断的失误均可导致不合理的排序，而个别判断的失误对于难以定量的系统往往是难以避免的。进行$\frac{n(n-1)}{2}$次比较可以提供更多的信息，通过各种不同角度的反复比较，从而导出一个合理的排序。

在这里的实际操作中，指标之间的两两比较，一般通过调查访问法、专家咨询法等进行，对择业者选择工作岗位的六个因素进行比较，并采用 T. L. Saaty 提出的 1~9 标度法进行重要性评分。得到了一个准则层对目标层的判断矩阵 A：

$$A=\begin{bmatrix} 1 & 5 & 3 & 3 & 2 & 5 \\ 1/5 & 1 & 1/4 & 1/3 & 1/2 & 1/5 \\ 1/3 & 4 & 1 & 3 & 4 & 2 \\ 1/3 & 3 & 1/3 & 1 & 2 & 1 \\ 1/2 & 2 & 1/4 & 1/2 & 1 & 1/2 \\ 1/5 & 5 & 1/2 & 1 & 2 & 1 \end{bmatrix}$$

第三步：层次单排序及一致性检验。

判断矩阵 A 对应于最大特征值 λ_{max} 的特征向量 W，经归一化后即为同一层次相应因素对于上一层次某因素相对重要性的排序权值，这一过程称为层次单排序。

上述构造成对比较判断矩阵的办法虽能减少其他因素的干扰，较客观地反映出一对因子影响力的差别。但综合全部比较结果时，其中难免包含一定程度的非一致性。如果比较结果是前后完全一致的，则矩阵 A 的元素还应当满足：

$$a_{ij}a_{jk}=a_{ik}, \quad \forall i, j, k=1, 2, \cdots, n \tag{7-2}$$

定义 2　满足关系式(1)的正互反矩阵称为一致矩阵。

需要检验构造出来的(正互反)判断矩阵 A 是否严重地非一致，以便确定是否接受 A。

定理 1　正互反矩阵 A 的最大特征根 λ_{max} 必为正实数，其对应特征向量的所有分量均为正实数。A 的其余特征值的模均严格小于 λ_{max}。

定理 2　若 A 为一致矩阵，则

① A 必为正互反矩阵。

② A 的转置矩阵 A^T 也是一致矩阵。

③ A 的任意两行成比例，比例因子大于零，从而 rank(A)= 1(同样，A 的任意两列也成比例)。

④ A 的最大特征值 $\lambda_{max}=n$，其中 n 为矩阵 A 的阶。A 的其余特征根均为零。

⑤ 若 A 的最大特征值 λ_{max} 对应的特征向量为 $W=(w_1, \cdots, w_n)^T$，则 $a_{ij}=\frac{w_i}{w_j}$，$\forall i, j=1, 2, \cdots, n$，即

$$A=\begin{bmatrix} \frac{w_1}{w_1} & \frac{w_1}{w_2} & \cdots & \frac{w_1}{w_n} \\ \frac{w_2}{w_1} & \frac{w_2}{w_2} & \cdots & \frac{w_2}{w_n} \\ \vdots & \vdots & & \vdots \\ \frac{w_n}{w_1} & \frac{w_n}{w_2} & \cdots & \frac{w_n}{w_n} \end{bmatrix}$$

定理 3　n 阶正互反矩阵 A 为一致矩阵当且仅当其最大特征根 $\lambda_{max}=n$，且当正互反矩阵 A 非一致时，必有 $\lambda_{max}>n$。

根据定理 3，我们可以由 λ_{max} 是否等于 n 来检验判断矩阵 A 是否为一致矩阵。由于特征根连续地依赖于 a_{ij}，故 λ_{max} 比 n 大得越多，A 的非一致性程度也就越严重，λ_{max} 对应的标准化特征向量也就越不能真实地反映出 $X=\{x_1, \cdots, x_n\}$ 在对因素 Z 的影响中所占的比重。因此，对决策者提供的判断矩阵有必要作一次一致性检验，以决定是否能接受它。

对判断矩阵的一致性检验的步骤如下：

①计算一致性指标 CI。

$$\mathrm{CI}=\frac{\lambda_{max}-n}{n-1}$$

②查找相应的平均随机一致性指标 RI。对 $n=1, \cdots, 9$，T. L. Saaty 给出了 RI 的值，如表 7-26 所示。

表 7-26

n	1	2	3	4	5	6	7	8	9
RI	0	0	0.58	0.90	1.12	1.24	1.32	1.41	1.45

RI 的值是这样得到的，用随机方法构造 500 个样本矩阵：随机地从 1~9 及其倒数中抽取数字构造正互反矩阵，求得最大特征根的平均值 λ'_{max}，并定义：

$$\mathrm{RI}=\frac{\lambda'_{max}-n}{n-1}。$$

③计算一致性比例 CR。

$$\mathrm{CR}=\frac{\mathrm{CI}}{\mathrm{RI}}$$

当 $\mathrm{CR}<0.10$ 时，认为判断矩阵的一致性是可以接受的，否则应对判断矩阵作适当修正。

根据判断矩阵 A 利用 Matlab 很容易可得到最大特征值 $\lambda_{max}=6.4344$，归一化向量 $W=(0.3719, 0.0461, 0.2352, 0.1221, 0.0895, 0.1353)^T$。

在上述模型中，$n=6$，按上述原理计算 $\mathrm{CI}=0.0869$，查表 $\mathrm{RI}=1.24$，$\mathrm{CR}=\frac{\mathrm{CI}}{\mathrm{RI}}=0.0701$

<0.10，表明所建立的判断矩阵 A 合理，求出的权重系数恰当，即判断矩阵通过一致性检验。

第四步：层次总排序及一致性检验。

上面我们得到的是一组元素对其上一层中某元素的权重向量。我们最终要得到各元素，特别是最低层中各方案对于目标的排序权重，从而进行方案选择。总排序权重要自上而下地将单准则下的权重进行合成。

设上一层次（A 层）包含 A_1，…，A_m 共 m 个因素，它们的层次总排序权重分别为 a_1，…，a_m。又设其后的下一层次（B 层）包含 n 个因素 B_1，…，B_n，它们关于 A_j 的层次单排序权重分别为 b_{1j}，…，b_{nj}（当 B_i 与 A_j 无关联时，$b_{ij}=0$）。现求 B 层中各因素关于总目标的权重，即求 B 层各因素的层次总排序权重 b_1，…，b_n，计算公式是 $b_i=\sum_{j=1}^{m} b_{ij}a_j$，$i=1$，…，$n$。

对层次总排序也需作一致性检验，检验仍像层次总排序那样由高层到低层逐层进行。这是因为虽然各层次均已经过层次单排序的一致性检验，各成对比较判断矩阵都已具有较为满意的一致性。但当综合考察时，各层次的非一致性仍有可能积累起来，引起最终分析结果较严重的非一致性。

设 B 层中与 A_j 相关的因素的成对比较判断矩阵在单排序中经一致性检验，求得单排序一致性指标为 $\mathrm{CI}(j)$，$(j=1，…，m)$，相应的平均随机一致性指标为 $\mathrm{RI}(j)$（$\mathrm{CI}(j)$、$\mathrm{RI}(j)$ 已在层次单排序时求得），则 B 层总排序随机一致性比例为

$$\mathrm{CR}=\frac{\sum_{j=1}^{m}\mathrm{CI}(j)a_j}{\sum_{j=1}^{m}\mathrm{RI}(j)a_j}$$

当 CR<0.10 时，认为层次总排序结果具有较满意的一致性并接受该分析结果。

结合本文模型有：上一步中已经得到了第二层（准则层）对第一层（目标层）的权向量，记为 $W^{(2)}=\left(\omega_1^{(2)},\ \omega_2^{(2)},\ \cdots,\ \omega_n^{(2)}\right)$，即判断矩阵 A 算出的 W。用同样的方法构造第三层对第二层的每一个准则的成对比较阵：

$$B_1=\begin{pmatrix}1 & 2 & 5\\ 1/2 & 1 & 2\\ 1/5 & 1/2 & 1\end{pmatrix}\qquad B_2=\begin{pmatrix}1 & 1/3 & 1/8\\ 3 & 1 & 1/3\\ 8 & 3 & 1\end{pmatrix}\qquad B_3=\begin{pmatrix}1 & 1 & 3\\ 1 & 1 & 3\\ 1/3 & 1/3 & 1\end{pmatrix}$$

$$B_4=\begin{pmatrix}1 & 3 & 4\\ 1/3 & 1 & 1\\ 1/4 & 1 & 1\end{pmatrix}\qquad B_5=\begin{pmatrix}1 & 1 & 1/4\\ 1 & 1 & 1/4\\ 4 & 4 & 1\end{pmatrix}\qquad B_6=\begin{pmatrix}1 & 1 & 1/3\\ 1 & 1 & 1/5\\ 3 & 5 & 1\end{pmatrix}$$

这里矩阵 $B_k(k=1，2，…，6)$ 中的元素 b_{ij} 是方案层 C_i 与 C_j 对于准则层 B_k 的优越性的比例尺度。由 B_k 计算出权向量 $\omega_k^{(3)}$，最大特征根 λ_k 和一致性指标 CI_k，结果见表 7-27。

表 7-27　　岗位选择问题第三层的计算结果

k	1	2	3	4	5	6
$\omega_k^{(3)}$	0.5949 0.2766 0.1285	0.0820 0.2364 0.6816	0.4286 0.4286 0.1429	0.6327 0.1924 0.1749	0.1667 0.1667 0.6667	0.1867 0.1578 0.6555
λ_k	3.0055	3.0015	3.0000	3.0092	3.0000	3.0291
CI_k	0.0028	0.0008	0	0.0046	0	0.0146

由于 RI = 0.58（表 7-26），计算知上面的 CI_k 均通过一致性检验。现在就是根据由准则层对目标层的权向量 $W^{(2)}$ 和方案层对准则层的权向量 $W_k^{(3)}$ 计算方案层对目标层的权向量，即层次总排序。得 C_1 在目标层中的权重，即

$$0.5949\times0.3719+0.0820\times0.0461+0.4286\times0.2352+0.6327\times0.1221+0.1667\times0.0895+0.1867\times0.1353=0.4433$$

同理可得 C_2，C_3 在目标层中的组合权重分别为 0.2743，0.2825，结果表明自主创业是首选。由此可见这位择业者还是有雄心的。

7.5　决策分析的应用举例

【例 15】 某大型超市计划贷款修建一个仓库，初步给出了三个建仓库的方案：修建大仓库、修建中仓库、修建小仓库。由于对货物量的多少不能确定，对不同规模的仓库，其获利情况、支付贷款利息及费用的情况都不同。经初步推算，得到每个方案在每种不同的货物量下的损益值，如表 7-28 所示。试问如何进行方案的决策？

表 7-28　　万元

	货物量大	货物量中	货物量少
建大仓库	80	45	30
建中仓库	55	75	45
建小仓库	35	55	65

解：（1）悲观主义准则如表 7-29 所示。

表 7-29　　悲观主义准则

	货物量大	货物量中	货物量少	最小值
建大仓库	80	45	30	30
建中仓库	55	75	45	45
建小仓库	35	55	65	35
取最大值				45

决策结果是建中仓库。

(2) 乐观主义准则如表 7-30 所示。

表 7-30　**乐观主义准则**

	货物量大	货物量中	货物量少	最大值
建大仓库	80	45	30	80
建中仓库	55	75	45	75
建小仓库	35	55	65	65
取最大值				80

决策结果是建大仓库。

(3)折中主义准则，取乐观系数 $\alpha=0.8$，如表 7-31 所示。

表 7-31　**折中主义准则**

	货物量大	货物量中	货物量少	折中值
建大仓库	80	45	30	70
建中仓库	55	75	45	69
建小仓库	35	55	65	59
取最大值				70

决策结果是建大仓库。

(4)等可能性准则，如表 7-32 所示。

表 7-32　**等可能性准则**

	货物量大	货物量中	货物量少	期望值
建大仓库	80	45	30	51.67
建中仓库	55	75	45	58.33
建小仓库	35	55	65	51.67
取最大值				58.33

决策结果是建中仓库。

(5)最小后悔值准则，如表 7-33 所示。

表 7-33　　**最小后悔值准则**

	货物量大	货物量中	货物量少	最大后悔值
建大仓库	0	30	35	35
建中仓库	25	0	20	25
建小仓库	45	20	0	45
目标值	80	75	65	
最小后悔值				25

决策结果是建中仓库。

【例 16】 某公司 A 计划为公司 B 承包新产品的研制与开发任务，但得到合同必须要参加投标。已知投标的准备费用 5 万元，中标的概率是 0.4，如果不中标，准备费就全部损失。如果中标，可采用两种方法研制开发：方法 1 成功的可能性为 0.7，费用为 25 万元；方法 2 成功的可能性为 0.6，费用为 20 万元。如果研制开发成功，该开发公司可得 70 万元。如果合同中标，但未研制开发成功，则开发公司须赔偿 20 万元。问题是要决策：① 是否要参加投标？② 若中标了，采用哪一种方法研制开发？

解： 第一步：画决策树，如图 7-9 所示。

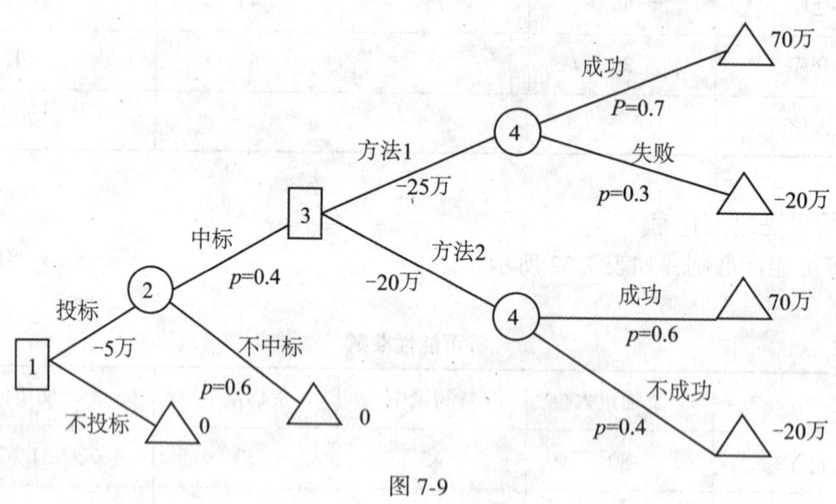

图 7-9

第二步：计算每个自然状态的期望收益，结果见图 7-10 的节点 4，5 上数字。

第三步：对方法 1、方法 2 进行比较，剪枝。

方法 1 的期望收益是 43-25=18 万元；方法 2 的期望收益是 34-20=14 万元。显然应剪掉方法 2 分支。并将 18 万元放在节点 3 上面。然后算节点 2 的期望，节点 1 上数字等于 7. 2-5=2. 2 万，同样放在节点上，见图 7-10。

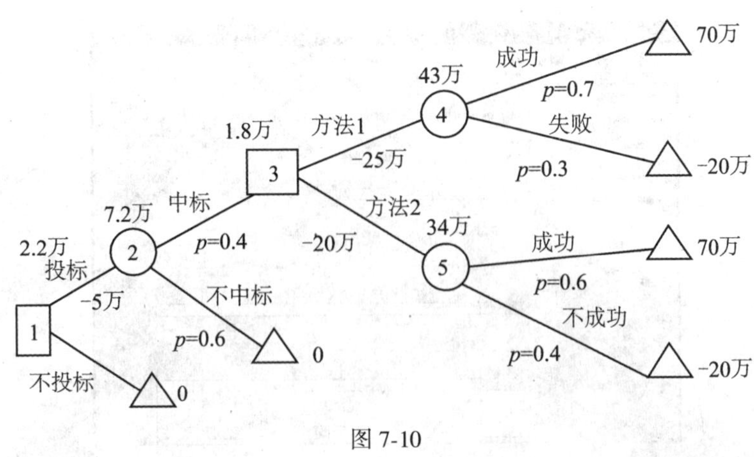

图 7-10

结果表明公司 A 应参加投标，在中标的基础上采用方法 1 进行研制开发，总期望收益是 2. 2 万元。

7. 6 软件操作实践及案例分析

以实际案例为基础，介绍"管理运筹学"2. 0 求解决策论的方法，关于 Excel、Lindo 和 Matlab 软件求解决策论的方法，在此不再叙述。

【例 17】 某企业计划对新产品生产批量作出决策，现有三种可行方案，未来市场对该产品的需求也有三种可能的自然状态，收益矩阵如表 7-34 所示。试以乐观主义准则作出最优生产决策。

表 7-34 **某公司新产品生产收益矩阵表** （单位：万元）

	销路好	销路一般	销路差
大型生产线	200	100	-50
中型生产线	120	80	10
小型生产线	60	40	40

解： 下面用"管理运筹学"2. 0 求解该决策论问题。

打开"管理运筹学 2. 0"主窗口，选择子模块"决策分析"，点击"新建"按钮，根据决策问题的类型选择"不确定型"、"风险型"。本题是不确定型问题。再选择点击"乐观准则"、"极大"按钮，然后按要求输入收益数据得图 7-11：

再点击"解决"按钮，得到求解结果，如图 7-12 所示。

分析运行结果：

由图 7-12 知，该决策问题的最优方案是方案 1，即大型生产线，最优收益是 200 万元。

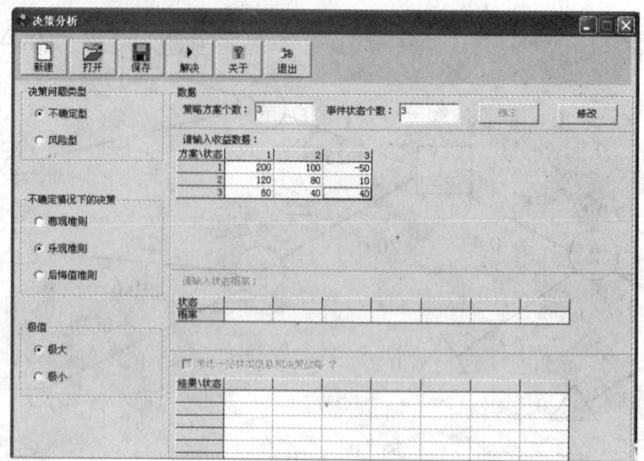

图 7-11

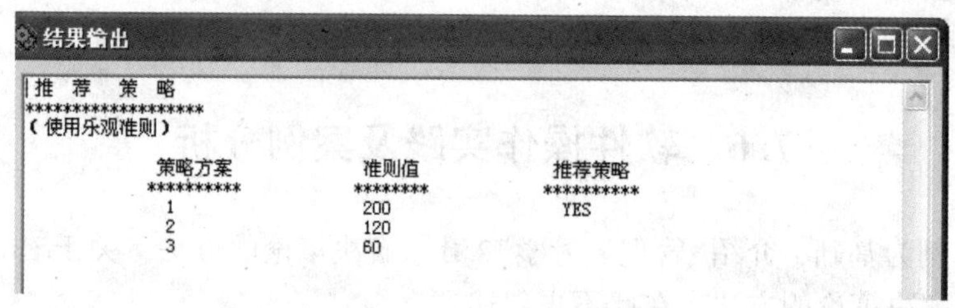

图 7-12

讨论、思考题

1. 论述决策分析的定性方法与定量方法的区别与联系？
2. 决策分析中的灵敏度分析如何进行？
3. 决策分析还有没有其他的方法？
4. 不确定型决策方法如何选用？

本章小结

本章按不同标准给决策的分类，介绍了不确定型决策的五种计算方法；风险型决策的两种计算方法；还给出了层次分析法的计算方法，最后主要介绍了“管理运筹学”2.0 求解决策分析问题的方法。

本章学习要求如下：

(1) 要求学生熟悉决策的分类；

(2) 能熟练地掌握求解不确定型决策的五种方法；

(3) 熟悉并会求解风险型决策问题；

(4)能够用层次分析法建立模型；

(5)会用软件求解决策分析问题。

习　题

1. 填空题

(1)决策树能够形象地显示出整个决策问题在时间上或决策顺序上的不同阶段的决策过程，特别是应用于复杂的__________决策。

(2)不确定条件下的决策指存在__________的自然状态，而决策者只估测到可能出现的状态但不知道状态发生的概率。

(3)决策按方法的不同分类，可分为__________和__________。

(4)__________是例行的、重复性的决策，而__________则是对无先例可循的新问题的决策。

(5)决策是根据__________，拟定多个可行方案，然后用统一标准，选定最佳(或满意)方案的全过程。

2. 单选题

(1)下述各方法中，可用于不确定条件下决策标准的是(　　)。

A. 最大期望收益值　　B. 最小期望损失值

C. 决策树　　D. 最小最大遗憾值

(2)以下方法中不宜用于不确定条件下决策的是(　　)。

A. 最小期望损失值标准　　B. 最大最大决策标准

C. 最大最小决策标准　　D. 最小最大遗憾值决策标准

(3)保守主义决策准则是用来解决(　　)条件下的决策问题。

A. 确定　　B. 不确定　　C. 风险　　D. 风险或不确定

(4)最小最大后悔决策准则是用来解决(　　)条件下的决策问题。

A. 确定　　B. 风险　　C. 风险或不确定　　D. 不确定

(5)在不确定条件下的决策标准中，最大最大决策标准是把每个可行方案在未来可能遇到不利的自然状态的概率视为(　　)。

A. 1　　B. 0　　C. 0.5　　D. 0~1间任意值

(6)决策标准中，需要决策者确定概率的是(　　)。

A. 最大最大决策标准　　B. 最小最大遗憾值决策标准

C. 现实主义决策标准　　D. 最大最小决策标准

(7)某高中毕业生选择报考大学的专业时，其决策环境属于(　　)。

A. 确定性决策　　B. 风险条件下的决策

C. 不确定条件下的决策　　D. 定量决策

3. 某单位搞农业开发，设想三种方案，有三种自然状态，其收益预测如表7-35所示。

表 7-35　　万元

	较好	一般	较差
S_1	30	20	15
S_2	25	25	18
S_3	20	20	20

请根据折中主义决策标准进行决策(折中系数 $\alpha=0.7$)。

4. 某商店下个月准备经销某种饮料，预测饮料的日需求量为 90，150，200 箱三种情况之一。已知这种饮料的进价为 6 元/箱，零售价是 9 元/箱。若当天不能售完，则第二天可以 3 元/箱售完 。为获得最大利润，商店每天应进多少箱饮料?

(1) 写出利润的决策信息表;

(2) 用乐观主义决策;

(3) 用悲观主义决策;

(4) 用折中主义准则决策(乐观系数 $\alpha=0.4$)。

5. 某单位搞农业开发。设想三种方案，有三种自然状态，其收益预测如表 7-36 所示。

表 7-36

	较好	一般	较差
S_1	20	12	8
S_2	16	16	10
S_3	12	12	12

问：根据折中主义决策标准进行决策时：

(1) 折中系数 $\alpha=0.6$ 时的最优方案是哪种?

(2) 折中系数 α 在什么范围内取值时，S_1 为最优方案?

6. 某企业面临三种方案可以选择，五年内的损益表如表 7-37 所示。

表 7-37　　万元

	高	中	低	失败
扩建	50	25	-25	-45
新建	70	30	-40	-80
转包	30	15	-1	-10

(1) 用最大最大决策标准进行决策;

(2) 用最大最小决策标准进行决策。

7. 某决策问题，面临 θ_1，θ_2，θ_3，θ_4 四个状态，有 A_1，A_2，A_3 三个方案可供选择，其支付费用如表 7-38 所示。

表 7-38

	θ_1	θ_2	θ_3	θ_4
A_1	76	60	82	90
A_2	138	132	38	10
A_3	57	62	85	43

试分别完成以下问题：

(1)用乐观主义决策；(2)用悲观主义决策；(3)用最小后悔值准则决策。

8. 某厂自产自销一种新产品，每箱成本 30 元，售价 80 元，但当天卖不掉的产品要报废。据以往统计资料预计新产品销售量的规律见表 7-39。

表 7-39

需求数	100 箱	110 箱	120 箱	130 箱
占的比例	0.2	0.4	0.3	0.1

问今年每天应当生产多少箱可获利最大？

9. 某公司为了扩大市场，要举行一个展销会，会址打算选择甲、乙、丙三地。获利情况除了与会址有关系外，还与天气有关。天气可区分为晴、普通、多雨三种。通过天气预报，估计三种天气情况可能发生的概率为 0.25，0.50，0.25，其收益情况如表 7-40 所示。试用决策树进行决策。

表 7-40

	晴	普通	多雨
	0.25	0.50	0.25
甲　地	4	6	1
乙　地	5	4	1.5
丙　地	6	2	1.2

10. 某商店经销某种食品，进货价为每个5元，出售价为每个6元。若当天卖不掉，每个损失0.7元，根据已往销售情况，该食品每天销售1000，2000，3000个的概率分别为0.25，0.6，0.15，试用最大可能准则和期望值准则求出每天进货的最优策略。

11. 若发现一成对比较矩阵A的非一致性较为严重，应如何寻找引起非一致性的元素？例如，设已构造了成对比较矩阵

$$A=\begin{bmatrix} 1 & \frac{1}{5} & 3 \\ 5 & 1 & 6 \\ \frac{1}{3} & \frac{1}{6} & 1 \end{bmatrix}$$

(1) 对A作一致性检验。

(2) 如A的非一致性较严重，应如何作修正。

案 例

案例14 高富布鲁克公司的难题

马克斯·弗雷尔是高富布鲁克公司的创建人和全资所有人。这家公司在未经证实的地区钻探石油。弗雷尔的朋友亲切地称他为投机家。然而他喜欢称自己为企业家。他将一生的积蓄都花在公司上，希望通过发现一个大油田从而使公司强大起来。

现在他的机会可能来了。他的公司买了大量土地。尽管这些地靠近一些大的油田，但是较大的石油公司认为这些土地是没有希望产油的。现在弗雷尔得到了其中一块土地的令人兴奋的报告，因为资深地质学家告诉弗雷尔，他认为这块土地有30%的概率产油。

弗雷尔已经从痛苦的经验中吸取了教训，必须对咨深地质学家的有石油的概率的报告保持怀疑。在这块地上钻探石油需要大约10万美元的投资。如果这块地没有石油，整个投资都将会损失。由于他的公司没有多少资金，这个损失将会非常严重。

另一方面，如果这块地蕴涵有石油，咨询地质学家估计那里的石油足够可以获得约90万美元的净收入。因此大概的利润是80万美元。

尽管这不是弗雷尔一直等待的大发现，但他还是会给公司带来相当不错的资金流入，使得公司能够维持运转直到他遇到真正的大发现。

这里还有一个选择。另一个石油公司听说了这个咨深地质学家的报告，决定出价9万美元来购买这块土地，这非常诱人。因为这也可以为公司带来不错的现金流入，而且无需承担10万美元这个大损失的巨大风险。表7-41给出了弗雷尔面前的备选方案和预期的收益。请问弗雷尔应如何决策？

表 7-41

	有石油	没有石油
	0.3	0.7
钻探石油	80	-10
卖出土地	9	9

案例 15　设备技术方案决策问题

某公司为了适应市场的需要，准备开发一种新产品，经过公司领导的讨论给出三种可行方案：

第一种方案：引进自动设备。这个方案的特点是操作工人少，且效率高、质量有保证，但是投资额度大。如果市场状态好，则利润大；若市场状态不好，其损失也很大。因此风险很大。

第二种方案：引进手动设备。这个方案的特点是生产效率较高、质量也有保障，投资额比自动设备低。如果市场状态好，则利润较大；当市场状态不好，也会损失。

第三种方案：改造旧设备。这个方案的特点是投资低，但生产效率也低，且质量保证不高。无论市场什么状态均能获利，但是获利低。因此次方案风险较小。

公司对上面三种方案的设备使用年限作了估计，估计均可以使用 8 年。

公司对新产品上市后的销量也进行了调查分析，得出三种自然状态及对应概率：

θ_1：未来市场需求量大，即畅销：概率为 0.35；

θ_2：未来市场需求量中等，即销量一般：概率为 0.45；

θ_3：未来市场需求量小，即销量低：概率为 0.2；

公司对市场各状态下每年的收益也作了推算，见表 7-42。

表 7-42

	畅销	销量一般	销量低
	0.35	0.45	0.2
引进自动设备	60	45	-25
引进手动设备	40	30	-15
改造旧设备	15	15	15

公司在以上分析的基础上，为了谨慎起见，又计划投资 6 万元组建一个新的生产基地，为了进一步了解未来市场对新产品的需求状况。新基地生产新产品，市场也有同样的 3 种自然状态。

依据当前市场销量的情况，可以进一步推算出未来市场销量的情况，其条件概率见表 7-43。

表7-43

	畅销	销量一般	销量低
引进自动设备	0.5	0.3	0.2
引进手动设备	0.35	0.45	0.2
改造旧设备	0.2	0.4	0.4

根据上面的已知条件，公司面临的决策问题是：是否需要先建立一个新基地，采用哪个方案更优？

参考文献

[1]Gass S I. Linear Programming Methods and Applications[M], Fifth Edition Mc-Graw Hill Book Company, 1984.

[2]胡运权．运筹学教程[M]. 北京：清华大学出版社，1998. 6.

[3]《运筹学》教材编写组编．运筹学[M]. 修订版．北京：清华大学出版社，1990.

[4]吴祈宗主编．运筹学[M]. 北京：北京理工大学出版社，2011，6.

[5]韩伯棠主编．管理运筹学[M]. 2 版．北京：高等教育出版社，2005，7.

[6]邓成梁等．运筹学的原理和方法[M]. 2 版．武汉：华中科技大学出版社，2001，7.

[7]路正南，张怀胜．运筹学基础教程[M]. 合肥：中国科学技术大学出版社，2004，8.

[8]Anstreicher, K M and R A Bosch. Long steps in an 0(n3L) algorithm for linear programming[J]. Mathematical Programming, 1992(54): 251-265.

[9]Dikin, I. I. Iterative solution of problems of linear and quadratic programming[J]. Soviet Mathematics Doklady, 1967(8): 674-675.

[10]Gill P E , W Murray, M A Saunders, Jat al. On projected Newton barrier methods for linear program*ming* and equivalence to KarmarKar's projective method[J]. Mathematical Program*ming*, 1986(36): 183-209.

[11]Dantzig, G. B. and P. Wolfe. Decomposition principle for linear programs[J]. Operations Research, 1960(8): 101-111.

[12]马超群，兰秋军，周中宝．运筹学[M]. 长沙：湖南大学出版社，2008，12.

参考文献

[1] Gass S. I. Linear Programming: Methods and Applications[M]. Fifth Edition. McGraw-Hill Book Company, 1985.

[2] [illegible][M]. [illegible]出版社, 1998.

[3] [illegible][M]. [illegible]. 北京: 清华大学出版社, 1990.

[4] [illegible][M]. [illegible]: [illegible]大学出版社, 2014.

[5] [illegible]运筹学[M]. 第3版. [illegible]出版社, 2005.

[6] [illegible][M]. 第2版. [illegible]大学出版社, 2001.

[7] [illegible][M]. [illegible]大学出版社, 2004.

[8] Anstreicher K. M. and R. A. Bosch. Long steps in an $O(n^3L)$ algorithm for linear programming[J]. Mathematical Programming, 1992, 54(3): 251-265.

[9] Dikin I. I. Iterative solution of problems of linear and quadratic programming[J]. Soviet Mathematics Doklady, 1967, 8: 674-675.

[10] Gill P. E., W. Murray, M. A. Saunders, et al. On projected Newton barrier methods for linear programming and an equivalence to Karmarkar's projective method[J]. Mathematical Programming, 1986, 36(2): 183-209.

[11] Dantzig G. B. and P. Wolfe. Decomposition principle for linear programs[J]. Operations Research, 1960, 8(1): 101-111.

[12] [illegible][M]. [illegible]出版社, 2008.